산업수학시대 교사를 위한

수학적 모델링

Mathematical Modelling

오춘영 지음

머리말

2016년 다보스 포럼에서 클라우스 슈밥의 "제4차 산업혁명"을 언급하면서 국내에서도 산업수학에 관심을 가지게 되었다. 이에 따라 수학적 모델링 문제를 개발하면서 더불어 (예비)수학교사들를 위한 수학적 모델링 역량을 개발하기 위한 이 책을 출간하게 되었다.

수학은 학문자체로 매우 중요하지만, 산업수학은 실용적인 측면에서 기술혁신에 기여한다. 디지털 산업을 포함한 다양한 산업분야에서 수학적 지식을 활용하여 세상의 문제를 해결하는 일에 기여한다라고 할 수 있다.

대한수학회에서도 "수학이 빛나는 순간" 책을 번역해 누구나 자유롭게 다운받아 읽어볼 수 있도록 하였다. ...

“All models are wrong, but some are useful” ? is a famous quote often attributed to the British statistician George E. P. Box.(“모든 모델은 틀렸지만 일부는 유용합니다.” 통계학자인 조지 박스(George Box)).

따라서 이 인용문의 아이디어는 대부분의 모델이 틀릴 것이라는 것이다. 그렇긴 하지만, 모델이 현실을 정확히 설명할 수 없더라도 충분히 가깝다면 매우 도움이 될 수 있고, 수정하고 개선을 하면서 좀 더 도움이 될 수 있을 것으로 생각한다.

이 책은 사범대학 학생들과 교사분들이 학교 수학교육에서 다양한 강의 방법들 중 한가지로 적용할수 있다고 생각한다. 또한 수학의 효용성에 관심을 가지신분들께도 비록 조금이나마 관심을 가질 수 있는 책이라 생각한다.

이 책을 사용함에 있어서 수학적 모델링의 문제를 해결하는 과정은 모델링 순환과정을 적용하는 것이 문제를 해결하는 방향을 제시한다. 각 절의 문제풀이의 순환과정으로 (1) 문제를 정의 (2) 가정을 하고 (3) 수학적 모델을 수립하고 (4) 수학적 도구로 문제를 해결하여 해를 해석하고 (5) 현실에 적용하여 검증하고 (6) 모델을 채택하는 것으로 각 모델링 문제를 해결한다.

하지만 학교수학에서는 학생들의 교육단계로 인한 제약등으로 '현실에 적용하여 검증하는' 단계 (5)를 수행 할 수 없는 과제가 있지만, 모델링 문제의 모든 순환단계를 가능한 해결해 보기를 희망한다.

그런데 현실의 데이터가 확보하지 못한 경우에 가정을 사용하여 검증을 수행한 예들이 있다. 마찬가지로 현실의 데이터를 구할 수 없을 경우들이 있기 때문에 순환과정을 모두 마치지 못할 수 있는 문제들이 있음을 양해를 구한다.

문제풀이와 내용에 대한 대한 오류와 타이포의 오류들이 있을 수 있고 이에 대해서는 전적으로 저자의 책임이고. 그러한 오류에 대한 양해를 구한다. 아울러 이에 대한 조언과 의견이 있다면 soorioh1209@gmail.com으로 연락을 주신다면 더할 나위 없는 감사함을 전합니다.

글쓴이

차 례

제 1 장

수학적 모델링(Mathematical Modeling)

1968년 한스 프로이덴탈은 '수학을 유용하게 될 수 있도록 가르치는 이유?(Why to teach mathematics so as to be useful)에 관한 연설에서, 수학 교육이 실세계를 바탕으로 한 문제를 포함하여 학생들이 수학이 가치가 있음을 인식하도록 하는 수학교육을 주장했다 [3].

헨리 폴락(Henry Pollak, 1979)은 수학교육에서 응용 및 모델링 분야의 선구자 중 한 분으로, 그는 지난 세기의 60 년대 초에 이미 수학 교육에 응용과 모델링을 통합해야 한다고 주장했다. 헨리 폴락의 강력한 목소리와 막대한 영향력으로 인해 응용과 모델링은 현재 많은 국가에서 그 당시보다 훨씬 더 중요한 커리큘럼으로 자리 잡았다.

수학화(mathematizing)가 실세계 모델에서 수학적 모델로 전환하는 과정이라면, 모델링 또는 모델 구축은 원래의 실세계 문제 상황에서 수학적 모델로 이어지는 전체 과정을 의미한다. 모델링 과정은 단순히 기존 현실의 일부분을 단순화하여 사실적인 이미지로 만드는 것은 아니다.

제 1.1 절　수학적 모델링이란 무엇인가?

우리 주위의 세상은 중요하지만 대답이 없는 질문으로 가득하다. 모델은 실세계 현실을 단순하게 설명한 것으로 특별한 의도를 가지고 있으며 현실의 특별한 측면들을 살핀다 (Henn,2000, pp.10). 수학적 모델링에 대한 정의와 의견이 아직은 매우 다양하며, 특히 수학적 모델링을 수학

수업에 통합하려는 목적에 따라 구별될 수 있다(Kaiser, Sriraman,2006, pp.303). 응용분야의 문제를 다루기 쉬운 수학적 형식으로 변환하는 방법으로, 이론적이고 수치적 분석을 통해 응용을 함에 유용한 통찰력이나, 답변과 지침을 제공한다. 많은 응용을 위한 과정에서 필수불가결하며, 문제해결을 위한 방향을 제공하고, 모델에 대한 이해를 철저하게 가능하게 하며, 더 나은 시스템 설계를 위한 방법을 준비하고 효율적일 수 있도록 한다.

수학적 모델링(mathematical modeling)은 실세계 현상에 대한 표현, 분석, 예측을 위해 수학을 사용하는 과정이나 통찰력을 제공하는 (Bliss, Fowler, Galluzzo, 2016) 것이라 했고, Maaß 은 현실적인 문제를 푸는것이라 한다 (Maaß,2010, Niss et al.,2007, pp.8-11).

모델링은 실세계 현상을 계량화하고 행동(과정)을 분석하기 위해 수학이라는 언어를 사용한다. 또 다른 표현은 실세계 문제에 대한 이해를 탐구하고 개발하기 위해 수학을 사용한다. 수학적 모델링은 실세계에 대한 충분한 이해를 위해 조사하고 개발하기 위해 수학을 사용하여 문제를 반복적으로 해결하는 과정이다. 따라서
정의의 대부분은

- 수학 언어를 사용하여 실세계 현상을 계량화하고 거동(과정)을 분석한다.
- 수학을 사용하여 실세계 문제에 대한 이해를 탐구하고 개발하여 분석하여 예측을 한다.
- 충분한 이해를 위해 수학을 사용하여 조사하고 개발하기 위해 문제를 반복적으로 해결하는 과정이다.

라는 내용이 포함된다.

수학적 모델링을 공부하는 것은 수학교육에서 수학을 응용하는데 중심을 두어, 수학의 전문지식을 사용하는 중요한 단계다. 따라서 학생들이 수학을 활용하여 현대 기술과 문화 등에 관한 어떤 과제를 해결하는데 기여하게 하고 수학의 효용선을 가진다.

수학적 모델링에서 사용되는 용어들이 있다. 이에 대한 용어들의 의미를 살펴보고자 한다.

1.1.1 수학적 모델

수학적 모델(링) 개념에 대한 접근을 위해 다음과 같이 예를 들어 설명하고자 한다.

예를 들어, 로터리 근처에서 교통 흐름을 최적화하는 과제를 고려해 보자. 로터리 교통 흐름을 예측하기 위해 계획 단계에서 수학 및 통계적 방법을 사용하지 않고, 어떤 방법이 가장 좋은

대안인지 알아내는 것으로 다양한 설계를 하여 로터리를 건설 한다고 하면, 상당한 비용을 들고, 시행착오가 발생할 수 있다. 하지만, 수학을 사용한다면 '시행 착오' 접근 방식보다 저렴한 비용으로 설계를 하거나 대안적인 시스템으로 교통흐름 작동에 관한 중요한 정보를 제공하는 상황이 많이 있다.

도로나 교통실험실에서는 많은 교통상황의 흐름을 이론적으로 분석한다. 속도나 차량의 크기, 기동성, 교통 밀도 및 교차로 구성에 대한 데이터를 수집을 한다. 그런 다음 수학 및 통계적 방법을 사용하여 필수적으로 필요한 변수들 간의 관계를 구성한다. 결과를 조사하고 해석하여 특정한 교차로에서 최상의 원형 교차로 구성 을 예측할 수 있다. 이렇게 하는 일을 원형 교차로의 '모델을 구축'했다고 말하는 것이다 . 물리적인 모델이 아니라 수학적 모델이다. 수학적 모델은 일반적으로 다른 유사한 원형 교차로 설계를 평가하는 데 사용할 수 있 는 컴퓨터 시뮬레이션을 활용하기도 한다. 이처럼 문제를 해결하기 위한 첫 번째 해야 할 단계는 수학적 모델을 구성하는 것이다.

모든 모델(물리적 모델 포함)은 실세계 시스템의 특정한 측면을 단순화한 표현으로 정의할 수 있다. **수학적 모델(mathematical model)**은 함수 및 방정식과 같은 수학적인 개념을 사용하여 만든 모델을 의미한다. 수학적 모델을 세울 때 실세계의 내용을 추상적인 수학적 개념의 세계로 이동하게 하는 것이다. 그런 다음 수학적으로나 통계적 방법을 사용하여 모델을 수정하거나 발전시켜 문제를 '해결'한다. 마지막으로, 수학적으로 해결한 문제의 해를 다시 실세계 세계로 들어가서 모델이 실세계 문제에 유용(적절)한 해가 되면 실세계 세계에 적용한다. 모델의 시작과 끝은 항상 현실세계에 있다.

특정 문제에 대해 모델이 옳고 적절한 모델이 한가지만 있다고 생각해서는 안된다. 수학적 모델은 현상을 어떤 특정한 견해로 설명하는 것이므로, 똑같은 현상일지라도 견해와 입장이 다르다면, 서로 다르게 수학적인 표현이 가능하다. 하지만 현상에 대한 설명능력이 높을수록 본질에 가깝다고 할 수 있다. 수학적 모델은 실험자료나 현상을 관측한 자료등과 비교하여 모델을 검정할 수 있다. 수학적 모델로 주어진 방정식은 모의 실험등으로 연산을 되풀이하여 그 특성을 파악하고 실세계 현상과도 비교할 수 있다.
문제에 대해 하나의 정답이 있는 산술이나 대수와 같은 것은 아니다. 동일한 과제를 해결하기 위해 다양한 모델을 개발할 수 있다. 일부 모델이 더 적절하거나 더 정확할 수 있으나 항상 그런 것은 아니다.

일반적으로 좋은 수학적 모델은 모델을 얼마나 쉽게 사용할 수 있고, 예측 모델의 경우는 얼마나 정확한지에 달려 있다. 또한 모든 모델은 제한된 유효한 범위를 가지며, 이 범위를 벗어난 경우를 적용해서는 안된다. 예를 들어, 범위는 비용이나 자원 또는 매개변수가 음수가 아니어야 한다든가와 같은 수학적인 제한이 있을 수 있다.

1.1.2 응용문제와 모델링 문제

수학을 현실문제를 해결하기 위해 사용하는 것을 넓은 의미에서, 종종 응용수학이라고 불리고, 때로는 '적용'이나 '응용'이라는 개념이 현실세계와 수학을 연결하는데 사용되기도 한다. 지난 기간동안 '응용과 모델링'이라는 용어는 현실세계와 수학사이의 관계를 나타내는 데 점점 더 많이 사용되어 왔다. 교육에서 수학적 모델링과 응용은 수학적 영역과 교육적 영역 모두의 요소를 포함하여 정의한다.

응용문제와 모델링 문제의 중요한 차이를 살펴보면, 응용문제는 '수학에서 현실'로의 방향에 초점을 맞추는 경향이 있으며 수학으로 문제를 해결한다. 특히, 응용문제에 이미 해당되는 수학적 모델이 존재하는 경향이 있으며, 현실 세계의 일부와 공부를 한 수학내용에 관련된 현실문제의 '대상'에 관심이 있다. 따라서 수학적 관점에서 볼 때 응용문제는 '알고 있는 특정한 수학적 지식을 어디에 어떻게 사용할 수 있을까?' 하는 것에 관점이 있 다(Niss et al.,2007). 응용문제와

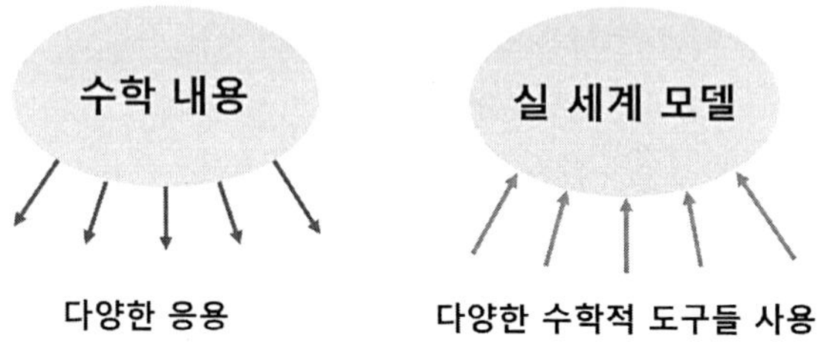

그림 1.1: 응용문제와 수학적 모델링

는 대조적으로, "모델링"이라는 용어는 "현실에서 수학"으로의 방향에 초점을 맞추는 경향이 있고, 현실의 내용이 수학으로 연결하는 관련 "과정"을 강조한다. 간단히 말해, 모델링을 통해 수학적 관점을 벗어나 "주어진 문제를 해결하는데 필요한 수학은 무슨 내용이 있는가?"를 살피는 것이다 (Niss et al., 2007, p.11).

수학적 모델링의 첫번째 범주는 "수학 학습을 위한 응용과 모델링" 즉, 응용과 모델링이 주제로서의 수학 학습을 촉진하고 지원하는 수단이 될 수 있도록 하는 실세계적이고 가능성을 가진

방법에 초점을 맞춘다. 또 다른 범주는 "수학을 배우는 것"에 초점을 맞춘다. 수학을 배우는 것은 기본적으로 수학외적인 분야에 수학을 적용하고 수학 모델을 만드는 능력을 개발하는데 관심을 가지기 위함이다.

수학 교육은 본질적으로 (*a*) 학생들에게 수학 그 자체로 지식과 능력을 제공해야 하고, (*b*) 수학이 제공할 실제적이거나 잠재적인 가능성을 개발할 수 있는 하나 이상의 다른 과목에 대한 지식과 능력을 학생들에게 제공하는 목적이 일부 있다고 본다.

학교 교과교육 과정에 관해서는, 다양한 유형의 과제들이 정도에 따라 다양하게 현실적인 기준을 만족 시키는 문제 설계를 시도한다. 하지만 한정된 수학내용 상황에서 어쩔수 없이 현실상황에 대한 가정을 사용하여 과제를 설계를 해야 할 수도 있다.

수학적 모델링 과제를 해결함에 있어 좋은 응용문제는 모델링 순환을 사용하여 해를 구하는 활동을 수행한다. 이는 모델링 순환의 전체 단계는 아닐지라도 제한된 단계가 필요한 점에서 주목할 만하다. 하지만, 부족한 응용문제의 경우는 수학적 문제를 비현실적으로 표현되는 꾸며낸 내용을 해결하게 되는 문제가 존재하기도 한다. 과제에 관한 몇가지 용어를 살펴본다.

• 문장제 문제: 이 문제는 오랬동안 교과서에 있어 왔고, 그 문제들은 언어(language)로 표현되기 때문에 종종 수학의 응용문제로 여긴다. 그런데 문장제 문제는 단지 현실세계의 어떤 부분과 관련되는 언어를 사용하여 순수하게 수학문제로 '꾸미기'에 지나지 않을 수 있다.

이 경우에 수학의 역할은 단지 문제를 '해결 할 수' 있도록 하는 도구적인 역할을 의미하며, 문제를 해결 과정에 수학을 사용하여 문제를 해결하는 역할만 하게된다. 이와 같이 문장제 문제의 경우는, 수학문제가 비현실적 문제 자체로 해를 구하는 방법만을 할 수 있다.

하지만 좋은 단어문제는 해를 구하여 해의 결과를 분석하고 실세계에서의 검증단계를 포함하는 모델링 순환에 필요한 각 단계의 활동이 가능하다. 이와 같은 문제해결 과정은 문장의 세계에서 수학의 세계로 전이가 일어난 것이다.

• 일반적인 응용문제: 적절한 수학적 모델이 제공된다는 점이 특징이다. 일반적인 응용 문제들은 주어진 실세계 상황의 본질을 고려하지 않고 문제가 해결될 수 있다. 모델링 순환의 각 단계들에서 제한된 부분단계만 필요하다.

• 모델링 문제: 1.1.1절에서 제시한 문제에서 처럼 모델링 문제의 일반적인 예는 '캠퍼스내의 도로를 따라 주행할 때 과속 방지턱의 위치를 가장 적합한 위치를 결정한다'와 같다. '여기서 알고자 하는 특정 질문을 먼저하고, 그 다음에는 수학적 모델을 수립하고, 수학적 모델을 해결하고 해석과 검증을 해야 한다. 마지막으로 제안된 해결책은 수학적으로나 맥락적으로 평가와 검

증을 하여, 모델링의 측면에서 논의된 제안에 따른다. 이와 같이 문제해결 과정에는 모델링 순환을 적용한다.

1.1.3 수학적 모델링

수학적 모델링을 어떻게 시작해야할까? 이에 대한 접근하는 방법을 다음과 같이 시작할 수 있다. 1단계는 주어진 문제의 실세계 상황의 특정한 현상에 대해 일반적으로 관찰을 한다. 그리고 다음 단계를 위해 현상을 설명하는데 필요한 변수를 고려한다. 관찰을 통하여 필요한 가설을 세운다. 이 단계에서 관찰을 통하여 필요한 가정을 한다. 2 단계는 현상에 대한 가설을 수학식으로 공식화하는데 이를 수학적 모델이라 한다. 즉, 변수사이의 관계식을 수립한다. 수학적인 분석이 가능하도록 가능한 한 간단한 모델을 만들어야 한다. 3단계는 관계식을 분석하여 수학적 방법(도구)을 통하여 해를 구한다. 해를 구하는 과정에 필요한 경우 현실에 사용할 실세계의 데이터를 적용할 수 있다. 1단계에서 세운 가설을 검증하는 방법을 고려한다. 4단계는 이전단계에서 구한 해를 실세계 데이터를 사용하여 가설의 타당성을 확인한다. 5단계는 가설을 확인하여 채택하거나 오류가 있으면 필요한 어느 단계에서 다시 시작하는 것이다.

이와 같은 과정을 적용하여 모델링에 다가갈 수 있는데 다음과 같이 표현하고 이를 **모델링 순환(modeling cycle)** 혹은 **모델링 과정(modeling process)** 이라 한다. 모델링 순환은 그림 1.2와 1.3을 참고한다.

수학적 모델링은 일반적으로 아래와 같은 정리할수 있고, 이 과정에 따라 모델링을 시작한다.

(1) 문제를 확인한다. (관심있는 문제와 구해야할 모델의 목적을 명확히 확인한다. 문제에서 원하는 것이 무엇인가? 문제의 목적은 무엇인가? 실세계의 데이터와 자료는 무엇이 있고 그 자료와 데 이터는 믿을 수 있는가?)

(2) 실세계 모델로 단순화한다.(모델 수립에 대해 필요한 변수, 내용들을 해당되는 매개변수나 상수 등을 가정한다. 내용을 너무 자세하게 수학적으로 표현하려고 하면 변수들이 많아지고, 해를 구하는 일을 어렵게 하거나 해를 구할수 없을 수도 있기 때문에 시작은 단순하게 하는 것이 좋다.)

(3) 단순하게 수학적 모델 수립시작한다. (일련의 가정을 하고 접근에 필요한 변수를 이러한 변수를 연결하는 일련의 방정식(등)과 함께 설정한다. 이것이 수학적 모델이다.

(4) 수학을 사용하여 문제를 해결한다. (변수에 대해 합리적으로 보이는 매개변수 값과 범위

에 대한 모델을 푼다.)

(5) 일반적인 설정에서 결과를 해석하고, 현실에서 검증한다.

(6) 해를 평가한다.(해가 의미가 있는가? 문제의 원래의 목적에 부합하는가? 실세계 데이터를 사용하여 주어진 과제의 결과를 해석 및 검증한다.) 검증결과가 합리적이지 않으면 일련의 새로운 가정을 사용하여 모델 구축 단계인 두번째 단계로 돌아간다. 모델이 수용가능한 결과를 제공할 때까지 여러번의 반복이 필요할 수 있다.

(7) 모델을 구현한다. 다양한 시나리오를 테스트하고 모델을 사용하여 예측한다.

수학적 모델링의 근본적인 내용은 두 세계인 현실세계와 수학세계의 상호 관계를 의미한다. 수학적 모델링에 대한 풀이를 위해 주어진 문제를 잘 이해해야 한다. 이는 실세계의 맥락으로부터 만들어진 과제이기 때문에 실세계 상황을 이해하고 문제의 맥락을 통해 해결해야 할 것이 무엇인지 파 악하는것이 중요하다.

현상에 관련된 모든 변수를 사용할 수 없으므로 일부 변수를 무시하거나 제한하는 가정을 필요로 한다. 하지만 일부 변수는 일정하게 설정하고 간단한 관계를 수립한다. 이러한 단순화 결과인 모델은 현상을 완전하게 표현하지 못할 경우 모델을 개선할 수 있다. 또한 가정의 수를 줄이고 제한사항을 제거하고, 변수를 자세히 고려하면서 추가변수를 고려하여 문 제를 확장할 수 있다.

실세계 문제상황에 대해 데이터와 자료는 무엇이 있고, 자료와 데이터는 신뢰할 수 있는 자료들이여랴 한다. 또한 자료와 데이터는 실세계와 맥락에서도 알 수 있다(GAIMME, 2016, pp14-15).

1.1.4 모델링 순환

시작은 문제를 정확히 파악한 후 다음과 같은 순환 과정을 가진다. 수학적 모델은 일반적으로 그림 1.2 의 순환과정에 따라 수행한다.

Blum의 모델에서 1단계 실세계 상황은 실세계의 어떤 현상의 내용을 설명하고 이 내용에서 2단계의 상황모델은 수학적으로 필요한 내용을 정리하고 3단계 실제모델은 변수를 정하거나 가정등등을 정하여, 실세계 상황은 실세계의 어떤 현상에 근거하여 4 단계인 수학적 모델을 수립한다.

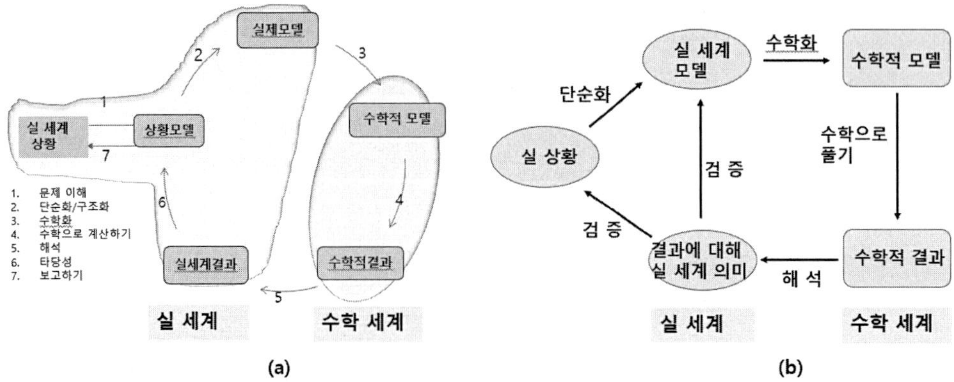

그림 1.2: Blum and Leiβ(2007)과 Kaiser & Stender(2013)가 제시한 모델링 순환

수학적 모델의 해를 구하여 실세계로 돌아가 현실에 맞는지 검증을 하여 해가 적절하면 모델을 채택하는 것이다. 문제를 해결하다 보면 모델등 수정이 필요할 수도 있다. 문제를 해결하는 수학적 모델링과정에서 학생들이 일련의 순환과정을 수행하는 활동에서 각 단계의 과정까지 수행했던 결과가 적절하지 못한 경우는 그림 1.2처럼 이전 단계나 오류가 발견된 단계로 돌아가서 활동을 수행하면 된다. 따라서 수정이 필요할 경우 모델순환 그림 1.2와 1.3 와 같이 수정이 필요한 단계로 이동하여 문제를 해결할 수 있다.

그림 1.3의 모델은 Blum의 모델의 상황모델 단계에서 시작한것이라 할수 있다. 직사각형은 정해져 있고 마름모는 순환과정으로 필요하면 변화가 가능하다. 각 마름모의 단계에서 문제 해결과정을 실선 방향으로 진행하지만, 각 단계 과정에서 수정해야 할 점이 발견되면 점선의 화살표처럼 수정해야 할 단계로 이동하여 수정을 하고, 수정한 단계에서 풀이과정을 다시 진행한다.

또한 노랑색의 단순화/가정 단계와 해의 해석 단계는 실세계와 수학세계에 근거하여 단순화와 가정을 하되 수학적으로 해결될 수 있도록 한다. 또한 수학적 결과에 대해서는 수학적 결과를 실세계에서 해석하며 실세계인 현실에 모델을 검증하는데, 1장에서 설명했듯이, 이 단계에서는 학생들과 교사는 구한해가 다음 사항들

- 문제가 해결되었는가?
- 해는 상식적이거나 타당하고 적절한가?
- 실제 데이터를 사용하여 검토를 한다(만일 실제데이터가 없다면 예를 들어 검증해본다.).

를 자문해본다. 이렇게 검증이 되였다면 다음 단계로 모델을 구현한다. 이 내용은 **??**절에 있는

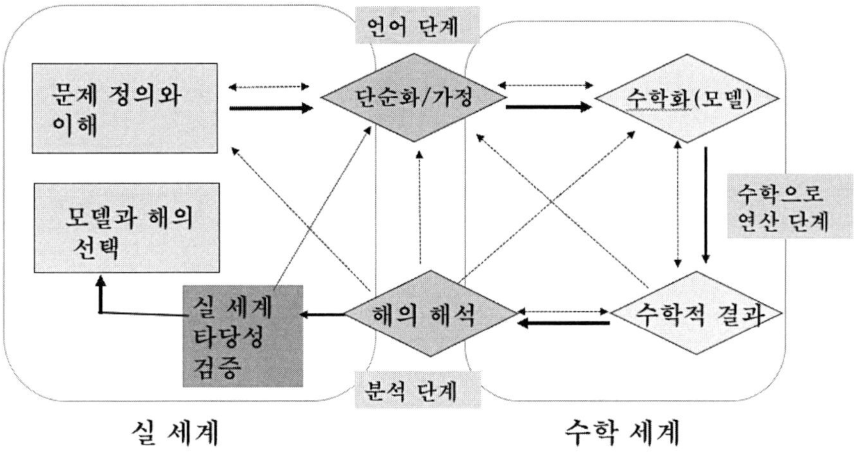

그림 1.3: 모델링과정에서 수정이 필요한 모델링 순환

내용과 반복된다.

수학은 다양한 풀이 방법을 가지고 있다. 따라서 다양한 수학도구들을 사용 할 수 있다. 즉, (A) 연속형 변수를 사용할것인가 이산형 변수를 사용할 것인가?
(B) 미분방정식 유형인가 차분방정식을 사용할 것인가?를 고려한다.
또한 (C) 모델은 선형이나 비선형일 수 있다. 수학에서 선형은 일반적으로 간단하지만 비선형은 일반적으로 쉽지 않다는 점을 염두에 두는 것이 좋다. 실세계로 비선형 방법은 선형방법에 대한 지식과 방법을 사용하여 해결 할 수도 있다.

또한 문제를 표 1.1처럼 모델을 개선하면서 문제의 범위를 확장할 수도 있다.

다음으로는 수학적 모델링을 위한 문제를 어떻게 어떤 과제를 개발해야할지 알아본다.

제 1.2 절 수학적 모델링 과제 개발은 어떻게 하는가?

학교수학에서는 수학적 모델링 문항을 구성하는데 종종 응용문제와의 차이를 구분하기가 어려울 수 있다. 왜냐하면 학교수학은 수학내용을 학습하는 절차적 단계가 있기 때문에 가능한 배운 범주내에서 해결이 가능한 문제를 제시해야 하기 때문이다. 과제를 해결할 수 있는 수학적 도구가 부득이하게 제한될 수 있다고 볼 수 있지만, 학교수학의 범주내에서 모델링 문제를 개발할 수 있다.

표 1.1: 수학 모델링: 단순화 혹은 개선

단계	모델 단순화	모델 개선
1	문제를 확인과 제한	문제 확장
2	변수들을 무시	추가적인 변수 고려
3	여러 변수의 복합 효과	각 변수를 자세히 고려
4	일부 변수를 일정하게 설정	변수의 변동 허용
5	단순한(선형) 관계를 가정	비선형 관계 고려
6	더 많은 가정을 결합	가정의 수 줄이기

수학적 모델링은 개방적인 활동으로 학생이 모델링을 할 때, 그들이 반드시 실세계적인(진정한, genuine)문제를 선택을 하도록 한다. 교과서에 모델링 문제가 있을 수 있지만, 수업단원에 맞는 과제가 교과서에 없을 수도 있다. 교과서에 있어 수행했던 응용문제를 실세계 문제로 수정하여 과제를 개발을 시작할 수 있다.

모델링 문제를 개발할 수 있는 방법 중 하나로 일부의 문장제 문제를 수학적 모델링 문제를 바꿀 수 있으며, 응용문제를 수학적 모델링 문제로 바꿀 수도 있다. 모델링 문제를 설계하면서, 고려해야 할 문제의 특징들은 현실적인 실세계 내용이어야 한다는 것이다. 과제를 개발하기 위해서는 관찰을 하는것이 필요하고 호기심이 필요하다고 생각한다. 일상적으로 지나친 어떤현상에 대해 그 현상을 수학적으로 설명이 가능한지, 수학적으로 해는 구할수 있는것인지 궁금하다면 수학적 모델링 문제로 해결을 해보고 싶어할 것이다.

과제 개발에 진술할 내용은 긍정적으로 생태적으로 적절해야하고, 주변에 좋지 않은 영향을 주는 내용을 적절하지 않다.

1.2.1 모델링 문제에 대한 기준과 특징

학교수학에서는 수학적 모델링 문제는 학생들의 호기심을 가질수 있는 문제가 도움이 될것이다. 따라서 학생들이 해를 구하는데 흥미를 유발하며 도전하고 싶은 것이어야 하며, 학생들의 능력과 수준에 적절해야 하며, 가정과 변수 선택에 따라 여러 가지 해가 나올 수 있는 개방적이고, 문제해결을 위해서는 다양한 방법이나 전략을 활용할 수 있도록 하는 것이다. 또한 다양한 사고를 할 수 있는 기회를 제공해야 하고, 문제해결 과정에서 얻어진 지식과 경험을 또 다른 문제를 해결하는데 전이가 가능하도록 도와주는 것이 좋은 문제의 특징이다.

과제를 해결하기 위해 필요한 수학적 지식을 인지하여 문제에 접근을 가능하게 하고, 모델링 주기의 모든 단 계를 필요로 하는 문제로 기준을 삼는다면 문제를 설계하는데 도움이 될 것이다.

다음은 주어진 문제가 수학적 모델링 문제인지 아닌지를 판단하는데 도움이 될 수 있는 기준을 제시한 것이다.

- 맥락과 관련되고 실세계에 기초한다.
- 개방문제로 과제의 시작 단계에서 질문을 정의하는 방법으로 개방적이고, 중간 단계에서 수학적 접근이 다양해야하며, 마지막 단계에서는 다양한 해들이 나올 수 있는 열린문제다.
- 충분히 복잡해야한다.
- 현실적인 문제거나 가능하면 실질적인(진정한=genuine)문제 여야 한다.
- 문젯거리(problematic)가 되어야 한다.
- 접근가능해야 한다.
- 모델링 순환의 모든 단계가 요구된다.

제 1.3 절 수학적 모델링 과제에서 교수 원리는?

교사는 여러 가지 역할을 수행하는데, 교실에서 수학적 모델링수업에서 어떻게 수업을 이끌어 나가야 할까?

GAIMME에서 교사는 모델링 문제를 선택하거나 문제를 개발하고, 학생들이 질문에 어떻게 답하려고 시도하는지 예상을 하는 것이 필요하다(GAIMME,2016,pp.22). 또한 문제 풀이에 접근 방법을 용이하게 도와주지만 생각을 막지는 않도록 하면서 학생에게 접근방식을 개발한다.

그리고 학생들의 모델링을 위한 그룹을 조직하고 학생들이 문제를 시작할 수 있도록 학생들을 지도와 격려를 한다. 그렇다면 모델링 수업에서 과제를 만들거나 선택할 때 고려해야 할 가장 중요한 점은 학생들이 과제를 수학적으로 문제에 접근할 수 있도록 결정을 할 수 있게 격려하는 것이다.

또한 교사들은 학생들이 이 과제를 수행하는데 있어서, 필요한 수학적 내용과 개념에 대해 얼마나 친숙한지 고려한다. 또한 학생들이 과제를 어떻게 수행하게 될지 예상하는 것이 좋다.

(1) 교사는 모델링 교실에서 학생모둠을 어떻게 구성할까? 모델링 활동은 학생 혼자 수행하는 하는 것이 아닌 모둠으로 수행하게함으로, 학생각자는 다른 학생들의 생각을 경청하고 학생 본인의 의견을 제시하면서 모델을 수립하여 문제를 해결해 나가는 과정이다. 수학적 모델링 과정은 각 모둠별로 독립적으로 문제를 해결하는 것이다. 그러므로 학생모둠을 구성하는데 교사는 경험을 통해 다양한 방법을 적용할 수 있을것이다. 이에 대해 Carlson et al. (2016)은 K-5 학년에 대해 교사의 역할에 대한 프레임워크를 제시하였다(그림 1.4참고)[19].

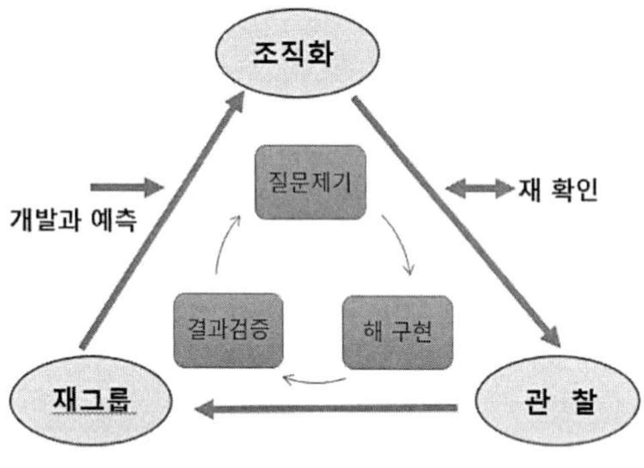

그림 1.4: 모델링의 수행과정

(2) 교사의 발문은 어떻게 하는것이 도움이 될까? 이를 위해 교사는 과제를 제시 할때 스스로 다음과 같은과 같은 내용을 자문할 수도 있을 것이다:

- 학생들은 문장맥락에 대해 어떤 종류의 질문을 할 것인가?
- 학생들이 필요하거나 원하는 추가적인 정보는 무엇이 있겠는가?
- 부가적인 필요한 정보를 어떻게 어디에서 얻을 수 있는가?
- 모델을 구성하기 시작하면서 어떤 가정을 하게 될 것인가?
- 어떻게 하면 학생들이 가정을 하는데 편안함을 느끼도록 도울 수 있겠는가?
- 학생들은 문제 해결을 위해 어떤 종류의 전략을 사용할 것인가?

- 소규모 그룹과 전체 학생이 토론의 균형을 어떻게 맞출 수 있게 하고싶은가?
- 모델링 과정의 학생들이 어느 지점에서 막힐 가능성이 있을까?
- 모델링 과정을 거치지 전 개입하기 위해 어떤 종류의 전략을 사용할 수 있을까?
- 학생들은 해를 분석하고 모델을 평가하기 위해 어떤 도구를 사용하는가?

(3) 수학 내적내용과 수학 외적내용을 어떻게 연결해야 할까? 모델링 과정은 수학 내적연결과 수학 외적연결이 필요한 과목으로, 모델링 과제를 해결하는데 수학외적인 내용과 수학외적인 내용이 포함되어 있다.

수학외적인(타 교과) 내용이나 실생활의 지식, 기능, 경험 등을 수학과 연결하여 융합하여 새로운 지식, 기능, 경험 등을 생성하는 일이므로, 실은 수학교실에서 매우 도전적인 일이다. 따라서 수학외적인 내용에 관해 연구가 필요하고, 혹은 수학외적인 내용 전공교사과 협업을 하거나 도움을 받아 수행 할수 있다.

학생들의 수준 즉, 학년에 따른 수학적 지식이나 경험이 다르므로 문제에 적용하는데 실세계 상황을 충분히 알 수 있는 기회를 갖는 것이 도움이 될 것이다. 실세계 상황이나 타 교과 상황과 관련된 수학적 지식, 기능, 경험 등이 전이가 일어날 수 있도로 수학과와 타 교과나 실생활의 지식, 기능, 경험 등을 연결하고 융합하여 새로운 지식, 기능, 경험 등을 생성하고 문제를 해결하는 능력을 키우는데 도움이 된다.

(4) 교사는 모델링 수업후 어떻게 하는것이 다음 수업에 도움이 될까? 모델링 문제 선택 및/또는 개발과정에서 수학적 모델링 수업을 한 이후 다음과 같은 사항들을 교사가 학생들과 토의를 함으로 다음 수업에 도움이 될 것이다.

- 학생은 과제를 충분히 이해했는가?
- 모르는 단어나 문장이 있었는가?
- 무엇을 했는지 학생 자신의 언어로 이야기 할 수 있는가?
- 이 과제를 해결하는 일을 좋아 했는가?
- 이 과제를 어떻게 해결했는가?
- 과제의 어느 부분이 가장 쉬었고 어느 부분이 가장 어려웠는가?

- 어려운 부분을 어떻게 해결 하였는가?
- 이 과제를 해결하는데 다른 방법이 있다고 생각하는가?
- 속한 팀의 해결 방법이 맞는지 틀린지 알고 있는가?
- 이 과제가 여전히 어려운 문제라 생각하는가?

제 1.4 절 수학적 모델링 과제의 평가는 어떻게 할 것인가?

해결한 과제에 대해 학생들의 입장에서는 스스로 다음과 같은 몇 가지 질문으로 본인이나 모둠원들의 해를 분석한다:

- 구한 해는 적절한가?
- 해는 수학적 범위에 따라 달라지는가?
- 변수의 값이 달라 질 때 모델의 값은 얼마나 변화하는가?
- 변수를 늘리거나 줄일 때 모델이 적절하게 작동하는가? 등등.

특히, 모델링 순환의 "유효성 검증"은 특히 문제가 있다. 대부분의 학생들은 과제 해결책이 합리적이고 적절했는지 전혀 확인하지 않으며, 교사는 해결책의 정확성에만 관심을 가지는것 여기는 경향이 있다고 한다(Blum and Borromeo). Stillman 역시도 실세계 문제로 시작하여 필요한 수학을 적용하는 곳에 수학을 적용하는 것 이상의 것이지만, 학생들은 해결책을 찾은 후에는 더 이상 초기의 문제에 대해 생각하지 않고 답이 맞는지 확인하는 것 외에는 생각하지 않는 경향이 있다(Stillman 2004) 고 하였다. 이는 주어진 수학식을 해결해왔던 관습으로 해를 생각하기 때문이라고 생각한다. 또한 학교 수학의 범위가 많지 않기 때문에 해결한 수학적 모델링 문제가 현실과 관련되어 현실에 적적한 해인지 검증에대한 관심이 적기때문이라 생각한다.

하지만 수학적 모델링에서는 수학모델의 해를 구한 후 실세계 문제/상황에 충분히 맞게 해결이 되었는지를 검증을 해야한다. 이러한 검증이 모델링 문제를 이해하는데 좀 더 도움이 된다.

학교수학은 학습결과의 평가를 하는것이 일반적이다. 모델링 평가는 결과가 아니라 과정에 초점을 맞추어 평가를 해야한다. 이를 위해 모델링 순환과정의 각 단계를 완전하게 수행하는가를 평가한다. 각 단계의 평가 내용은 아래 평가방법에서 참고할 수 있다. 평가의 각 항목은 1장의 **부록**에서 제시한 수학 모델링에 대한 평가방법을 참고하여 평가를 한다면 도움이 될것다. 부

록의 평가방법은 참고용이니 적절하게 수정하면 될것이다. 따라서 평가는 결과가 아니라 모델링 전체과정을 평가해야 한다.

교사가 학생이 제출한 결과지를 평가하는것은 어려운 일이다. 따라서 각 모둠원들이 구해 해의 전체과정(문제를 파악한 내용부터 해를 해석하고 검증한 단계)을 발표하게 함으로, 교사와 듣는 학생들이 질문을 할 수 있기 때문에, 교사는 학생들이 어떤 과정과 생각을 하여 결과를 얻게 되었는지 파악을 할수 있을것이다. 이렇게 함으로 모델링 전체 과정이 평가가 될 수 있다.

1.4.1 풀이 과정과 결과를 보고한다.

모델링을 수행한 모둠원의 결과를 보고하는데 있어 모델이 현실 상황의 원래의 질문에 해가 적절하게 되어 있는지의 여부를 아래와 같이 살핀다.

- 합리적이고 방어 가능한 가정인가?
- 가정은 모델에 관련이 있었는가?
- 모델은 가정에 따르는가? 가정을 함으로 모델은 완전히 설명이 가능한가? 아니면 더 많은 가정을 필요로 해야 하는가?
- 가정이 틀렸다면? 틀린 가정의 해에 어떤 영향을 미치는가?
- 시나리오가 약간 바뀌면 어떨까? 결과는 어떻게 변하는가?

위의 사항을 확인해 봄으로서 수학적 모델링 문제를 해결하였다고 할 수 있다. 교사는 수학적 모델링 전체 과정을 평가할때 다음의 평가방법과 평가내용들을 참고하여 평가 할 수 있는데, 이는 GAIMME(2016) 의 평가부분의 내용을 수정한 것이다.

모델링 문제는 언어로 실세계 내용을 제시되어 있는 현상으로 해를 구하기 위해 과제에 대한 비판적 사고를 고려할 필요가 있다. 따라서 다음의 비판적 사고에 대해 알아보자.

제 1.5 절 비판적 사고(Critical thinking)

학교교육에서는 제한이 있지만 수학적 모델링은 기본적으로 사실에 근거한 문제를 해결하는 것이다. 따라서 비판적 사고가 필요하다. 과제에 관해 사유를 하며 과제에 접근하거나 만드는데 있어서 편견을 가지거나 사실여부를 판별할 수 있는 능력과 심지어는 윤리적인 문제인지도 판별을 할수 있어야 한다.

위키백과 사전에 의하면 비판적 사고(Critical thinking) 또는 논리적 사고(Logical thinking)는 판단하기 위하여 사실들을 분석하는 것이다. 비판적 사고는 다양한 정의가 있는데, 일반적으로 합리적이고, 회의적이며, 편향되지 않은 분석 혹은 사실적 증거에 대한 평가 등의 개념을 포함한다.

비판적 사고의 필요성에 대해 '시시각각으로 변화하는 상황에서 규칙적인 흐름을 읽어내고, 이를 토대로 또 다른 상황에 적용하고 새로운 패턴을 찾아낼 수 있는 상황판단 능력과 이를 적용할 수 있는 능력이 요구되는데, 이러한 능력은 비판적 사고 능력 함양을 통해서만 확보될 수 있을 것이다. 왜냐하면, 비판적 사고가 갖는 반성적이면서도 능동적인 사고는 주어진 상황에 대한 총체적인 조망을 통한 분석과 평가를 토대로 문제해결 방안을 모색하는 사고이기 때문이다' (홍병선,2012).

비판적 사고는 '주장, 논증 등의 텍스트를, 그 논리적 구조, 의미,논거, 맥락 등을 고려하여, 받아들일 수 있는지 여부에 대해 판단하기 위한 추론적 사고'로서 반성적 사고를 통해 자기 자신의 판단, 행위 등의 적절성을 비판적으로 검토하는 사고로 이해할 수 있다.

말하자면, 비판적사고는 주장과 진술 그리고 신념, 해석, 판단, 이론 등의 텍스트를 그 논리적 구조, 의미, 함축, 증거, 논거, 맥락, 배경 등을 고려함으로써, 참과 거짓, 옳고 그름, 수용과 비수용, 타당과 부당, 좋고 나쁨, 적절성, 유용성, 설명 등 가능하면 폭넓은 동의를 얻을수 있는 방향으로 주어진 상황 속에서 최선의 판단을 내리고자 하는 분석적이고 종합적인 추론적 사 고인 것이다 (홍병선,2012). 비판적 사고자가 되기 위해서는 사실적 사고를 바탕으로 추론적 사고도 할 수 있어야 한다. 추론적 사고란 표현과 이해의 과정에서 가설을 세우고 이를 근거로 판단을 정당화해가는 능력이다.

최근 비판적 사고가 교육에서 전문용어로 위치를 차지했다. 비판적 사고는 아이디어를 검토하고, 논증을 제시하고 분석하며, 정보를 분류하고, 의미를 해석하고, 결론을 내리는데 사용하는 기술을 포함한다. 또한 비판적으로 우리 자신의 생각을 검토하고, 증거를 찾을 때까지 열린 마음을 유지하며, 세상에 대해 호기심을 느끼는 태도를 포함한다. 간단히 말한다면 반성적 사고를 가리킨다. 어떤 문제에 대해 의식적으로 돌아보고 이모저모 따져보는 것이다. 어떤 문제라도 제대로 된 근거나 기준을 가지고 평가하고 파악해보려는 사고법이다. 논리적 사고는 주로 추론(논증)과 관련한 사고를 말하는 데 비해 비판적 사고는 분석적 사고, 종합적 사고, 추론적 사고, 대안적 사고로 구성돼 있다고 할 수 있다.

비판적 사고의 중요성은 첫째로, 비판적 사고는 우리의 생각을 명확하고, 철저하며, 논리정연하게 만들어주며, 우리가 중요한 정보를 간과하거나 성급한 결론을 내리지 않도록 도와준다. 둘

째로, 비판적 사고는 우리에게 가치 있는 정보를 가치 없는 정보와 구별하는데 도움이 된다. 정보기술의 발전으로 인하여 그 어느 때보다도 많은 정보가 쏟아지고 있기 때문에, 정보를 비판적으로 평가하는 능력은 매우 중요하다. 마지막으로, 비판적 사고는 우리가 복잡한 문제를 해결할 수 있도록 도와주고, 창조적으로 생각 하는 사람이 되도록 도와준다 [20].

반성적 사고는 탐구자의 능력과 태도, 탐구 대상의 종류와 특성 등에 따라 다양하게 전개될 수있으며 구체적으로는 제안, 지적 분석, 가설, 추론, 검증의 단계를 통해 나타난다. 이러한 듀이의 반성적 사고 과정은 탐구의 과정이자 과제를 해결의 과정이라 할 수 있다(홍병선, 2012).

제 1.6 절 1장 연습문제

1. 수학적 모델링이란 무엇이라 생각하는가?
2. 수학적 모델링문제와 응용문제의 차이는 무엇인가?
3. 수학적 모델링과제를 해결하면 학생들에게 어떠한 점이 도움이 되는가?
4. 수학적 모델링과제를 해결하면 수학적 효능감을 가지게 되었는가? 이에 대해 토의해 본다.
5. 수학적 모델링과제를 해결하면서 비판적 사고가 필요한 이유는 무엇이라고 생각하는가?

제 1.7 절 1장 참고 문헌

1. 노희정, *듀이의 반성적 사고와 문제해결형* 도덕수업, 윤리교육연구, 2016, vol., no.39, pp. 179-197.
2. 홍병선, 교양논총, 중앙대학교 교양교육연구소, 2012, 6, 35-47.
3. HANS Freudenthal, *Why to teach mathematics so as to be useful?*, Mathematisch Instituut der Rijksuniversiteit, Utrecht
4. Henn, H. W.(2000). *Warum manchmal Katzen vom Himmel fallen ... oder ... von guten und von schlechten Modellen*. In H. Hischer (Ed.) Modellbildung, Computer und Mathematikunterricht (pp. 9-17). Hildesheim: Franzbecker.

5. Klieme, E., Neubrand, M., & Ludtke, O. (2001). *Mathematische Grundbildung: Testkonzeption und Ergebnisse*. In D. PISA-Konsortium (Ed.) PISA 2000? Basiskompetenzen von Schulerinnen und Schulern im internationalen Vergleich (pp. 139-190). Opladen: Leske , Budrich.

6. Hermann Schichl, *Models and the History of Modeling*, In book of Modeling Languages in Mathematical Optimization, 2004.

7. Kaiser, G., and Sriraman, B.(2006). *A global survey of international perspectives on modelling in mathematics education*. Zentralblatt fur Didaktik der Mathematik, 38(3), 302-310.

8. B. Galluzo, T. Wendt, *The 24-Hour Mathematical Modeling Challenge*, PRIMUS: Problems, Resources, and Issues in Mathematics Undergraduate Studies, 50, (1), 2015.

9. GAIMME(2016), *Guidelines for Assessment and Instruction in Mathematical Modeling Education*, SIAM and COMAP.

10. Rita Borromeo Ferri, *Theoretical and empirical differentiations of phases in the modelling process*, ZDM volume 38(2), pp.86-95 (2006).

11. Niss, M., Blum,W., & Galbraith, P.(2007). Introduction. In W. Blum, P. L. Galbraith, H.W. Henn,& M. Niss (Eds.), *Modelling and applications in mathematics education, The 14th ICMI Study* (pp. 3-32). New York, NY: Springer.

12. Blum, W. (2011). *Can Modeling Be Taught and Learnt? Some Answers from Empirical Research.* In G. Kaiser, W. Blum, R. Borromeo Ferri, & G. A. Stillman (Eds.), International Perspectives on the Teaching and Learning of Mathematical Modeling, Trends in teaching and learning of mathematical modeling. ICTMA14 (pp. 15-30). Dordrecht: Springer.

13. Werner Blum, *Quality Teaching of Mathematical Modelling: What Do We Know, What Can We Do?*, In book the Proceedings of the 12th International Congress on Mathematical Education,2015, pp 73-96.

14. Werner Blum, Rita Borromeo Ferri, *Mathematical Modelling: Can It Be Taught And Learnt?*.

15. B. Galluzo, T. Wendt, *The 24-Hour Mathematical Modeling Challenge*, PRIMUS: Problems, Resources, and Issues in Mathematics Undergraduate Studies, 50, (1), 2015.

16. GAIMME(2016), *Guidelines for Assessment and Instruction in Mathematical Modeling Education*, SIAM and COMAP.

17. Katja Maaß, *Classification Scheme for Modelling Tasks*, J Math Didakt (2010) 31: 285-311, DOI 10.1007/s13138-010-0010-2.

18. K.M. Bliss, K.R. Fowler and B. J.Galluzzo,(2018), *Math Modeling: Getting Started & getting Solutions*, SIAM.

19. Carlson, M. A., Wickstrom, M. H., Burroughs, E. A., & Fulton, E. W. (2016). A case for mathematical modelling in the elementary school classroom. In C. R. Hirsch (Ed.), *Mathematical modelling and modelling mathematics* (pp. 121-129). National Council of Teachers of Mathematics.

20. www.mic.ac.jp Improving Critical Thinking.

제 1.8 절 1장 부 록: 수학 모델링에 대한 평가방법

평가는 결과가 아니라 과정에 초점을 맞추어 평가를 한다. 이를 위해 모델링 순환과정의 각 단계를 완전하게 수행하는가를 평가한다. 모델링 순환을 따라 풀이과정이 적절하게 제시되어 되었는지 살펴본다. 발표 모둠의 내용을 듣고 궁금해하는 학생들이 있을 수 있고, 의견을 제시 할 수도

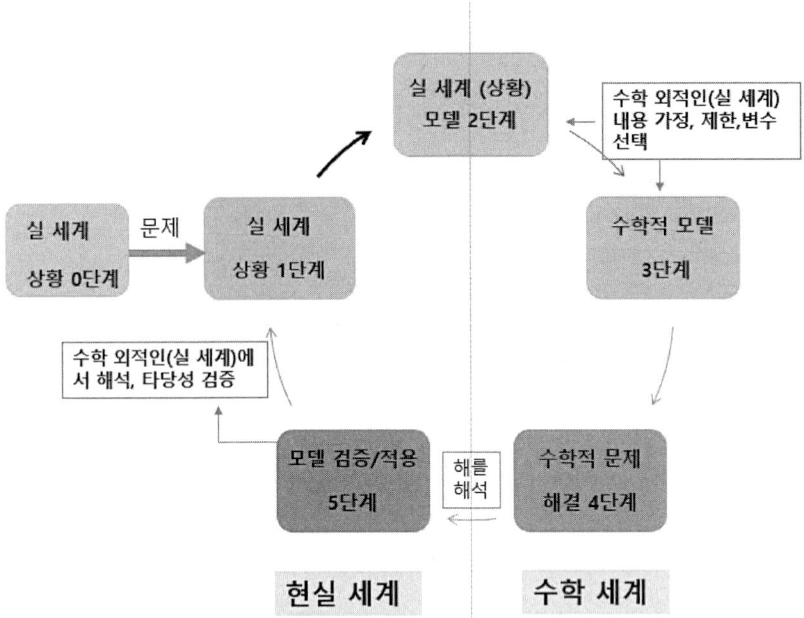

그림 1.5: 모델링 순환

있기 때문에

- 발표 모둠에 질문하고 싶은 것은 무엇이 있는 가?
- 발표 모둠의 풀이에 제안하고 싶은 의견이 있는가?

의 항목등을 넣어 발표자의 풀이를 더 풍성하게 할 수 있다.

평가시트 1.3은 (Galluzo, Wendt, 2015)의 평가지를 변형한 것이다. 발표를 듣는 학생 들도 발표하는 팀의 발표내용에 집중할수 있도록 본인을 평가할 수 있는 항목을 첨가 하였다.

표 1.2: 수학 모델링에 대한 평가방법

1. 모델링 문제 정의 (총3점)			
완벽함(3점)	만족함(2점)	개선이 필요(1점)	불완전함(0점)
모델에서 정확히 무엇을 원하는지를 나타내고, 적절하다면 모델러의 청중이나 관점을 식별하는 간결하게 문제를 설명하고, 이것이 진술문의 초반부에 나와 있다.	문제 진술은 쉽게 식별할 수 있지만 정확하지 않거나 논문의 다른 내용과 일치하지 않다.	1점) 문제 진술이 이해하기 어렵거나 본문에 묻혀 있다.	진술하는 문제가 없다.
2. 모델구성을 위한 가정과 제한사항등(총3점)			
완벽함(3점)	만족함(2점)	개선이 필요(1점)	불완전함(0점)
모델을 개발하는데 사용된 기본 가정이 명확하게 식별되고 읽기쉽고 정당화 되었다. 적절한 경우 단순화로 인한 제한이 명시한다.	주요한 가정이 기 록되어 있다. 정당화나 가독성이 부족하다.	가정과 타당성은 존 재하지만 본문에서 식별하기는 어렵다.	전제가 없거나 전제가 없는 것에 대한 정당성이 제시된다.
3. 모델 구축 : 변수의 정의와 매개변수의 구별 (총3점)			
완벽함(3점)	만족함(2점)	개선이 필요(1점)	불완전함(0점)
읽을 수 있는 형식으로 모델링되는 현상에 영향을 미치는 주요 요인에 대한 필요성을 설명하고 합리화한다. 적절한 단위를 사용한다.	중요한 매개변수와 변수는 설명이 부족하지만 적절하게 열거되어 있다.	변수변수는 거의 언급되지 않았거나 본문에서 식별하기가 어렵다.	변수나 매개변수가 식별되지 않는다.
4. 해 : 모델은 의미 있는 수학을 사용한다.(총4점)			
완벽함(4점)	만족함(3점이나 2점)	개선이 필요(1점)	불완전함(0점)
문제를 해결하는데 사용된 수학적 방법을 잘 알 수 있다. 그럴듯한 접근과 결과가 제시 된다.	수학적 접근법이 설명되어 있지만 방법의 측면이 모순되거나 이 해하기 어렵거나 불완전하다.	모델에 명시되어 있거나 수정 가능한 수학적 오류가 포함되어 있다.	모델이 제시되지 않았거나 중대한 오류가 있다.
5. 해결책: 결과는 청중이 이해할 수 있다 (총4점)			
완벽함(4점)	만족함(3점이나 2점)	개선이 필요(1점)	불완전함(0점)
원래의 문제 진술과 일관된 해결책을 제시. 적절한 경우, 유용한 시각자료/그래픽이 포함.	답변은 언급되었지만 해결책의 측면이 모순되거나 이해하기 어렵거나 불완전한 경우 (예: 측정단위 식별 실패).	문맥 배경 없이 응답을 한다. (즉, 적절한 그래픽 적절한 단위 등).	해결책이 제공되지 않는다.

6. 모델의 해석 및 평가 (총3점)			
완벽함(3점)	만족함(2점)	개선이 필요(1점)	불완전함(0점)
수학모델링 솔루션의 실행 가능성과 신뢰성을 다룬다. 예를 들어 모델이 매개변수 값이나 변경된 가정의 변경에 얼마나 민감한가? 다른 솔루션이나 과거데이터와 어떻게 비교하는가?	해결되었지만 적절한 차원이 부족하다. 예를 들어, 명시된 결과의 완전 분명한 결과는 무시되거나 잘 알려진 비교는 무시된다	일부 분석이 제공되기는 하지만 관점이 없는 분석이다.	모델의 분석이나 평가는 기록에 포함되지 않는다. 분석에 잘못된 수학이 사용된다.
7. 작성 형태와 구성(총5점)			
완벽함(5점이나 4점)	만족함(3점이나 2점)	개선이 필요(1점)	불완전함(0점)
전반적으로 정확한 철자법과 문법을 사용함. 내용의 형식이 잘 정리 되어 있 으며 읽기가 쉽다. 시각 보조기구 (적절한 경우)가 잘 선택되고 해석하기 쉽다.	복수의 철자법 수식이나 문법 오류. 시각자료에 주요 가독성 기능이 없거나 솔루션에 명확하게 연결되어 있지 않다.	일반적인 철자법, 문법 및 수학 규칙을 무시한다.	일반적인 철자법, 문법 및 수학 규칙을 완전히 무시한다.

표 1.3: 발표에 대한 평가 점수 시트

평가 내용	순환 단계	완전한 동의	동의	중 립	동의 안함	전혀 동의 안함
발표하는 팀은 제시하는 실세계 상황에 대해서 이해를 할 수 있도록 진술을 잘 했다.	1					
발표하는 팀은 문제에서 해결해야 하는 내용에 대해서 정확하게 이해했다	2					
제시된 모든 가정/제한사항/변수는 적절하게 정당화 되었다	2,3					
모델을 만드는데 수학이 적절하게 사용되었다	3,4					
수학적 모델은 적절한 결과(해)가 나왔다	4,5					
최종 해결책이 명확하게 제시되었다	5,1					
발표하는 시각자료는 읽기 쉽고 이해하기 쉬웠다	발표시					
팀은 문제에대한 대안 시나리오나 향후 해야 할 연구의 필요성을 언급했다	발표시					
본인은 발표의 전체 범위에 대해 관심을 보였다.	평가자					
이 팀의 해결 방법에 대해 더 자세히 알고 싶다.	평가자					

제 2 장

일반 수학(Mathematics)

수학에서 방정식과 부등식은 기본적인 수학도구로 다양하게 활용되고 있다. 또한 방정식과 부등식을 함께 사용하기도 한다. 방정식을 사용하여 다양한 현상에 대한 질문과 그에 대한 해를 구할 수 있다. 응용분야에서 여러 가지 제한조건을 만족시키면서 어떤 함수값이 최대 또는 최소를 갖도록 하는 변수의 값을 구하는 경우도 있다. 특히, 결정해야 하는 변수가 많고, 어떤 조건을 고려해야 하는 사항이 많으면, 그 문제를 어림으로 해결하기에는 불가능한 경우도 있다. 어떤 상황에 대한 수학적 모델을 수립하고, 그 모델의 해를 구하고자 한다.

수학적 모델링에서 수학은 도구로서 사용되는 것이다. 중고등학교 과정을 지나 대학교에서 더 심화된 수학을 공부한다. 이 장에서는 일반적이고 기본적으로 활용할 수 있는 수학문제를 살펴보자.

제 2.1 절 내 스마트폰은 나의 위치를 어떻게 알 수 있을까?

GPS(Global Positioning System) 란 위성에서 보내는 신호를 수신해 사용자의 현재 위치를 계산하는 위성항법시스템으로 GPS 는 1973년 미국 국방부에서 폭격의 정확성을 높이기 위해 군사용으로 개발 시작해서, 1995년 21개의 주 위성과 3개의 보조 위성으로 구성된 총 24개의 위성으로 민간서비스를 시작했다고 한다 [22]. 현재의 GPS 휴대용 수신기(스마트폰)는, 작은 배터리로 작동하며, 크기와 무게가 작아지고 있다. 수학적 관점에서 이처럼 작은 수신기가 어떻게 위성들의 신호를 듣고 나의 위치를 매우 정확하게 알려 줄 수 있을까? 를 생각해 보려 한다.

2.1.1 내비게이션과 수학

대부분의 현대 스마트폰에는 GPS 수신기가 내장되어 있기 때문에, 대부분의 지점에서 스마크폰을 켜면 곧 나의 위치를 알 수 있다. 내비게이션이 작동하는 기본 원리는 바로 인공위성을 활용하여 GPS 을 사용하는 것이다. 각 위성에서 신호를 보내고, 그 신호는 위치(위도, 경도, 고도)와 전송된 시간을 제공한다. 이는 내비게이션기기(스마트폰이나 전용 GPS 기기 등)는 GPS 위성의 신호를 수신해 현재 위치를 계산한다.

- 지구 외부에는 그림 2.1과 같이 많은 위성들이 지구를 돌고 있다고 한다. 내비게이션은 단순

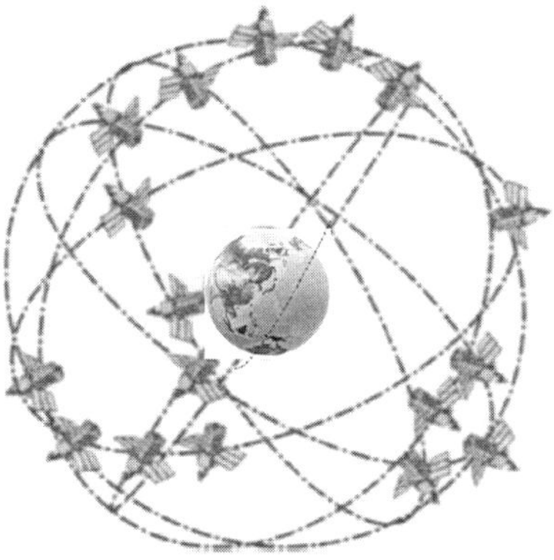

그림 2.1: 지구를 돌고 있는 위성들

히 경로만 안내하는 것이 아니라 실시간으로 교통 상황까지 반영해서 목적지 도착 시간을 안내한다. GPS 신호는 매우 정밀한 원자 시계에 의해 생성되며, 송신 시간 정보가 포함되어 있다고 한다 [22].

위성에서 보낸 신호가 수신기에 도착되면 수신기는 전송된 시간과 수신된 시간의 차이(송신 시간과 수신 시간)인 ΔT를 기록한다고 한다. 인공위성에서 지구로 오는 신호는 지구를 둘러싸고 있는 가스층이 전파를 느리게하고 이에 따라 거리측정을 왜곡시킨다고 한다. 만약 위성과 지구의 수신기 사이에 대기가 없다면, 수신기는 진공상태에서 전파속도 c (약 $299,792km/s$)로 알려진 위성에서 수신기 까지의 거리 $d = v \times t = c\Delta T$, ($v$: 속도)를 계산할 수 있다. 수신기는 평균 대기밀도와 대기두께의 효과를 고려하여 부분적으로 이를 보정할 수 있다고 한다.

따라서 인공위성에서부터 수신기까지의 거리는 :

$$\text{거리} = \text{빛의 속력} \times \text{시간 차이} = c \times (\text{GPS신호의 수신시간 - 위성신호의 송신시간})$$

인 것이다. 이 정보는 인공위성이 전송한 지점을 중심으로 반경 R의 거대한 지구의 어느 지점에 수신자가 위치해 있다는 것을 의미 한다.

GPS위성과 GPS수신기 까지의 거리를 계산해 좌표값을 구한다. 우리는 3차원의 구형인 지표면에 살고 있기 때문에, GPS 위성과 GPS 수신기 위치까지의 거리를 정확하게 알 수 있다면 3개의 GPS 위성만 있어도 정확한 수신기 위치를 알 수 있다. 위성과 내비게이션 위성수신기(GPS)수신기 사이의 거리는 **의사거리(pseudorange)** 다. GPS 를 사용하여 위치를 결정하는 의사거리(pseudo distance, pseudorange)를 측정한다.

GPS 수신기는 각 위성에서 받은 신호의 시간차를 바탕으로 현재 시간을 계산한다. GPS 위성은 매우 정확한 원자 시계를 사용해 신호를 발신하는데, 수신기 시계의 오차로 인해 의사거리에는 오차가 있다고 한다.

세 개 이상의 위성에서 오는 거리 정보를 활용해 이루어지는데, GPS 위치 계산은 삼변측량 원리에 기반한다고 한다. 이는 기본개념 3 차원 삼각측량의 변형이다. 3개의 위성을 중심으로 하는 세 개의 구면이 서로 교차되는 지점이 수신기의 위치이다. 이론상 3개의 위성만 있다면 위치를 특정할 수 있으나 실제로는 시간 오차를 보정하기 위해 4개의 위성을 사용한다. 예를 들어, 직선과 같은 1차원 세상이라면 2개의 점과 각각의 거리값을 알면 쉽게 위치를 결정할 수 있다. 2차원 세상에서는 3개의 점과 각각의 거리값을 알아야 한다. 각 점을 원의 중심으로 잡고, 거리를 반지름으로 했을 때 세 원이 만나는 지점이 해당 위치가 되기 때문이다.

2.1.2 문제를 정의(Problem Identification)한다.

- 문제: 지금은 스마트폰의 내비게이션을 이용해서 현재 위치에서 가장 가까운 관공서, 은행, 맛집 등을 검색하고 교통 정보나 할인 정보를 찾을 수가 있다. 특히 자동차 내비게이션은 오늘날은 많은 운전자에게는 없어서는 안 될 필수품이 되었으며, 많은 사람들이 내비게이션을 활용하여 길을 찾는다. 내 스마트 폰은 나의 위치를 어떻게 찾을 수 있을까?

우리의 위치를 결정하기 위해, 위성에서 출발한 전파는 지구를 향한다. 그런 전파가 지구의 어느 지점 수신기에 도착하면 어떤 위성에서 몇 시에 길을 떠났는지 알려준다. 지구 대기의 어떠한 위치구간에서는 다양한 잡음등으로 인해 전파의 속도가 느려진다고 한다. 그림 2.2은 위성들의 신호가 지구의 수신기로 오는 모습을 나타낸다.

GPS는 사용자의 위치를 결정하기 위해 여러 위성의 위치에서 보내는 신호를 통해 위치를 알

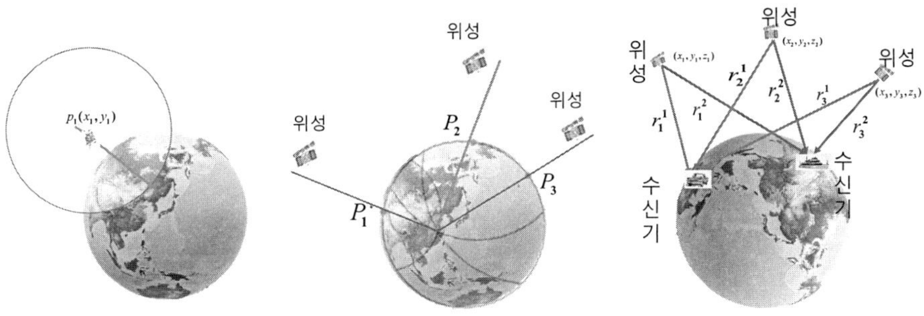

(a) 위성 P1으로 부터 지구에 도달 범위　(b) 3개의 위성으로 부터 지구에 도달 교점　(c) 위성들로부터 수신기에 도달

그림 2.2: 위성에서 부터 지구에 있는 수신기까지

아냄으로써 3차원 위치를 파악할 수 있다. 그러나 위성에서 오는 신호는 대략 $3 \times 10^8 m/s$인 빛의 속도로 이동한다. GPS가 우리의 위치를 알려주는 방법을 학교 수학 수준에서 정확하게 설명하는 것은 어려울 수 있지만 GPS 원리를 사용하여 대략적으로 수학적을 사용하여 알아본다.

2.1.3 가정을 한다.

GPS 수신기 작동방식은 어떻게 될까? 이는 지구외부에서 오는 위성신호와 관련이 있다. GPS 수신기가 현재 위치에서 작동하는 단순한 방식으로 다음과 같이 가정한다:

- 각 위성의 신호가 지구에 도착하는 데 걸리는 시간을 계산한다.
- 각 위성에서 사용자인 수신기 까지의 거리를 계산하기 위해 그 시간 차에 빛의 속도를 곱한다.
- 삼변 측량 방법을 사용하여 3개 이상의 위성에서 오는 신호로 상대적 수신기 위치를 계산한다.
- 수신기는 신호가 전송 될 때 각 위성의 정확한 위치를 알고 있고, 지구는 구체이므로 자신의 상대적 위치를 구체 기반 구면 좌표계로 변환 할 수 있다 등 등을 가정한다.

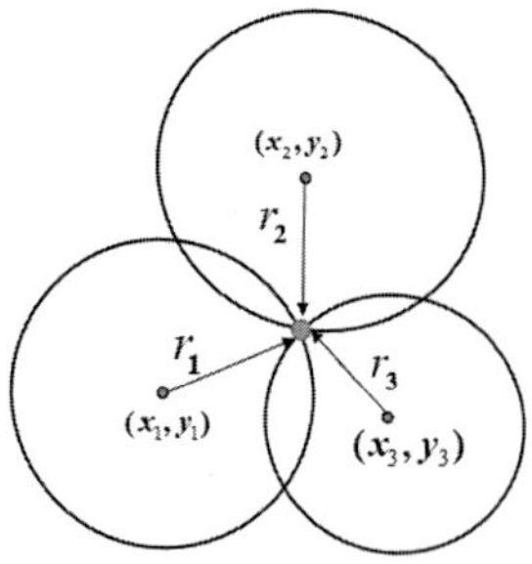

(a) 3개 원의 교차점이 있는 경우

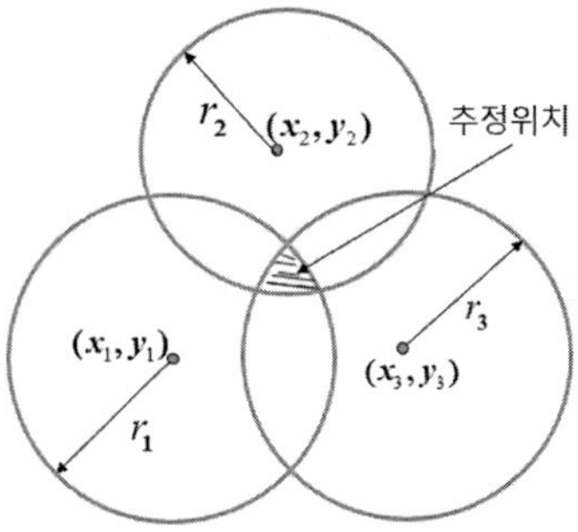

(b) 3개 원의 교차점이 없는 경우

그림 2.3: 평면에서는 3개원의 교점

먼저 삼변측량(trilateration)은 학교 교과과정에는 없지만, 삼변측량 방법은 다음과 같다. 일차원에서 어떤 점의 위치를 구하는 방법을 같은 절차를 통해 구면에서 한점을 구하는 문제에 접근하고자 한다.

(1) 직선상에서 어떤 점 A의 위치를 알려고 한다. 점 A의 위치를 알기 위해 거리만을 이용해서 설명하려면 직선상에 최소 몇 개의 점을 사용하여 점 A 를 구할 수 있는가? 직선상의 한 점에서는 다른 점까지의 거리만을 알면를 계산할 수 있으므로, 1차원 직선에서는 어떤 점 A의 위치를 직선상의 서로 다른 두 점의 위치를 사용하여 내점이나 외점으로 구할 수 있다. 따라서 직선위의 최소 2개의 점을 사용하여 어떤한 점의 위치도 구할 수 있다.

(2) 이제 평면상의 어떤 점 B의 위치를 구하려면, 최소 몇 개의 점을 사용해서 거리를 구할수 있을까? 2차원 평면에서는 3개의 원의 반지름으로 세 개의 원을 그려 세개의 원이 서로 교차되는 지점인 점 B를 찾을 수 있다. 그림 2.3 (a)와 같은 경우는 세 원의 원주가 만나는 점으로 한점 B가 정해질 수도 있으나, 그림 2.3 (b) 와 같은 경우도 발생 할 수 있어 3개의 교차되는 원의 발생하지 않을 수도 있다.

(3) 평면에서 세 개의 원주가 서로 교차되어 한점이 생기지 않을수 있으므로 그림 2.3 (b) 와 같은 경우 하나의 원을 첨가하여 교점(위치)을 구한다. 이제, 공간상에서는 한 점 즉, 우리의 위치를 어떻게 정할 수 있을까?

(4) 우리는 3차원인 지구에 살고 있고, 지구외부 3차원 공간에 3개의 위성이 있다면, 3차원에서는 4개의 구가 겹치는 부분에서 우리가 구하려는 위치 점 C 를 찾을 수 있다. 두 개의 구

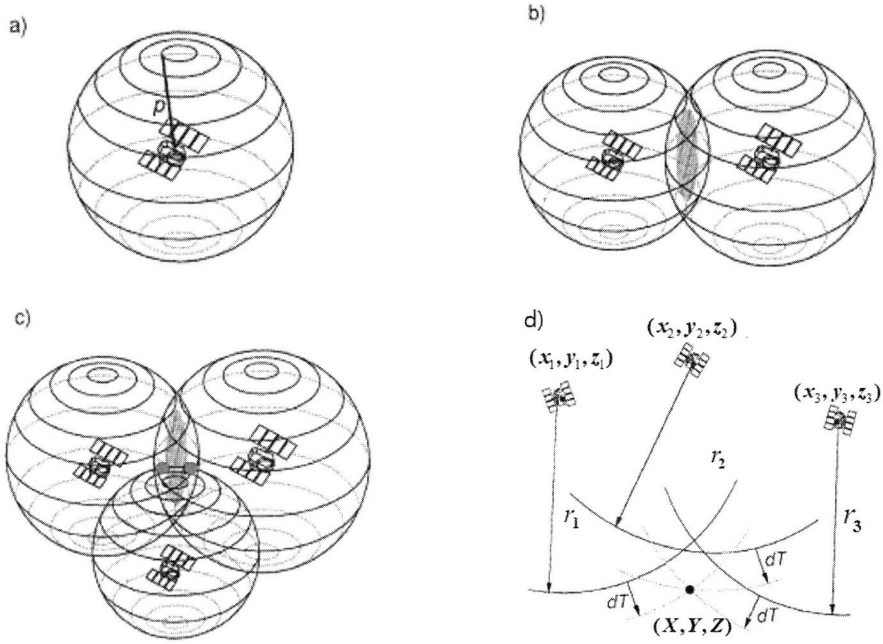

그림 2.4: 구가 만나서 생기는 영역(c) 과 수신기와 위성간의 오차, 그림출처: Langley의 논문

> 가 교차하면 원 (가운데 음영영역)이 만들어진다(2.4 (b)). 세개의 구가 교차하면 세 구 모두에 공통된 점은 그림 2.4 (c) 처럼 특정 위치가 정해지는 두개의 교차점이 만들어진다. 따라서 한점을 알기 위해 4 번째의 위성이 필요한데, 이유는 그림 2.4 (d)에서 처럼 위성과 수신기 사이의 오차 dT 가 발생하는데 이 시간 오차를 보정하기 위해서 필요하다.

따라서 지구자체가 1개의 구의 역할을 하기 때문에, 3개의 GPS 위성이면 이론적으로는 점 C의 위치를 결정할 수 있다.

하지만 이것만으로는 실제 거리를 그림 2.4 (d)에 있는 dT로 정확하게 계산할 수 없다. GPS 위성들의 점들 중 적어도 하나는 지구 대기권 밖에 있기 때문에, 수신기에 장착된 시계가 오차가 발생하여 위성에 장착된 시계와 수신기의 시간이 일치하지 않는다. 따라서 4개 이상의 GPS 위성에서 전파를 수신해야 정확한 위치(위도, 경도 및 고도)를 파악할 수 있게 된다

위성에 탑재된 원자 시계는 하루에 10^{-9}초의 정확도를 가지고 정기적으로 동기화되는 반면, 일반적인 GPS 수신기의 시계는 이러한 정밀도를 가지고 있지 않다. GPS를 사용하여 정확한 위

치를 계산하려면 dT로 표시되는 시간 동기화의 이 오류도 해결해야 하지만 여기서는 전문가가 아니므로 이러한 오류는 무시한다고 가정한다.

2.1.4 수학화(Mathematizing)와 수학적인 풀이를 한다

각 인공위성에서 수신기까지 반지름 r_1, r_2, r_3, r_4 라하고, 사용자 수신기 위치는 (x, y, z) 라 한다. $i = 1, 2, 3, 4$번째 위성의 위치에 대한 의사거리는 각각 $\rho_1, \rho_2, \rho_3, \rho_4$이라 하자. 직각좌표계로 세 인공위성의 위치인 좌표를 $\rho_1 = (x_1, y_1, z_1), \rho_2 = (x_2, y_2, z_2), \rho_3 = (x_3, y_3, z_3), \rho_4 = (x_4, y_4, z_4)$라 하면, 다음은 수신기 위치에서 각 위성까지의 거리는 그림 2.4의 (d)처럼 오차와의 합인 의사거리 $\rho_i|_{\{i=1,2,3,4\}}$로 다음과 같이 표현할 수 있다:

$$
\begin{aligned}
(x-x_1)^2+(y-y_1)^2+(z-z_1)^2 = r_1^2 &\Rightarrow \rho_1 = \sqrt{(x-x_1)^2+(y-y_1)^2+(z-z_1)^2}+cdT \\
(x-x_2)^2+(y-y_2)^2+(z-z_2)^2 = r_2^2 &\Rightarrow \rho_2 = \sqrt{(x-x_2)^2+(y-y_2)^2+(z-z_2)^2}+cdT \\
(x-x_3)^2+(y-y_3)^2+(z-z_3)^2 = r_3^2 &\Rightarrow \rho_3 = \sqrt{(x-x_3)^2+(y-y_3)^2+(z-z_3)^2}+cdT \\
(x-x_4)^2+(y-y_4)^2+(z-z_4)^2 = r_4^2 &\Rightarrow \rho_4 = \sqrt{(x-x_4)^2+(y-y_4)^2+(z-z_4)^2}+cdT
\end{aligned}
\tag{2.1}
$$

로 미지수가 4개다. dT는 GPS 시스템 시간을 기준으로 위성과 위성의 전송지연 및 기타오류로 우리는 알 수 없고, c는 진공속에서 빛의 속도다. dT 수신기와 위성 사이의 시간차이고 r_i 는 이상적인 조건에서 수신기에서 위성까지의 정확한 거리, 오차 계산은 의사 범위 데이터를 사용하여 위치 결정의 가능성을 제공한다. 수신기는 수신한 메세지를 사용하여 각 메세지의 전송시간을 결정하고 빛의 속도를 사용하여 각 위성까지의 거리를 계산한다. 이렇게 측정된 거리를 의사거리라 한다. 수신기 시간의 오류로 인해 의사거리에는 많은 오류가 있다. 그러한 오류에도 불구하고, 정확한 의사거리는 아니지만 근사거리 r_i, $i = 1, 2, 3$는

$$
\begin{aligned}
r_i &= c \times (\text{GPS신호의 수신시간 - GPS신호의 송신시간}), \\
&= c \times (t - t_i), \quad i = 1, 2, 3, 4
\end{aligned}
$$

인 것이다. 따라서 방정식 (2.1)은

$$
\begin{aligned}
\sqrt{(x-x_1)^2+(y-y_1)^2+(z-z_1)^2} - c(t-t_1) = 0 \\
\sqrt{(x-x_2)^2+(y-y_2)^2+(z-z_2)^2} - c(t-t_2) = 0 \\
\sqrt{(x-x_3)^2+(y-y_3)^2+(z-z_3)^2} - c(t-t_3) = 0 \\
\sqrt{(x-x_4)^2+(y-y_4)^2+(z-z_4)^2} - c(t-t_4) = 0
\end{aligned}
\tag{2.2}
$$

표 2.1: 인공위성 자료

인공위성	위치	보내는 시간
1	(1.11, 2.55, 2.14)	1.29
2	(2.87, 0.00, 1.43,)	1.31
3	(1.00, 1.08, 2.29)	2.75
4	(1.54, 1.01, 1.23)	4.06

이라 할 수 있다. 1m는 빛이 진공에서 1/299,792,458초 동안 간 거리이다. 공기를 통해 이동하는 빛이 유리나 물과 같은 다른 매체에 들어가면 빛의 속도와 파장이 감소한다.
시간 스탬프(timestamp)가 수신기에 도착하면(수신기에 특정 시간에 도착) 위성의 시간 스탬프에서 수신기의 현재 시간을 빼면 전송 이동 시간으로 변환된다. 그런 다음 이동 시간에 광속을 곱하여 수신기에서 위성까지의 거리로 변환된다. 광속은

$$c = 299792.458km/s \approx 3 \times 10^8 (m/s)$$

이다.

♣ "시간 스탬프(timestamp)"란 특정 사건이나 데이터가 발생하거나 기록된 시점을 명확하게 표기하는 정보를 의미한다.♣

2.1.5 현실에서 모델을 검증한다

너무 커다란 우주를 쉽게 이해할 수 있도록, 지구의 중심이 원점이고 양의 z축이 북극점을 지나며 지구에 관하여 고정된 xyz 좌표계가 부여된 구라 생각하자. 실제 지구의 반지름이 평균 6,371 km이지만, 여기서는 계산의 편리함을 위해 지구의 반지름을 1이라 하면, 지구 표면은 방정식이 $x^2 + y^2 + z^2 = 1$인 단위구면이 된다. 한점에서 다른점으로 수신음이 도달하는데 걸리는 시간을 알아서 거리를 구하므로 지구에서 광속은 근사적으로 0.47 이 된다.

4개의 인공위성으로 부터 동시에 위치와 시각을 표 2.1와 같이 임의로 정한다.

거리, 속도와 시간의 관계에서, 거리는 속도에 경과한 시간을 곱한다. 광속은 $c = 0.47$라 하면 $r = 0.47(t - t_i)_{i=1,2,3,4}$ 이다. 따라서 관계식 (2.2)의 우변을 거리 r이라 가정하여 문제를 해결한다. 인공위성1에서 (x, y, z)까지 거리 방정식은

$$\sqrt{(x - 1.11)^2 + (y - 2.55)^2 + (z - 2.14)^2} = 0.47(t - 1.29) \tag{2.3}$$

와 같이 나타낼 수 있다. 정리하면

$$2.22x + 5.10y + 4.28z - 0.57t = x^2 + y^2 + z^2 - 0.22t^2 + 11.95$$

이다. 같은 방법으로 다른 세 위성에 대응하는 방정식을 방정식(2.3)와 같이 3개의 방정식을 유도할 수 있으며, 다음과 같은 x, y, z와 t 에 관한 4 개의 연립방정식이 구성된다:

$$\begin{aligned} 2.22x + 5.10y + 4.28z - 0.57t &= x^2 + y^2 + z^2 - 0.22t^2 + 11.95 \\ 5.74x \qquad\quad + 2.86z - 0.58t &= x^2 + y^2 + z^2 - 0.22t^2 + 9.90 \\ 2.16y + 4.58z - 1.21t &= x^2 + y^2 + z^2 - 0.22t^2 + 4.74 \\ 3.08x + 2.02y + 2.46z - 1.79t &= x^2 + y^2 + z^2 - 0.22t^2 + 1.26 \end{aligned}$$

이는 모두 일차방정식은 아니지만, 각 식에서 이차항들이 모두 같다. 따라서 두번째 이후의 각 식에서 첫번째 식을 빼면, 아래와 같은 일차 연립방정식을 얻는다.

$$\begin{aligned} 3.52x - 5.10y - 1.42z - 0.01t &= -2.05 \\ -2.22x - 2.94y + 0.30z - 0.64t &= -7.21 \\ 0.86x - 3.08y - 1.82z - 1.22t &= -10.69 \end{aligned}$$

이 식을 행렬로 나타내면

$$\left[\begin{array}{cccc|c} 3.52 & -5.10 & -1.42 & -0.01 & -2.05 \\ -2.22 & -2.94 & 0.30 & -0.64 & -7.21 \\ 0.86 & -3.08 & -1.82 & -1.22 & -10.69 \end{array}\right] \Longrightarrow \left[\begin{array}{cccc|c} 1 & 0 & 0 & 0.36 & 2.97 \\ 0 & 1 & 0 & 0.03 & 0.81 \\ 0 & 0 & 1 & 0.79 & 5.91 \end{array}\right]$$

이다. t를 자유변수로 놓고 구하면

$$\begin{aligned} x &= 2.97 - 0.36t \\ y &= 0.81 - 0.03t \\ z &= 5.91 - 0.79 \end{aligned} \qquad (2.4)$$

으로 이 식 (2.4)을 (2.3)에 대입하면 이차방정식

$$0, 54t^2 - 6.65t + 20.32 = 0$$

이 성립하고 두개의 해 $t = 6.74, t = 5.60$가 구해진다. 이 값을 (2.4)에 대입하여 $t = 6.74$에 대해 $(x, y, z) = (0.55, 0.61, 0.56)$ 을 $t = 5.60$ 에 대해 $(x, y, z) = (0.96, 0.65, 1.46)$을 구한다.

우리는 지구의 반지름을 1이라 가정 했으므로 두번째 $t = 5.60$ 에 대해 $(x, y, z) = (0.96, 0.65, 1.46)$은 지구의 범위내에 없는점이므로 버린다. 따라서 지구의 있는 점의 위치 좌표는 $(0.55, 0.61, 0.56)$ 라 말 할 수 있다.

2.1.6 모델을 채택한다.

현실에 모델 검증은 추가적인 정밀함이 필요하겠으나 계산의 편리함으로 연산을 수행하였다. 하지만 편리하게 활용하고있는 GPS 의 작동 이론을 조금이나마 이해하는 의미로 이 문제를 알아 보았다.

제 2.2 절 이동을 하는데 버스를 탈까 택시를 탈까?

어딘가로 이동을 하는 경우 일반적으로 대중교통을 이용한다. 이때 지하철이나 버스와 택시등을 어떤 교통을 사용할지 생각을 하는 경우가 있다. 다음과 같은 경우를 생각해 보자.

2.2.1 문제를 정의(Problem Identification)한다.

- 문제: 용희는 수업이 끝난후 아르바이드를 할 장소로 가기 위해 친구 3명과 함께 아르바이트를 하기 위한 교통수단을 이용하여 장소로 가려고 한다. 어떤 교통편을 이용하는것이 좋을지 친구들과 의논을 하였다.

2.2.2 가정을 한다.

이 문제에 무엇을 가정해야하는가?

- 변수는 무엇으로 정할까?
- 이동하려는 거리는 얼마나 되는가?
- 버스요금 y_0을 현재 광역시의 버스 요금은 성인 기준으로 1인당 b원이고, 교통카드 요금은 $b - 150$ 원, 일반택시 요금은 기본 2km 까지 y_1원이고, 그 이후로는 할증이 되어 2km이상 거리 요금은 y_2원이다.
- 이동하고자 하는 거리를 L이라 하고, 기본 2km 이후 100m 당 요금을 x라 하자.

- 수업이 끝난 후이고 또 아르바이트를 해야 하기때문에 가능한 피곤하지 않게 가고 싶은 것인가?

등 등 필요한 여러가지를 가정을 한다.

2.2.3 수학화(Mathematizing)를 한다.

버스요금: b이고, 친구수: p명이라 하면,
- 총버스요금은 $T = p \times b$이다.
- 택시 기본 2km 이후 1m 당 할증요금 $x = \frac{100(원)}{134m}$이다.
- 택시 기본 2km 까지 $y_1 = 4300$원이고 할증은 1m 당 요금은 x원이므로 2km이상 거리 요금은 $y_2 = 4300$원 $+ (L - 2000m)x$원이다.

2.2.4 수학적인 풀이를 한다

(1) 먼저 교통카드를 가지고 있지 않을 경우를 고려해 보자.
버스 요금은 성인 기준으로 1인당 $b = 1400$원이고, 교통카드 요금은 $(b - 150) = 1,250$원, 일반 택시 요금은 기본 2km 까지 $y = 4300$ 원이고, 그 이후로는 할증이 없는 시간대는 134m당 혹은 32 초당 100원씩 증액된다고 한다.
- 버스를 환승하지 않는다면, 이동거리를 L을 이동하는 사람수 $p = 3$명의 버스 요금은 $T = p \times b = 3 \times 1400 = 4200$원이다.
- 택시 기본 2km 이후 1m 당 요금: $x = \frac{100(원)}{134m} = \frac{50}{67} \approx 0.7463$(원/m)이다.

2.2.5 현실에 모델을 검증한다.

- 이동거리 L에 대한 택시 요금 :

$L \leq 2km$이면 택시 요금은 $y_1 = 4300$이고,
$L > 2km$일 때의 택시요금은 $4300 + \frac{50}{67}(L - 2000)$이다.
따라서,

$$4300 + \frac{50}{67}(L - 2000) < 4200 \qquad (1)$$

인 경우는 이동거리 L에 대해 택시비가 적게 들기 때문에 택시를 타는것이 유리하다. 이를 계산하면,

$$L = (\frac{50}{67} \times 2000 + 1300)\frac{67}{50}$$

이면 택시비와 버스비가 같기 때문에 어느것을 선택해도 같다.

$$(2) \qquad 4300 + \frac{50}{67}(L - 2000) > 4200,$$

즉, $L > 186.6 \approx 187$이다. 따라서 L이 $187m$ 이상이면 택시비가 적게 들기 때문에 택시를 타는것이 유리하다.

이는 요금에 대해서만 고려한 것이지만, 또 다른 고려를 한다면 해가 달라질 수도 있을수 있다. 여러분이 실제 택시를 탈경우 연산을 해서 검증을 하거나 이동하고자 하는 거리에 대해 지도 앱등을 사용하면 택시 요금과 비교가 가능하다.

(2) 다음으로는 교통카드를 가지고 있는 경우는 연습문제로 남긴다.

• 이동거리 L이 변경되거나, 친구수 p, 또는 1m 당 택시요금, 버스요금 등이 달라지면 해가 어떻게 변하는가? 이처럼 모델의 변수가 달라지면 해가 어떻게 되는지 살펴본다. 이와 같이 변하하는 정도를 살펴볼 수도 있다.

• 어떤 특별한 또 다른 상황을 고려하지 않은다면 위와 같은 결과가 나오지만, 친구중 누군가가 바쁘거나 또는 기후변화등을 고려한 교통수단을 선택할수도 있다. 어떤 교통수단을 선택할지가 다르기 때문에 단순하게 연산 결과가 해도 다를 수 있다. 이처럼 주관적인 내용을 포함하여 문제를 확장 할 수 있다.

• 환승을 해야하는 경우, 추가 요금을 지불하지 않는다면 풀이 방법은 위와 같지만, 환승시 추가 요금을 지불해야 한다면 풀이는 어떻게 해야될까? 이와 같이 이 문제를 확장해서 모델링 문제를 해결 할 수 있다.

2.2.6 모델을 채택한다.

풀이를 한 단계에서 구한 수학적인 해가 실세계에서 적절하면 수학적 모델을 채택한다. 모델을 검증단계에서 구한 수학식에 예를 들어 이동하고자 하는 거리에 대해 네이버등의 택시 요금과 비교하여 합당하면 채택한다.

2.2.7 발표를 한다.

모둠구성원들이 문제를 정의하는 단계에서부터 마지막 단계인 모델을 채택하게 된 단계까지 문제를 해결하는 모든 과정을 잘 정리하여 다른 학생들이 이해를 할 수 있도록 ppt를 작성하여 발표를 한다.

제 2.3 절 우리나라 사람은 사는데 전기를 얼마나 사용할까?

현대는 대부분의 에너지를 사용하기위해서는 전기를 활용하여 가정에서 직장에서 사회서비스에서 전기 없이 지낸다는 것은 상상이 되지 않는다. 여름이 되면 에어컨 사용량등으로 전기사용량이 많아져 전기요금에 대한 이야기을 듣기도 한다. 특히 한국의 1인당 전기 사용량은 세계 3위 수준으로 매우 높다고 한다 [25]. 여름에는 매우 과거에 비해 너무 더워지는 현상이 더 많아지는 날들이 늘어나고, 또한 겨울은 혹한이 더 많아지는 날들이 있다고 한다. 이는 기후변화의 현상이라고들 흔히 말한다.

다음과 같은 경우를 생각해 보자.

2.3.1 문제를 정의(Problem Identification)한다.

승희는 가정에서 일을 하거나 공부를 하거나 게임을 하는 승희의 모든 활동에 전기를 사용한다. 따라서 전기가 공급되지 않을거라는 것을 상상만해도 생활이 될것 같지가 않다. 승희는 혼자 작은 아파트에서 살고 있는데 승희는 가정에서 쓰는것 이외 사회생활을 하는데 전기를 사용하고있다. 더구나 사용하는 물건이나 식사를 사는데도 전기가 사용되었을 것이다. 그렇다면 사람들이 일인당 개인이 사용하는 전기는 실제 승희가 지불하는 전기세는 얼마나 지불하나?

2.3.2 가정을 한다.

1인당 평균 전력 소비량은 지역과 특정 서비스 산업 유형에 따라 크게 달라집니다. 대체로 OECD 국가에서는 상업 및 공공 서비스 부문의 전력 소비량이 더 높은 경향이 있다. 가정마다 또는 각 개인마다 사용하는 전기량이 다를것이다.

- [26]에서 "1인당 전기 소비량"의 데이를 사용할 것이기 때문에, 사회에서 개인이 받은 서비스의 전기량과 개인이 기업의 물품을 이용하고 있는데 기업에서 생산을 위해 사용한 전기량, 개인이 가정에서 사용하는 전기량을 포함한다고 가정한다.

- 승희는 매월, 매년 같은량의 전기를 사용한다고 가정한다.

- 시간(월)이라 하고 y는 사용한 전기량이라 한다.

2.3.3 수학화(Mathematizing)와 수학적인 풀이를 한다

개인이 가정에서 사용하는 전기량을 계산하기 위해 승희가 가정에서 사용한 전기 사용 통지서 사진 2.5은 1 년간 사용한 전기량으로 2019 년 4월부터 2020 년 4월까지 사용한 전기요금의 그래프다. 전기량의 단위는 kWh이다. MWh 는 전력 에너지를 나타내는 단위로, 메가와트시(Megawatt-hour)를 의미한다. 그리고 단위를 바꾸면, 1MWh = 1 천kWh = 1 백만Wh (10^6 Wh)다.

가정용을 포함하는 년도별 1인당 전기사용량이 표 2.2와 같다. 표 2.2의 평균이 10.62Mwh이

표 2.2: 년도별 1인당 전기사용량(단위: Mwh)출처: [26],

년도	2010	2011	2012	2013	2014	2015	2016
전기양	9.22	10.18	10.32	10.31	10.27	10.43	10.6
년도	2017	2018	2019	2020	2021	2022	2023
전기양	10.73	11.07	10.61	10.72	11.40	11.50	11.31

다. 이는 우리나라 사람이 생활하는데 필요한 전기와 사회의 서비스 및 다양한 생활에서 필요한 서비스에 1인당 전기사용량이다. 따라서 일 인당 개인이 지불하는 전기사용량은

$$\frac{\text{개인이 가정에서 사용하는 전기량}}{\text{1인당 전기사용량}} \times 100$$

이다.

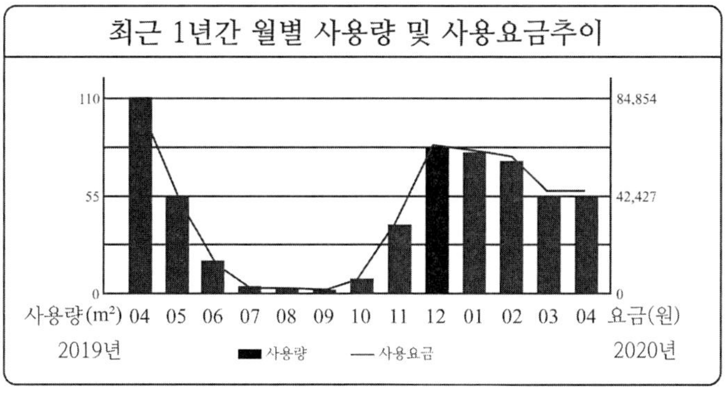

그림 2.5: 1인이 가정에서 사용한 전기요금 통지서

2.3.4 현실에 모델을 검증한다.

전기요금 통지서 사진 2.5에서 월별 사용랄 및 사용요금 추이의 월시간에 대한 사용량의 관계식은 3 차 함수라 할 수 있다. 3차 함수를 최소자승법(7장 부록 참고)을 활용해 구할 수 있다. 승희의 월(month)에 대한 전기사용량 모델을 세운다. 여기서는 스프레트 시트에서 추세선을 구하여 전기사용량은 추세선을 적분하여 계산한다. 시간(월)에 대한 3차 함수의 추세선은 $R^2 = 0.94$에 대해

$$y = -0.7359x^3 + 16.602x^2 - 105.08x + 203.34$$
$$\approx -0.7x^3 + 16.6x^2 - 105.1x + 203.3$$

이다. 물론 12달 전기요금 사용량을 더하면 되는데 눈금을 정확히 알수 없는 달이 있으므로 적분을 사용하여 구한다. 이는 1년 동안 전기 사용량을 구하기 위해 위 함수를 구간 [1, 12]에 대해 적분하면

$$\int_1^{12}(-0.7x^3 + 16.6x^2 - 105.1x + 203.3)dx = 649.1Wh$$

된다. $1MWh = 10^6Wh$이고, 전기 사용양은 현재와 같은 생활을 유지하는데 드는 양이라 가정한다. 우리나라의 1인당 사용량은 $10.62Mwh = 10.62 \times 10^6Wh$이고 가정에서 승희가 사용량은 $649.1Wh$이다. 따라서 승희가 지불하는 전기사용량은

$$\frac{649.1}{10.62 \times 10^6} \times 100 = 0.006\%$$

이다.

실제로 개인들이 가정에서 사용하는 전기양은 매우 적은 양이다. 대략적으로 2인가족의 전기요금이 2배가 된다고 하더라도 가정에서 지불하는 요금은 매우 적다. 따라서 개인이 가정에서 사용하는 전기량은 매우 적지만 현재와 같은 정도의 사회생활이나 생활에 필요한 전기량이 매우 많음을 의미한다.

제 2.4 절 온라인 주문은 어떻게 다음날 배달이 될 수 있는가?

요즘처럼 온라인으로 물건을 사는시대에 대표적인 회사가 쿠땡땡이다. 그런데 쿠땡땡에 물건을 구매하면 빠르면 그 다음날 배송이 되기도 한다. 나라가 크지 않아 배달을 하는데 시간이 많이 걸리지는 않겠지만, 물건을 정리하여 운동을 하는데에는 시간이 필요할것이다. 따라서 빠른 배송을 위해서는 물건을 보관하는 창고가 지역별로 확보하고 있을 것이다.

2.4.1 문제를 정의(Problem Identification)한다.

코로나 팬데믹 기간동안 온라인 쇼핑을 하던 일이 전염병이 종료된 지금도 온라인 쇼핑이 편리하다는 생각이 든다. 그래서 계숙이는 요즘은 물건을 대부분 온라인 쇼핑으로 구매하곤 한다. 편리하기도 하고 시간을 절약할 수도 있기 때문이다. 그런데 특히 여름에는 배달하시는 분들의 어려움을 매스컴을 통해 들을 때면 마음이 편치가 않다. 그래서 계숙이는 물건을 구매할때 빠른 배송을 선택하지 않는다. 그럼에도 불구하고 쿠땡땡 물건의 배송이 매우 빠르게 배달이 된다. 이처럼 물건이 빠르게 배송될 수 있을까 궁금하였다. 물건을 보관하는 창고가 지역별로 확보하고 있을것이다. 각 보관창고에 물건을 분배해주는 장소의 위치를 어떻게 정했을까?

2.4.2 가정을 한다

- 빠른 배송을 위해서는 물건을 보관하는 창고가 지역별로 확보되어 있다고 가정한다.
- 전국을 3개의 지역으로 나누어 지역별 창고가 3개(A, B, C)가 있다고 가정한다.
- 소비자가 물건을 주문을 하면 배송을 해야하는 하는 지역창고에 물건을 제공한다 가정한다.
- 이 세 지점에 물건을 제공하는 분배지점을 P라 가정한다.

세 창고에 공급하는데 필요한 총 비용이 최소가 되게 분배를 해야하는 분배되는 지점을 찾아보도록 한다. 장거리까지 배송을 위해서는 차로 움직여야하기 때문에 위치가 큰 도로에 인접해 있어야 할 것이다. 쿠땡땡기업은 아무래도 수익을 추구는 기업이기 때문에 인건비를 최소화 하고자 할것이다. 세개의 보관하는 창고와 보관 창고들에게 물건을 배분해주는 분배지점 간의 총 시간이 적게 걸리는 시간이 최적이다. 속도 v, 시간 t에 대해 거리 $S = vt$인데 여기서 점 P에서 세 지역별 창고 3개(A, B, C)로 이동하는 속도가 같다고 하면, 보관 창고들에게 물건을 배분해주는 분배지점 간의 총 시간이 적게 걸리는 시간 대신 거리를 구하면 된다.

2.4.3 수학화(추상화)와 수학적인 해를 구한다

지도 2.6에서 처럼 지역별로 3개(A, B, C)의 창고 위치의 임의의 좌표를 $A(x_1, y_1), B(x_2, y_2), C(x_3, y_3)$라 한다. 물건을 제공하는 분배지점은 $P = (x, y)$라 한다. 점 P에서 세 지역까지의 거

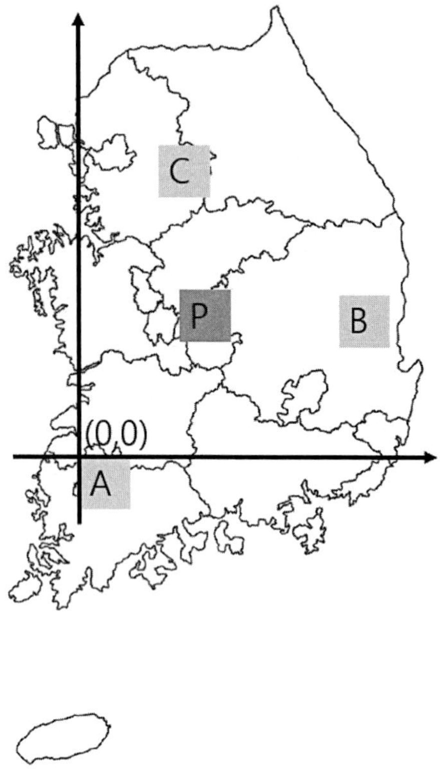

그림 2.6: 보관창고 위치와 분배지점 위치

리의 합은

$$L(x,y) = \sqrt{(x-x_1)^2+(y-y_1)^2} + \sqrt{((x-x_2)^2+(y-y_2)^2} + \sqrt{(x-x_3)^2+(y-y_3)^2}$$

이다. 거리 합을 변수 x와 y로 편미분하면

$$\frac{\partial L}{\partial x} = -\frac{x-x_1}{\sqrt{(x-x_1)^2+(y-y_1)^2}} - \frac{x-x_2}{\sqrt{(x-x_2)^2+(y-y_2)^2}} - \frac{x-x_3}{\sqrt{(x-x_3)^2+(y-y_3)^2}}$$
$$\frac{\partial L}{\partial y} = -\frac{y-y_1}{\sqrt{(x-x_1)^2+(y-y_1)^2}} - \frac{y-y_2}{\sqrt{(x-x_2)^2+(y-y_2)^2}} - \frac{y-y_3}{\sqrt{(x-x_3)^2+(y-y_3)^2}}$$

이다. $\frac{\partial L}{\partial x} = 0$, $\frac{\partial L}{\partial y} = 0$, 즉

$$L_x(\frac{x_1+x_2+x_3}{3}, \frac{y_1+y_2+y_3}{3}) = 0, L_y(\frac{x_1+x_2+x_3}{3}, \frac{y_1+y_2+y_3}{3}) = 0$$

에서, 임계점은

$$(\frac{1}{3}(x_1 + x_2 + x_3), \frac{1}{3}(y_1 + y_2 + y_3))$$

이다.

2.4.4 현실에 모델을 검증한다

임계점 $(\frac{1}{3}(x_1 + x_2 + x_3), \frac{1}{3}(y_1 + y_2 + y_3))$ 에서 이계도함수의 판정법을 사용하여 극소값을 계산한다. 여기서는 실제 보관 창고들의 위치를 정확히 알지 못하므로 $A(0,0), B(6.9), C(10,2)$ 라 가정하여 풀이를 한다. 그러면 임계점 $(x, y) = (\frac{x_1+x_2+x_3}{3}, \frac{y_1+y_2+y_3}{3}) = (\frac{16}{3}, \frac{11}{3})$ 이다. $L(x, y)$의 이계도함수는

$$L_{xx} = -\sum_{i=1}^{3} \frac{(y - y_i)^2}{((x - x_i)^2 + (y - y_i)^2)^{3/2}}$$
$$L_{xy} = -\sum_{i=1}^{3} \frac{(x - x_i)(y - y_i)}{((x - x_i)^2 + (y - y_i)^2)^{3/2}}$$
$$L_{yy} = -\sum_{i=1}^{3} \frac{(x - x_i)^2}{((x - x_i)^2 + (y - y_i)^2)^{3/2}}$$

이다. 점 A, B, C에 대해 임계점 $(\frac{16}{3}, \frac{11}{3})$을 적용하면

$$L_{xx}(\frac{16}{3}, \frac{11}{3}) = 0.0496 + 4.917 + 0.0228 \approx 4.99 > 0$$
$$L_{xy}(\frac{16}{3}, \frac{11}{3}) = 0.07213 + 0.02290?0.06390 \approx 0.03 > 0$$
$$L_{yy}(\frac{16}{3}, \frac{11}{3}) = 0.105 + 0.00572 + 0.179 \approx 0.29$$

이다. $D = L_{xx}L_{yy} - (L_{yy})^2 \approx 1.45 - 0.0009 \approx 1.45 > 0$이고 $L_{xx}(\frac{16}{3}, \frac{11}{3}) > 0$이므로 $L(x, y)$은 $(\frac{16}{3}, \frac{11}{3})$은 극소값이다.

임계점

$$(x, y) = (\frac{1}{3}(x_1 + x_2 + x_3), \frac{1}{3}(y_1 + y_2 + y_3)$$

에서 세 지역별 창고 3 개(A, B, C) 까지 거리의 합의 최소값은

$$\begin{aligned} L(16/3, 11/3) &= \sqrt{(x - x_1)^2 + (y - y_1)^2} + \sqrt{((x - x_2)^2 + (y - y_2)^2} + \sqrt{(x - x_3)^2 + (y - y_3)^2} \\ &= 50.41 \end{aligned}$$

이다. 따라서 분배지점의 위치는

$$P = (16/3, 11/3) = (5.33, 3.67)$$

이다. 쿠땡땡은 전국적으로 물류센터가 많다. 실제 A, B, C 위치의 실제 위치를 찾아 분배지점은 $P = (x, y)$를 구할 수 있다. 계산은 복잡하다.

그런데 여기서는 기하적으로 살펴보면, 페르마 점을 찾으면 그 점이 세 지역까지의 거리의 합이 가장 작은점이다. 페르마 점을 구하는 조건으로 세 내각 모두 120도 이하인 경우로 페르마 점은 삼각형의 내부에 위치하며 (1) 주어진 삼각형에서 임의로 선택된 두 변 각각에 정삼각형을 구성한다. (2) 각각의 새 꼭짓점에서 원래 삼각형의 반대쪽 꼭지점까지 선을 그린다. (3) 두 선의 교차점이 페르마 점이다. 실제 좌표에서 구해 볼수 있다. 삼각형 세점 $A(0, 0), B(6.9), C(10, 2)$를 연결한 ABC의 내각은 다음과 같다. $\angle A = 45.0°$, $\angle A = 45.0°$, $\angle A = 45.0°$로 세 내각 모두 120도 이하다. 나머지는 작도는 연습문제로 남긴다.

> 페르마점은 학교 교과 과정에서 다루는 내용은 아니나 확용도가 있어 문제를 제시한것이다. 삼각형의 페르마 점은 삼각형의 세 꼭짓점 각각에서 점까지의 세 거리의 합이 가능한 가장 작은 점(값) 또는 동등하게 세 꼭짓점의 기하학적 중앙값이다.

제 2.5 절 두 종류의 쥬스를 한번에 맛을 볼까 ?

다양한 과일들과 야채등이 생산되어 우리를 즐거움을 주고 있다. 그에 따라 우리는 다양한 과일 주스나 야채주스의 맛을 볼 수 있고, 여러 과일 주스회사가 있으며 여러 종류의 야채주스도 있다. 더구나 과일주스와 야채주스의 혼합된 주스들도 생산되고 있다.

2.5.1 문제를 정의(Problem Identification)한다.

> 명희는 과일과 야채을 매우 좋아 한다. 하지만 아침시간에 여러종류의 과일과 야채를 먹는다는 일이 쉽지 않았다. 그래서 과일과 야채를 혼합한 쥬스를 먹을 수 있다면 좋겠다고 생각이 들었다. 그래서 자주 먹는 토마토쥬스와 야채즙을 일정비율로 혼합하여 야채쥬스와 토마토쥬스를 만든 회사가 있다면 그 회사의 쥬스를 구매하려고 생각하였다. 그런데 이런 쥬스를 만드는 회사는 이윤이 있어야 명희가 원하는 쥬스를 만들것이다. 이러한 회사는 이윤을 얻을 수 있을까?

2.5.2 가정을 한다

거북이 식품회사에서 토마토쥬스는 토마토 $3kg$ 과 야채 $1kg$로 만들고, 야채쥬스는 야채 $2l$과 토마토 $2l$ 로 만든다. 제조업체는 야채쥬스는 $1kl$에 300원, 토마토쥬스 $1kl$에 400원의 이윤을 남긴다고 한다. 현재 야채쥬스 $200kl$ 과 토마토쥬스 $100kl$정도가 판매가능하다고 한다. 토마토 $3kg$은 토마토즙이 $3l$이 생산되고, 야채 $1kg$은 야채즙이 $1l$ 가 나온다고 가정한다. 토마토쥬스 xl 과 야채쥬스 yl라 한다. 공급량을 초과하지 않고 최고 수익을 얻으려면 야채쥬스는 몇 kl, 토마토 쥬스는 몇 kl을 생산해야 할까?

2.5.3 수학화를 한다

필요한 재료에서 토마토쥬스 xl에 필요한 토마토양은 $3xkg$ 이고, 야채쥬스 yl에는 $2ykg$의 야채가 필요하다. 따라서 제조업체에서 토마토쥬스 xl과 야채쥬스 yl를 만드는 경우 $(3x + 2y)l$의 토마토를 사용하게 된다. 그런데 사용 가능한 토마토쥬스는 $200l$밖에 없으므로 토마토쥬에스는 제약 조건이 있어, $3x + 2y \leq 200$ 이다. 유사하게, 다양한 야채쥬스를 만드는데 대해서는 $1x + 2y \leq 100$이다. 또한 토마토쥬스와 야채쥬스를 사용하기 때문에 최소 제약조건은 $x \geq 0$ 과 $y \geq 0$이다. 수익은 야채쥬스는 x개당 $300x$원의 수익을 내고, 토마토쥬스는 y개당 $400y$ 원의 수익을 낼수 있으므로, 전체 수익은 $300x + 400y$ 있다.

2.5.4 수학적인 풀이를 한다

이 문제를 표 2.3로 요약한다. 공급량을 초과하지 않아야 하므로 각 재료에 대해 제조업체는 해

표 2.3: 채소, 과일의 재료와 상품

종류	토마토쥬스($200l$)	야채쥬스($100l$)	수익금
토마토쥬스 $(x)l$	$3l$	$1l$	300원/kl
야채쥬스 $(y)l$	$2l$	$2l$	400원/kl

당 원료를 사용 가능한 양보다 더 많이 사용할 수 없기 때문에 원료사용에 제약이 있다. 이익을 극대화하려면 식 $300x + 400y$은 아래의 조건이 주어진다:

$$\begin{aligned} &\text{토마토쥬스:} \quad 3x + 2y \leq 200 \\ &\text{야채쥬스:} \quad 1x + 2y \leq 100 \\ &\text{최소값:} \quad x \geq 0 \quad \text{이고} \quad y \geq \text{ąÃ}0 \end{aligned} \tag{2.5}$$

이와 같은 혼합문제에서 모든 조건(2.5)을 충족하고 이익을 극대화하려는 값 (x, y)을 구하는 것이다. 그래프 2.7(a)는 토마토쥬스 원료와 관련된 조건을 그래프로 나타낸 것이다. 그래

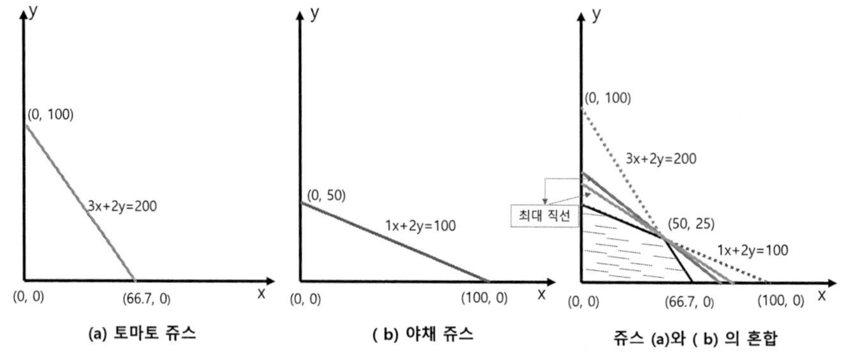

그림 2.7: 관계식의 가능한 영역

프 2.7(b) 는 야채쥬스 사용량은 음수가 될 수 없기 때문에 야채쥬스 원료와 관련된 조건을 그래프로 나타낸 결과다. 이 두 그래프의 조건을 만족하는 그래프는 2.7(c)가 된다. 따라서 직관적으로 보면 그래프의 빗금면적을 구하면 최대 면적이 됨을 알 수 있다. 이 는 최대값을 구하므로 문제이므로 부등식을 만족하는 최대값을 갖는 꼭지점을 구한다. 따라서 관계부등식 (2.5)을 만족하는 좌표는 $(x, y) = (50, 25)$에서 최대값을 가진다. 따라서 최대값은

$$300x + 400y = 25,000$$

이다.

이는 주어진 조건에서 토마토쥬스 원료 $50l$와 야채쥬스 원료 $25l$으로 혼합쥬스를 만들어 판매를 하면 이익이 가장 높음을 의미한다.

2.5.5 현실에 모델을 검증한다.

위의 문제는 학생들이 실험을 할 수 있는 상황이 아니기 때문에 검증이 어렵다. 그러나 모델링 문제는 수학적 풀이로 끝내서는 안된다. 교사는 일반적인 수학문제 풀이에서 풀이 과정과 결과만을 검증하지만 모델링 문제는 위의 전체 풀이과정 뿐만 아니라 학교수학에서는 제한된 여러 상황이 있기는 하지만, 수학적 풀이가 현실에서 적절한지를 검증해야 함을 기억해야 한다.

위의 문제는 선형계획법 문제라 한다. 수학에서 선형 계획법은 최적화 문제의 일종으로 주

어진 선형 조건들을 만족시키면서 선형인 목적 함수를 최적화하는 문제이다. 선형계획법 문제는 그래프를 그려서 구하는 단순 방법과 소프트웨어 같은 도구를 사용하여 해결할 수 있다. 그림 2.7(c)과 같이 구해야하는 문제의 영역이 볼록다각형일 때, 영역에서 가장 높은 값과 가장 작은 값은 항상 모서리 점에 있다. 문제는 방정식과 부등식을 활용하여 최대값과 최솟값을 구할 수 있다.

제 2.6 절 나는 적절한 영양을 포함하여 적절한 가격으로 식사를 하고 있는가?

2.6.1 문제를 정의(Problem Identification)한다.

대부분의 학교에서는 점심이 제공되고 학생들은 학교에서의 즐거운 점심시간 시간을 가지고 싶어 한다. 우리가 섭취하는 식사는 다양한 영양이 포함된다.

학교의 영양사로 일하고 있는 종숙이는 점심식단으로 가능한 유사한 영양으로 구성된 A, B 두 종류의 맛있는 식단을 제공하고 싶어한다. 그런데 식자재가격이 많이 올라 종숙이는 학생들에게 맛있에 식사를 하는것에 매우 행복함을 느낀다. 따라서 가격은 최소가 되면서 좋은 영양을 포함하는 식단으로 적절한 가격에 좋은 영양을 제공하는데 노력을 많이 하지만 쉽지 않아 고민이 많다. 그런데 가격은 최소가 되면서 좋은 영양을 포함하는 식단으로 구성하려고 하는데 종숙이는 어떻게 식단을 구성해야 할까?

2.6.2 가정을 한다.

식품에는 다양한 영양성분 이름이 있는데, 가장 기본이 되는 세가지 주요 영양성분은 지방, 단백질, 탄수화물이라 할 수 있다. 2종류의 식단으로, 식단 A에는 각 100g 당 40% 의 지방, 10%의 탄수화물과 40%의 단백질이 포함되어 있다는 식단이라 한다. B 식단에는 각 100g 당 30% 의 지방, 30%의 탄수화물과 10% 의 단백질이 포함되어 있는 식단이라 한다. 식단 A 와 B 에 대해 학생들은 최소한 지방 240g, 180g 의 탄수화물, 그리고 120g 의 단백질을 포함한 식사를 할 수 있도록 점심을 제공해야 한다고 한다. 그리고 요리를 하는데 드는 비용으로 식단 A의 경우 100g 당 150원이 들며, 식단 B의 100g당 200원이 든다고 가정한다. 밥과 국은 학생 모두가 선택하고, 식단 A 와 B에서 선택한 반찬의 양을 각각 $x \geq 0$ 과 $y \geq 0$ 이라 하자. 식단 A 와 B의 어느것을 선택했든 지방, 단백질, 탄수화물이 모두 포함되는 식단이라 가정한다.

2.6.3 수학화(Mathematizing)을 한다

지방은 식단 A와 B에 100g당 40g, 30g 씩 들어있으므로 선택한 한 식단에 포함되는 지방의 총무게

$$40x + 30y$$

는 최소한 240g 이상은 되어야 하므로

$$40x + 30y \geq 240$$

이다. 또, 탄수화물의 무게는 180g이상이므로

$$10x + 30y \geq 180$$

이며, 같은 방법으로 단백질에 관해서

$$40x + 10y \geq 120$$

인 조건식올 얻는다. 한 끼의 식사에 드는 총 요리 비용은

$$150x + 200y$$

로써, 이 비용이 최소가 되는 식단은 각각 어느정도의 가격이 되겠는가. 따라서 영양사가 해결해야 하는 수학적 모델은

$$\begin{aligned} \text{제한 조건} \quad & 40x + 30y \geq 240 \\ & 10x + 30y \geq 180 \\ & 40x + 10y \geq 120 \\ & x \geq 0, y \geq 0 \end{aligned} \tag{2.6}$$

하에서 한 끼의 식사에 드는 총 요리 비용 $150x + 200y$의 최소값을 구하면 된다.

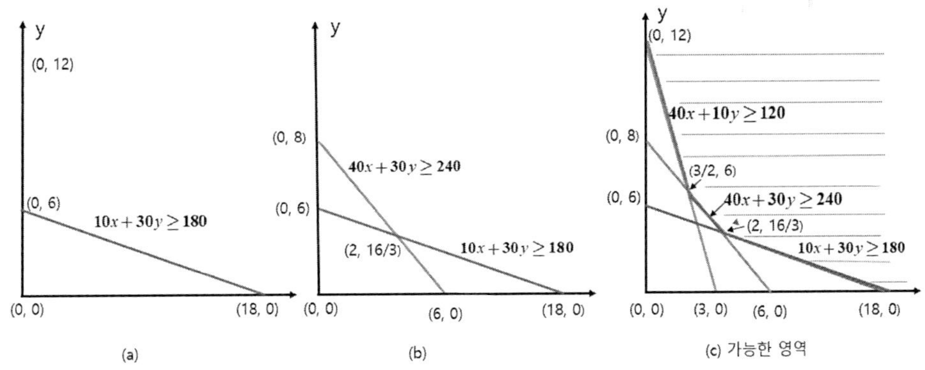

그림 2.8: 관계식의 가능한 영역

2.6.4 수학적인 풀이를 한다.

부등식 (2.6)의 조건하에서 선형계획문제로 풀이를 한다. 각 식에 대한 그래프를 그리면 그림 2.8 이고,

$$40x + 30y \geq 240 \Rightarrow y \geq 8 - \frac{4}{3}x$$
$$10x + 30y \geq 180 \Rightarrow y \geq 6 - \frac{1}{3}x$$

이다. 교점은 연립해서 풀면, $8 - \frac{4}{3}x = 6 - \frac{1}{3}x$에서 $x = 2$이고 $y = \frac{16}{3}$이다.

또한, 나머지 선형부등식을 풀어 각 교차점들을 구할수 있다.

$$40x + 10y \geq 120, \quad 40x + 30y \geq 240$$

의 교차점은 $(x, y) = (3/2, 6)$이다.

이 교차점들은 두 부등식이 동시에 성립하는 영역의 경계를 제공한다(2.8참조). 교차점이 다각형의 꼭지점이 되고 그 꼭지점들은 $(0, 12), (3/2, 6), (2, 16/3), (18, 0)$이다. 각 꼭지점에 대한 값들을 구한다.

꼭지점 $(3/2, 6)$에서 $150x + 200y$의 최소값은 대략 1425이다.

꼭지점 $(0, 12)$에서 $150x + 200y$의 최소값은 대략 2400이고,

꼭지점 $(2, 16/3)$에서 $150x + 200y$의 최소값은 대략 1366.67이다.

마지막으로 $(18, 0)$에서 $150x + 200y$의 최소값은 대략 1366.67이다.

따라서 한 끼의 식사에 드는 총 요리 비용의 최소값은 대략 1367원 든다. 이는 재료비

2.6.5 현실에 모델을 검증한다

학교의 급식을 사용하여 실제 얼마나 다른지 검증한다. 학교 영양사 선생님에게 데이터를 얻어 검증해 본다.

제 2.7 절 자동차의 안전거리는 어떻게 해서 나온것일까

고속도로에서 사고가 발생했을 경우 안전거리를 지키지 않아 사고가 커졌다는 뉴스를 접해 본 경험이 있을것이다. 그러한 뉴스를 들으면서 그런 안전거리는 누가 어떻게 구했을까 궁금증이 생긴다. 안전거리는 어떻게 정해지게 되었는지 수학적으로 생각을 해보자.

주행에 대한 용어 :정상적인 주행 조건에서 100km의 속도마다 차간거리는 1대의 차량길이의 거리를 둔다고 한다. 주행 조건에서는 제한속도 $100km/h$인 고속도로에서의 정지거리를 충분히 확보해야 하고 악천후나 날씨가 좋지 않는 도로 환경에서는 안전거리(차간거리)를 더 먼 거리를 두어야 한다. 이를 확보하는 한 가지 방법은 속도에 관계없이 자동차간 거리를 측정하기 위해 시간을 2 초를 허용하는 것과 같다고 한다. 앞차가 어느 지점을 통과한 후 다음 차가 4초 후에 지나간다는 것을 의미한다.

빗길과 눈길에서는 제동거리가 길어지므로 평소보다 2 ~ 3배 더 길게 안전거리를 확보해야 한다. 이러한 법정 속도를 유지하는것이 안전운전에 중요한다. 우선 용어 몇가지를 살펴본다. 운

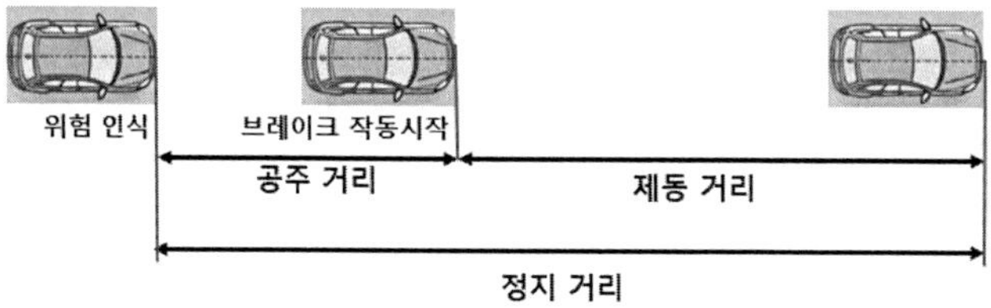

그림 2.9: 공주거리, 제동거리, 정지거리

전자가 위험을 인식하고 브레이크를 실제로 작동하기까지 걸리는 시간 지연을 **공주시간** 이라 하고 그 시간 동안에 진행하는 거리를 **공주(반응)거리**라 한다. 자동차의 브레이크가 일정한 힘으로 자동차를 정지시키려고 할 때, 자동차는 곧바로 정지하지 못한다. 브레이크가 작동하는 동안 자동차가 진행하는 거리를 **제동거리** 라고 한다. 따라서 정지거리는 반응거리와 제동 거리를 합한

표 2.4: 안전 거리(출처:[14])

시속(km/h)	10	20	30	40	50	60	70	80	90	100
공주거리(m)	3	5	8	11	14	17	19	22	25	28
제동거리(m)	0.5	2	4	8	12	18	24	32	40	49
정지거리(m)	3.5	8	12	19	26	35	43	54	65	77

것이다 (그림 2.9 참조).

돌발 상황에 대한 운전자의 반응 시간은 0.5 ~ 0.6 초이며 집중력이 분산되거나 다소 반응시간이 늦은 운전자를 고려할 때 반응 시간은 1초 정도로 생각하는 것이 합리적이다 [13].

이미 알려진 내용으로 주행하는 차들간의 차간거리 혹은 안전거리가 어떻게 구해졌을까?

2.7.1 문제를 정의(Problem Identification)한다.

선희는 장거리나 시내를 이동을 하는경우 버스나, 자동차를 이용한다. 그런데 가끔은 고속도로나 시내에서 교통사고 소식을 접하는 경우가 있고, 심지어 사고로 인해 사상자가 발생하는 매우 안타까운 소식을 듣기도 한다. 이런때에 안전거리를 지키지 않았다는 소식을 듣기도 한다. 그런데 선희는 표 2.4와 같이 이미 알려진 자동차의 정지거리들은 어떻게 나온것일까? 궁금해졌다.

2.7.2 가정을 한다

실험의 결과가 편차는 있겠지만, 표 2.4의 거리들을 참고한다. 주어진 표 2.4의 수치는 건조한 포장도로에서 급브레이크를 밟았을 때의 경우다.

차를 정지시키는 필요한 요인들이 무엇들이 있는지를 알아본다. 차를 정지시켜야 하므로 브레이크를 작동시켜 실제로 차량이 정지될 때까지의 필요한 요소들은 무엇들이 있는가? 다음 사항들을 생각해 보자.

- 운전자가 위험을 인식하고 브레이크를 실제로 작동하여 정지 할 때까지의 거리가 정지거리다. 이때 운전자가 힘이 좋으신 분과 힘이 약하신분에 따라서 브레이크를 세게 밟거나 약하게 밟을수 있으나 이러한 점들은 고려하지 않는다고 가정한다.

표 2.5: 문제에 사용된 기호

기호	설명	기호	설명
d_r	반응거리(m)	t_r	운전자의 반응시간(sec)
d_b	제동거리(m)	d	총 정지거리(m)
v	속도(m/s)	S	이동거리(m)
W	일	F	힘

- 운전자가 위험을 인식하고 브레이크를 실제로 작동할때까지의 시간을 반응시간(response time)이라 한다.
- 운전자가 위험을 인식하고 브레이크를 밟을때까지의 차량 이동거리를 반응거리(reaction distance)라 한다.
- 운전자가 정지 할 필요가 있다고 판단한 시점부터 브레이크를 밟을 때까지 차량은 일정한 속도로 계속 주행한다고 가정한다.
- 운전자가 위험을 인식하고 브레이크를 밟을때부터 차량이 정지하게 되는 거리를 제동거리(braking distance) 라 한다.
- 제동거리, 반응거리 등등을 결정하는 필요한 요소들은 무엇일까?
- 도로의 상태(기상조건, 노면이 미끄러운가, 평평한 길인가 구부구불한 길인가 등등) 어떠한가?
- 운전자의 성별, 타이어의 마모상태, 차량의 무게와 속도는 어떠한가?
- 반응거리(reaction distance)를 d_r, 반응시간(response time)을 t_r, 제동거리를 d_b, 총 정지거리를 d, 차량의 속도를 v라 한다.

2.7.3 수학화(Mathematizing)와 수학적인 풀이를 한다

이 모델에서는 수학화와 수학적인 풀이를 구별할 수도 있으나, 이 문제에서는 수학화와 수학적인 풀이를 구별하지 않고 함께 한다. 총 정지거리를 구하는 방법 다음과 같다:

$$\text{정지거리} = \text{공주 거리} + \text{제동거리} \tag{2.7}$$

그렇다면, 공주거리와 제동거리를 어떻게 구할수 있을까?

먼저 반응거리는 어떻게 구할수 있을까? 반응 거리는 운전자의 상황에 따라 많은 변수들에 의해 정해질 것이지만, 여러 요인들이 있겠으나 그중 수학화로의 단순화를 위해 두 가지(차량속도, 운전자의 반응시간)만을 고려하기로 가정한다. 반응(공주)거리의 수학식모델을 세운다.

$$\text{공주거리} = f(\text{차량속도, 운전자의 반응시간})$$

여기서, 함수 f는 반응시간과 자동차 속도인 두 독립변수에 따라 종속변수인 공주거리가 정해지는 이변수 함수가 된다.

운전자가 정지할 필요가 있다고 판단한 시점부터 브레이크를 밟을 때까지 차량이 일정한 속도로 계속 주행한다고 가정했으므로, 반응거리 d_r는 위험을 인지한 시간(반응시간)과 차량의 속도에 따라 달라진다고 가정하면, 반응(공주)거리는 반응시간 t_r 과 속도 v 의 곱으로

$$d_r = f(t_r, v) = t_r \times v \tag{2.8}$$

이다. 이 모델은 d_r은 차량의 속도 v에 비례한다.

반응거리의 모델(2.8)은 실험에 의해 데이터를 얻을 수 있지만, 실제 학교에서 실험을 진행하는 것은 어렵기 때문에, 알려진 결과 표(2.4)를 사용한다. 표(2.4)의 속도에 대한 공주거리 그래프 2.10(a)는 원점을 통과하고, 근사적인 기울기인 반응시간이 시속 50이고, 공주거리가 14이므로 반응시간은 $t_r = \dfrac{14}{50} = 0.28$ 이다. 따라서 반응거리는

$$d_r = 0.28v \tag{2.9}$$

인 직선 그래프 2.10(a)이다.

이제 제동거리에 대한 모델을 고려한다. 여기서 고려해야 할 중요한 요소를 생각해 보자. 차량의 무게와 속도는 제동거리에 고려해야 할 중요한 요소다. 제동거리는 차량의 무게나 진행하고 있는 차량의 속도에 영향을 받기 때문에

$$\text{제동 거리} = h(\text{차량의 무게, 차량의 속도})$$

이고, h는 독립변수인 차량의 무게와 진행속도에 대한 이변수 함수로 제동거리가 종속변수가 된다.

• 이제 물리시간에 공부했던 물리의 내용을 살펴보자.
정지하는 과정에 정지하게 하는 최대 힘 F가 작동된다고 가정한다. 즉, 브레이크는 운동에너지가 줄어들면서 차량의 속도 변화가 나타난다.
물리에서 물체에 힘을 가했을 때 힘과 힘이 가해진 방향으로 움직인 거리를 곱한 **물리량**인 일(W)을 의미한다. 따라서 일의 정의는 일 = 힘 · 거리에 의해, 간단히 쓰면, 일은 $W = F \cdot S$ 이다. 힘은 F이고, 이동거리는 S인데, 여기서는 이동거리는 차량에 브레이크를 작동시켜 정지하도록하는 거리이므로 제동거리 $S = d_b$와 같다. 따라서

$$W = F \times d_b$$

이다. 먼저 **에너지**는 일을 할 수 있는 능력을 의미한다. 여기서는 차량이 이동하는 운동에너지를 가진것이므로, 이 일(W)은 운동에너지와 같다.

질량이 m인 물체가 속도 v로 움직일 때의 운동에너지는 $E = 0.5mv^2$이고, 이 상황에서는

$$\text{자동차의 운동 에너지} = \text{브레이크의 힘} \times \text{제동 거리}$$

이다.

$$W = F \times d_b = 0.5mv^2. \tag{2.10}$$

뉴턴의 두 번째 법칙은 힘 F는 자동차의 무게인 질량 m에 비례하고, $F = ma$이다. 이 식을 방정식 (2.10) 에 대입하면 다음과 같다. 즉, $ma \times d_b = 0.5mv^2$이므로,

$$d_b \propto v^2 \tag{2.11}$$

이다. 이제 제동거리에 대한 모델을 수립하기 위해 표 2.4를 사용해 보자. 이 표 2.4에서 속도 $v = 50$에 대한 제동거리 $d_b = 12$의 그래프는 $b = \frac{12}{2500} = 0.005$로 그래프 2.11(b) 이다. 따라서 제동거리는 v^2 에 비례하므로 관계식 (2.11)에서

$$d_b = 0.005v^2 \tag{2.12}$$

가 된다. 주어진 데이터를 설명할 수 있는 그래프는 기울기를 추정하여 모델을 구성한다. 속도가 높아지면 공주거리와 제동거리도 커진다. 엑셀로 그래프를 그리면 그래프 2.10(a), (b) 는 1 차, 2차함수 그래프이다. 반응거리 모델 (2.9)과 제동거리(2.12) 모델을 더하면 총 정지거리 d가 되

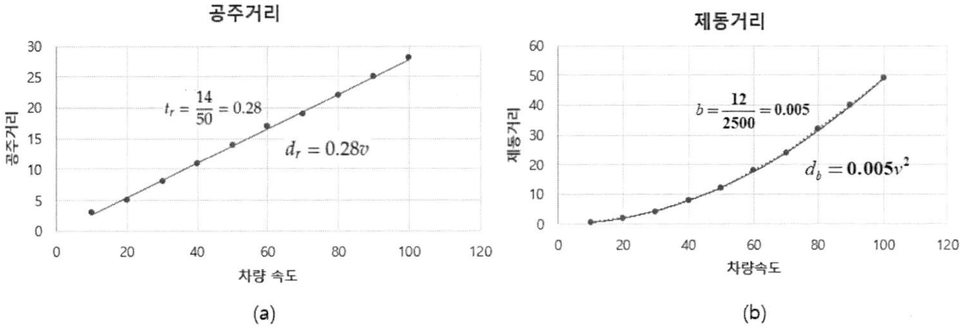

그림 2.10: 차량 속도에 대한 공주거리와 제동거리

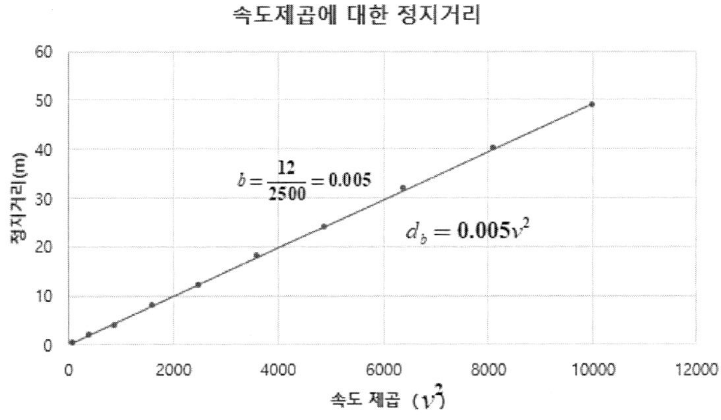

그림 2.11: 차량 속도 제곱에 대한 정지거리

고 모델은

$$d = 0.005v^2 + 0.28v \tag{2.13}$$

가 된다. 모델 (2.12)의 예측에 대한 그래프와 표 2.4의 정지거리는 그래프 2.12 에서 볼 수 있다. 속력이 2배, 3배, 4배가 되면 제동거리는 4배, 9배, 16배로 증가한다. 이러한 이유로 고속도로에서 사고가 발생할 때는 일반도로보다 더 위험해지는 이유가 된다. 속력에 따른 주어진 정지거리와 방정식(2.13)에 따른 총정지 예측거리는 표 2.7와 같다.

표 2.6: 속력에 따른 최대 정지거리에 소요된 시간

주행속력 (km/h)	정지거리에 소요된 최대시간(sec)	속도에 따른 부가적으로 필요시간(sec)
30	1.8	
40	2.1	0.3
50	2.5	0.4
60	3.0	0.5
70	3.6	0.6
80	4.3	0.7

표 2.7: 속력에 따른 주어진 정지거리와 정지 예측거리

주행속력 (km/h)	주어진 정지거리(m)(표 2.4)	모델에 의한 예상 정지거리(m)
10	3.5	3.3
20	8	7.6
30	12	12.9
40	19	19.2
50	26	26.5
60	35	34.8
70	43	44.1
80	54	54.4
90	65	65.7
100	77	78

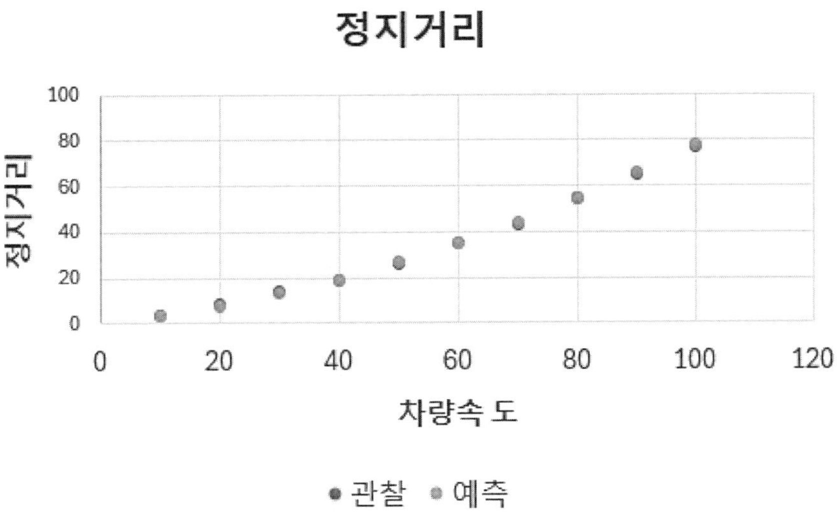

그림 2.12: 차량 속도에 대한 정지거리

2.7.4 현실에 모델을 검증한다

위의 문제는 학생들이 실험을 할 수 있는 상황이 아니기 때문에 학교 수학에서는 검증이 어렵지만 검증은 중요하다.

관계식 (2.13)에 주행속력을 적용하여 표 2.6의 내용이 어느 정도 맞는지 검토한다.

- 실제 주행 상황과 일치하지 않다면, 일부 가정을 수정하고 모델들 중 일부(또는 둘 다)를 재구성 한다.

- 모델이 실제 주행상황을 정확하게 예측하는 경우, 속도등의 변화에 대해 모델의 정지거리의 변화는 어떠한지 확인한다.

- 모델은 이해하기 쉽고 사용하기 쉬워야 한다.

2.7.5 모델을 채택한다

풀이를 한 단계에서 구한 수학적인 해가 실세계에서 적절하면 수학적 모델을 채택한다. 모델을 검증단계에서 구한 수학식에, 예를 들어 차량의 무게, 노면 상태가 비가 오는경우, 젊은분이 운전하거나 연세가 많은 분이 운전할 때의 경우 등으로 변경하여 결과를 비교을 해보는 것이 좋을 것 같다.

♠♠ 제동거리에 대한 다른 접근방법은 3.5절에서 살펴볼 것이다.

제 2.8 절 복용약의 처방전은 어떻게 생성할까 ?

일반적으로 아플 경우는 병원에서 처방받아 약을 복용한다. 그렇다면 약의 복용은 복용 시간과 복용량이 어떻게 결정되는지 궁금하다. 처방해야 할 복용량과 복용시간 사이의 간격에 관한 문제는 약리학에서 중요할 것이다. 약을 복용하게 되면 약물의 생리적 작용에 의해 약의 체내에 약의 농도가 형성될것이다. 한번 약을 복용하는 경우 시간이 지남에 따라, 혈액에 잔류하는 약의 농도는 시간이 지나면서 체내에 흡수되거나 약이 신체에서 배출되므로 농도는 감소 할 것이다(그림 2.13참조).

약은 약의 농도가 너무 낮아 효과가 나지 않는 농도가 있을 수 있고, 약의 농도가 너무 높으면 위험 할 농도가 있다. 처방전은 약리학의 기본이론을 바탕으로 작성이 된다고 할 때 다음과 같은 내용으로 모델링 문제를 진행한다:

약을 일정한 간격으로 복용함에 따라, 혈액내 약의 농도는 어떤 변화가 일어나는지에 관심이 있다. H를 약의 농도가 가장 높으면서도 안전한 수준을 나타내고, L은 농도가 가장 낮은 수준으로 유효수준을 나타낸다고 한다. 약을 복용하는 시간 간격을 T 로 $T = 0$에서 복용량 C_0 을 복용한다. 혈류의 약의 농도인 혈중 농도는 약을 복용하는 기간 동안은 L과 H 사이에 유지된다.

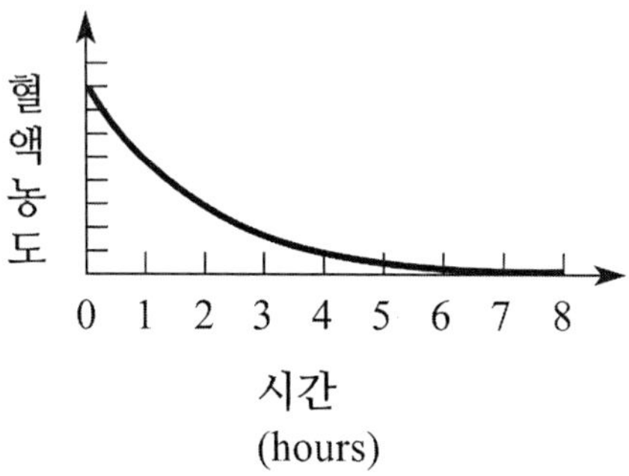

그림 2.13: 시간에 따른 혈류안에서의 약의 농도

약을 복용하는데 몇 가지 방법을 고려한다. 그림 2.14(a)에서 처럼 시간이 지나면 복용약이 체내에서 점차 감소된다. 다시 말해, 이전 복용량으로부터의 혈액에 남아있는 잔류 농도는 근사적으로 0에 수렴한다고 여긴다. 한편, 그림 2.14(b)에서는, 복용량과 체내 농도 감소율에 대한 용량 사이의 간격은 약을 복용 할 때마다 (첫 번째 복용 용량 이후) 잔류농도가 있다고 하는 것이다. 또한, 그래프 2.14에서와 같이, 남은 농도의 수준은 극한으로 접근한 것으로 보인다. 이 상황이 실제로 해당되는지, 그렇다면 그 극한이 무엇인지 결정하는데 우리의 관심이 있다.

약 처방의 궁극적인 목표는 효과가 가장 낮은 혈중 농도수준 L 에 빠르게 도달 한 후 농도가 최저이면서 유효한 혈중 농도수준 L과 안전하면서도 가장 높은 농도 수준 H 사이에 유지되도록 약을 복용하는 시간 간격을 결정한다. 그림 2.15 에서 같이 혈류 내 약의 동화속도(약이 몸 안으로 흡수되고, 분포되었다가 대사, 배설을 통해 몸 밖으로 나갈 때까지 혈액과 각 조직에서 발견되는 약의 농도가 시간에 따라 쉼없이 변화하는 과정) 및 동화 후 농도 감소 속도에 대한 가정에 따라 극한인 잔류수준을 결정하는 것이다.

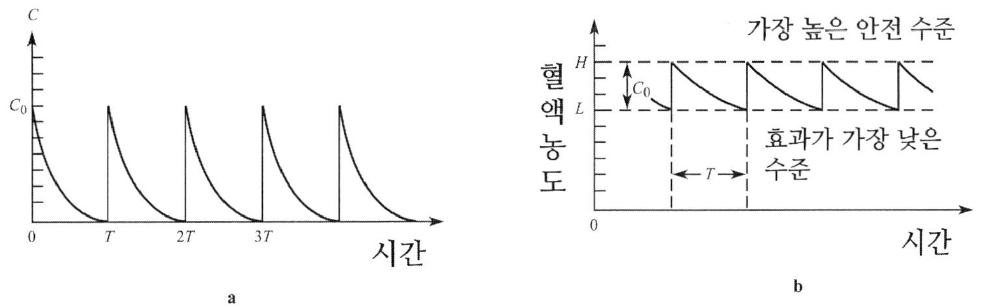

그림 2.14: 복용약의 복용시간 간격에 따른 약의 잔여량

2.8.1 문제를 정의(Problem Identification)한다

• 문제: 수현이는 대체로 건강한 편이여서 좀처럼 병원에 가는 일이 없다. 하지만 추운겨울에는 가끔 감기로 고생을 하기도 한다. 병원에서 약을 처방받아 그 약을 복용하면 감기에서 빨 회복이 잘 되곤하였다. 그래서 수현이는 이처럼 처방받아 복용한 약이 "혈액에서 안전하고 효과적인 농도를 유지하기 위해 약은 복용시간과 복용시간 사이를 어떻게 조절해야 할까? 하지만 약의 효과가 있으면서 동시에 안전한 수준이려면 약을 어떻게 복용해야 할까?"하는 궁금증이 생겼다. 따라서 처방은 어떻게 하는가?

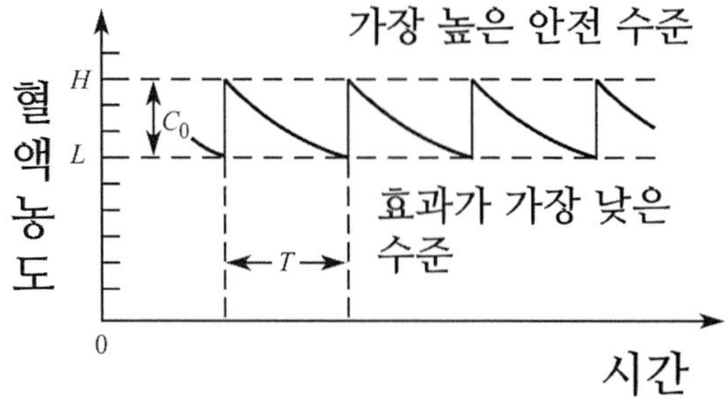

그림 2.15: 안정적이고 효과적인 혈액에서의 약의수준; C_0는 한번의 복용에 의해 발생하는 농도의 변화구간이고, T 는 복용의 시간 간격

2.8.2 가정(Assumptions)을 한다

실제로 일반인은 약 처방에 대해 잘 모르긴 하지만 약을 과다복용하면 위험할 수 있거나, 약의 필요한 용량이 적으면 효과가 없을 거다라는 정도를 알고 있다. 예를 들어 경구 약을 복용하면 약이 장기로가서 신체내부로 흡수되어 온몸에 분포되고 어떠한 대사작용을 통해 약의 효과가 나타난다. 그리고 일부는 배설이 된다. 약의 용량에 따라 신체내에 약의 농도가 다르다.

- 약을 복용하면 체내에 약의 농도는 얼마나 될까?
- 약이 효과가 있으려면 약의 농도는 얼마나 되어야 할까?
- 약을 복용하면 체내의 약의 흡수율이나 감소률은 어떻게 될까?
- 어르신들의 경우 장기복용해야 하는 약들이 있는데 장기간 복용하면 체내에 약이 얼마나 남게 될까?
- 약을 복용하는데 일반적으로 몇시간마다 복용하도록 지침을 주는데 복용시간 간격은 어떻게 구해진 것일까?

먼저 위와 같은 궁금한 점들이 있다. 먼저 시간 t일 때 혈류에 있는 약의 농도 $C(t)$를 먼저 고려한다. 약의 농도 $C(t)$ 는 다음과 같은 어떤 함수로 표현한다:

$$C(t) = f(x)$$

여기서 변수 x는 시간 t에 따라 약의 감소율, 흡수율, 투약하는 양, 투약 간격 등등으로 이루어진다고 가정한다. 또한 체중과 혈액량을 포함한 다양한 요인들이 농도에 영향을 미치고 있다고 한다. 하지만 모든 다양한 변수들을 고려하면 모델링이 매우 어려운 상황이 될 수 있다. 따라서 단순화하기 위해 가정을 하는데, 체중과 혈액량은 일정하다고 가정하고 (예를 들어, 어린이와 성인과 같이 특정 연령그룹에 대한 평균), 농도수준은 약의 효과를 결정하는데 중요한 요소라고 가정한다.

2.8.3 수학화(Mathematizing)와 수학적인 풀이를 한다.

시간이 지나면 체내의 약이 흡수되거나 배출되어 감소가 될것이다. 따라서 이제, 농도의 감소율과 약의 흡수율에 대한 모델을 세운다. 이처럼 수학적 모델을 구성하는 과정에서 한개 이상의 모델이 필요한 경우도 있다.

1. 혈류에 잔류하는 약의 감소되는 모델: 시간이 지나면 약의 양이 혈류에서 감소되므로 감소되는 것을 고려한다. 이는 아마도 근사적으로 연속함수라 가정한다. 혈류에서 약의 농도가 감소는 그 시점에 혈류에 있는 약의 농도에 비례하여 감소하는것으로 가정한다. 수학적으로 이 가정은 시점 t에 혈액 내 약 농도 함수 $C(t)$라고 가정하면,

$$C'(t) = -kC(t) \tag{2.14}$$

이다. 이 식에서 k는 약의 농도가 감소되는 양의 비례상수다. $C'(t)$는 농도가 감소하는 것을 설명해야 하므로 음수다. 일반적으로 방정식 (2.14) 의 단위는 다음과 같다: $C(t)$는 시간 t는 시간단위로 표시되며 혈액 밀리 리터당 밀리그램(mg/ml)이다. $C'(t)$ 는 $mg/(mlhr)$이고 k 는 $1/(hr = hour)$ 이다.

H와 L의 농도는 같은 연령집단과 같은 개체군에 따라 결정할 수 있다고 가정한다.(이후에이 가정에 대 해 더 살펴볼 것이다.) 그러면,

$$C_0 = H - L \tag{2.15}$$

농도 수준에서 한 종류의 약의 복용한 복용량 약의 농도를 정한다. C_0는 $t = 0$에서의 약의 농도라고 가정하면, 약의 감소율 모델은

$$\frac{dC}{dt} = -kC, \; C(0) = C_0 \tag{2.16}$$

이다. 위 식 (2.16)의 해는

$$C(t) = C_0 e^{-kt} \tag{2.17}$$

이다. 시간 $t > 0$일 때, 농도를 구하면 초기농도 C_0에 e^{-kt}를 곱하는 것이다. $C(t)$의 그래프는 2.16으로 감소하는 그래프다.

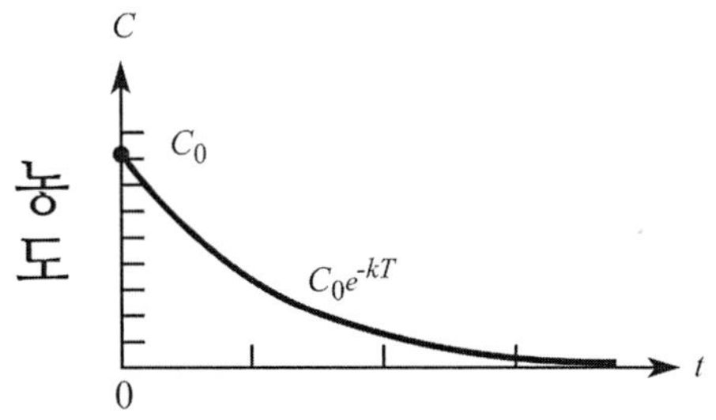

그림 2.16: 시간에 따라 약농도의 감소에 대한 지수적인 모델

약의 농도가 시간에 따라 어떻게 감소하는지에 대한 가정을 했으므로, 약을 복용 할 때 농도가 다시 증가하는 것을 고려한다.

2. 약물 흡수율에 대한 모델: 약을 복용 할 때 초기 가정은, 전체적으로 매우 빠르게 흡수되는 기간 동안 약의 농도는 수직으로 상승하므로 그래프가 실제적으로 수직이다. 따라서, 약을 복용 할 때마다 순간적으로 농도가 상승한다고 가정한다. 이 가정은 혈류에 직접 주사되는 약에 대한 것 만큼 복용하는 경구약에 대해 합리적이지 않을 수 있지만,복용하는 약에 대해서도 직접 주사되는 것처럼 순간적으로 농도가 상승한다고 가정한다. 약을 반복적으로 복용함으로 혈류에 일부가 남아 어떻게 누적되는지 살펴본다.

3. 반복된 복용으로 약이 누적되는 모델: 복용량으로 농도 $C_0(mg/ml)$를 증가시킬 수 있고, 고정된 시간 T 간격으로 정기적으로 복용한다고 할 때 농도 $C(t)$에 어떻게 되는지 고려한다. 시간 $t = 0$에서 첫 번째 약을 복용한다고 가정한다. 모델 (2.17)에 의하면, 시간 T가 경과한 후, 체내에 남아있 는 약의 잔존량을 R_1이라 한다. 잔존량 $R_1 = C_0e^{-kT}$이 혈액에 남아 있고, 두 번째 약을 복용한다.

약을 반복적으로 복용함으로 혈류에 일부가 남아 약의 농도가 증가한다는 가정 때문에, 두 번째 약을 복용시 농도 수준은 즉시 $C_1 = C_0 + C_0e^{-kT}$로 올라간다. 약의 용량(C_1)의 변화율 $\frac{dC_1}{dt} = -kC_1$ 이다. 그런 다음 시간 T가 경과한 후, 체내에 남아있는 약의 잔존량을 R_2이라 한다. 그러면 잔여량 $R_2 = C_1e^{-kT} = C_0e^{-kT} + C_0e^{-2kT}$가 혈액에 남게된다. 따라서 혈액에 약이 누적

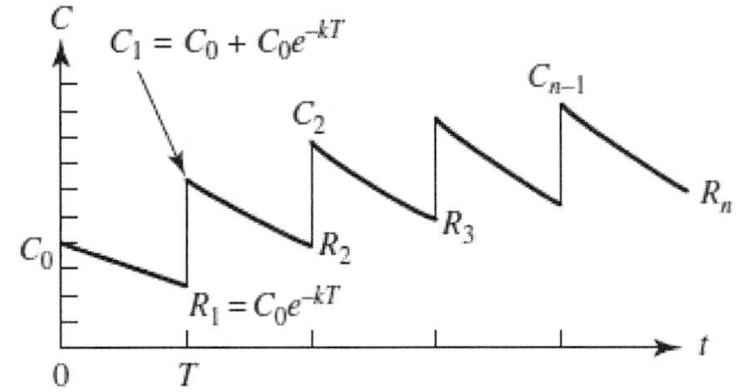

그림 2.17: 같은 양을 반복적으로 복용의 하나의 가능한 효과

표 2.8: 약물 잔류 농도 계산

i	C_{i-1}(약물농도)	R_i(잔류농도)
1	$C_0 + C_0e^{-kT}$	C_0e^{-kT}
2	$C_0 + C_0e^{-kT}$	$C_0e^{-kT} + C_0e^{-2kT}$
3	$C_0 + C_0e^{-kT} + C_0e^{-2kT}$	$C_0e^{-kT} + C_0e^{-2kT} + C_0e^{-3kT}$
$\vdots$	$\vdots$	$\vdots$
n		$C_0e^{-kT} + \cdots + C_0e^{-nkT}$

될 가능성은 그림 2.17와 같다. 다음으로, n번째 잔여량 R_n에 대한 공식을 결정한다. C_{i-1}를 i 번째 간격의 시작 부분에 집중시키고 R_i를 i 번째 간격의 끝에 잔류 농도라 하면 표 2.8 을 얻을 수 있다. 표에서

$$\begin{aligned} R_n &= C_0e^{-kT} + C_0e^{-2kT} + \cdots + C_0e^{-nkT} \\ &= C_0e^{-kT}(1 + r + r^2 + \cdots + r^{n-1}) \end{aligned} \tag{2.18}$$

여기서, $r = e^{-kT}$라 놓고 계산을 하면,

$$1 + r + r^2 + \cdots + r^{n-1} = \frac{1 - r^n}{1 - r}$$

이다. 따라서 식 (2.18)에 r을 대입하면,

$$R_n = \frac{C_0e^{-kT}(1 - e^{-nkT})}{1 - e^{-kT}} \tag{2.19}$$

이다.

n이 매우 커지면 e^{-nkT}는 0에 수렴하고, 실제 n이 커질수록 e^{-nkT} 는 0 에 가까워진 다. 결과적으로 수열 R_n의 수열의 극한값 R이 된다.

$$R = \lim_{n\to\infty} R_n = \frac{C_0 e^{-kT}}{1 - e^{-kT}}$$

또는

$$R = \frac{C_0}{e^{kT} - 1} \tag{2.20}$$

이다. 요약하면 복용용량 C_0 (mg/ml)만큼 농도를 올릴 수 있는 용량이 시간 T 간격으로 반복되면, 잔류농도의 극한값 R은 방정식 (2.20)이 되고, 식에서 k는 약의 농도가 감소하는 상수다.

이제 복용 스케줄은 어떻게 정하는지 살펴본다.

4. 복용일정을 결정하는 모델: 표 2.8에서 n번째 시작하는 농도 C_{n-1} 는 다음과 같다:

$$C_{n-1} = C_0 + R_{n-1}. \tag{2.21}$$

필요한 복용량 수준은 그림 2.15에 설명된 것처럼, n이 커지면 C_{n-1}은 H에 접근하는 가장 높은 안전 수준 H 에 접근한다. 이는,

$$H = \lim_{n\to\infty} C_{n-1} = \lim_{n\to\infty}(C_0 + R_{n-1}) = C_0 + R$$

이다. 이 결과를 $C_0 = H - L$과 결합하면

$$R = L \tag{2.22}$$

이 된다. 약을 복용하는 다양한 간격 T에 대해, 잔류농도 R에 어떤 일이 발생하는지 검사하는 의미있는 방법은 C_0 와 비교하여 R 를 검토한다. 이는 각 복용량으로 인한 농도의 변화다. 비교를 위해, 차원이 없는 비율

$$\frac{R}{C_0} = \frac{1}{e^{kT} - 1} \tag{2.23}$$

을 구성한다.

방정식 (2.23)은 복용량 사이의 시간 T가 커지면, 즉

$$\lim_{T\to\infty} R/C_0 = \lim_{T\to\infty} \frac{1}{e^{kT} - 1} = 0$$

이므로 R/C_0은 0에 가까워 진다.

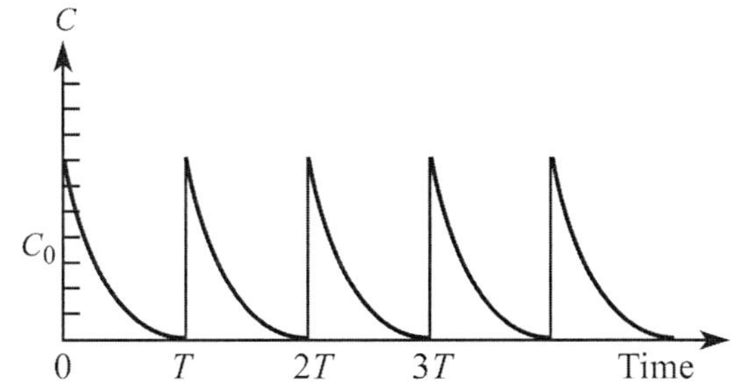

그림 2.18: 복용과 복용시간인 구간에 대한 약 농도

R_n의 중간값은 이전의 R_{n-1} 에 양수 C_0e^{-nkT} 를 추가하여 각 R_n을 구할 수 있음을 표 2.8에서 알 수 있다. 이는 R_1 이 양수이므로 모든 R_n이 양수임을 의미한다. 이는 R 은 각각의 R_n보다 크다. 모든 n에 대해

$$0 < R_n < R$$

이다. 약 복용량에 대한 의미는 R이 작으면 R_n은 훨씬 더 작다는 것이다. 특히, T가 $e^{kT} - 1$를 상당히 크게 만들수 있을 때마다, 각 복용량의 잔류 농도는 거의 없다. 약의 다양한 처방은 본질적으로 독립적이며, $C(t)$ 의 그래프는 그림 2.18과 같다.

반면에, 복용하는 구간 사이의 시간 T가 너무 짧으면, e^{kT}가 1보다 크지 않기 때문에 R/C_0가 1 보다 훨씬 크다. R_n이 1보다 커지면, 약 복용 후 농도 C_n은 더 높다. 복용 후 일정기간 동안의 감소는 방정식 (2.16)으로부터 C_n 이 클수록 증가한다.

마지막으로, 약을 복용 후 농도의 감소는 각 복용에 따른 농도 C_0에 가까워진다. 이 조건이 지속되면 (농도의 감소와 증가는 동일) 각 복용기간이 끝날 때 R 과 각 기간이 시작될 때 $R + C_0$ 사이에서 농도가 진동한다. 이는 그림 2.19 에서 볼 수 있다.

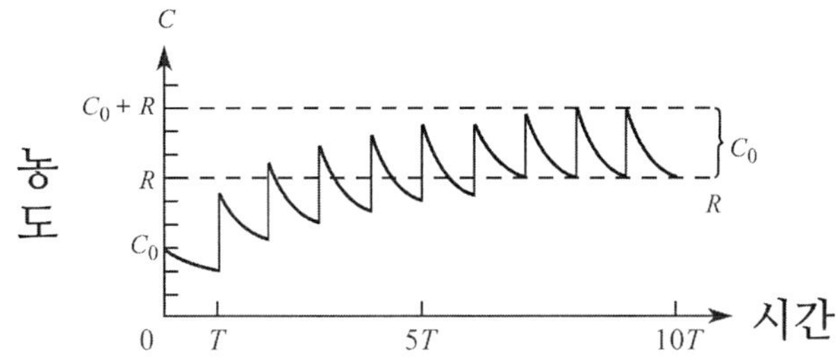

그림 2.19: 복용과 복용사이가 짧은 기간에 대한 약 농도 축척

앞에서 논의했던 것처럼, 약이 농도 L 이하에서는 약의 효과가 없고 일부 고농도인 H 이상에서는 위험하다고 가정한다. 농도가 L과 H사이가 안전한 범위라고 가정하여, 어떤 환자가 약의 농도가 H 보다 다소 높아져 심한 약물 과다 복용을 겪지 않도록 하고, 농도가 L 아래로 약간 떨어지면 처음부터 다시 증가 과정을 시작할 필요가 없다. 환자의 편의를 위해 $R = L$ 과 $C_0 = H - L$ 로 놓고, 앞에서 언급했듯이 약의 복용시간 사이의 간격을 최대화하는 전략을 선택할 수 있다. 방정식 (2.20)에 $R = L$과 $C_0 = H - L$를 대입하면

$$L = \frac{H - L}{e^{kT} - 1}$$

이다.

그리고 e^{kT}에 대해 정리하면,

$$e^{kT} = H/L$$

을 얻는다. 위 방정식 양변에 로그를 취하고 결과를 k 로 나누면 원하는 복용일정이 니온다.

$$T = \frac{1}{k} \ln \frac{H}{L} \tag{2.24}$$

빨리 치료에 효과를 낼 수 있는 농도에 도달하기 위하여 약물의 혈중 농도를 **부하 용량(loading dose)**으로 투여하는 경우가 있다. 효과적인 수준에 빠르게 도달하려면, 종종 부하량(loading dose)이라고 하는 용량을 즉시 투여하여 $H(mg/ml)$ 의 혈액 농도를 형성한다(예를 들어, 이 부하 용량은 $2C_0$ 와 같을 수 있다.). 이 약은 $T = (1/k)\ln(H/L)$ 시간마다 농도 $C_0 = H - L(mg/ml)$ 를 증가시키는 용량으로 따라갈 수 있다.

부하 용량(loading dose)은 약물 치료에서 사용되는 개념으로, 치료 효과를 빠르게 얻기 위해 초기 투여하는 약물의 고용량을 말한다.

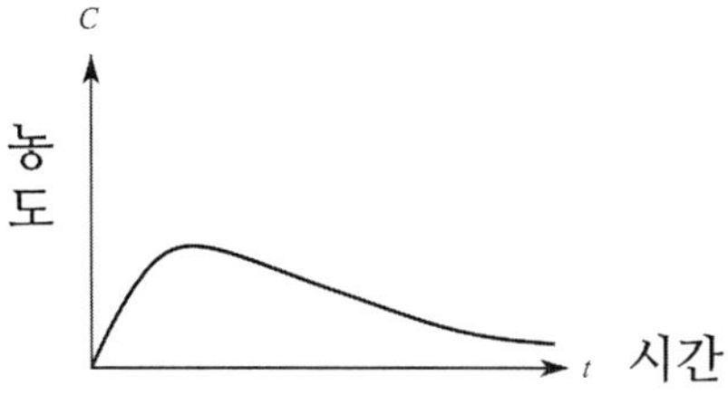

그림 2.20: 단일 복용에 대한 혈류안에서의 약 농도

2.8.4 현실에 모델을 검증한다

모델 검증은 안전하고 효과적인 복용량을 처방하기 위한것이다. 처방된 복용약에 대해 현실에 검증한다는 일은 쉬운 일이 아니다. 더구나 학교수학에서는 실험을 할 수도 없다. 이는 임상적으로 확인해야 되지만 학교수학에서는 확인은 할 수 없다. 또한, 이 관계에서 비례상수인 제거상수 k는 매개변수다.

방정식 (2.20)은 약 복용량에 대한 다양한 조건에서 농도수준을 예측을 한다. 모델링 과정에서 약은 부정확성을 허용하기 위해 적절하고 실험적으로 안전한 계수로 최저 유효수준 L과 최고 안전수준 H를 결정하기 위해 검토 할 수 있을것이다. 그리고 방정식 (2.15) 과 (2.24) 를 사용하여 약을 안전하고 효과적인 복용량을 처방 할 수 있다 (복용량이 C_0 보다 몇 배 더 크다고 가정).

이 모델에서는 약을 복용 할 때마다 순간적으로 농도가 상승한다고 가정했다. 경구로 복용하는 아스피린과 같은 약이 혈류로 확산되는데 일정한 시간이 필요하므로 이러한 약에 대한 가정은 현실적이지 않을것이다. 그러한 경우, 단일 용량에 대해 시간에 대한 농도의 그래프는 그림 2.20과 유사 할 수 있다.

• 실제로 수현이는 감기에 걸려서 약을 복용하는데 복용하는 약의 처방에 관해 고려하자.

앞에서도 알아보았듯이 약을 복용하면 체액이나 혈류에 약이 흡수되어 약의 농도가 형성된다. 그 약의 농도를 $c(t)$라 하고, 시간이 흐름에 따라 인체 밖으로 배출되거나, 분해되고 혹은 비활동적이 되어 소멸된다고 한다. 일반적으로, 농도의 감소율은 농도량에 비례한다.

일반적으로는은 처방이 하루에 3번 복용하도록 처방을 받는다. 그렇다면 이 약은 8시간 지속형, 하루 세번 복용으로 24시간 효과 지속된 약을 복용한다는것을 알 수 있다. 그렇다면 약의 반감기는 4시간이라 가정한다 [3]. 즉, c_0 을 약의 초기 농도라하면 4 시간 후의 농도는 $\frac{1}{2}c_0$ 인데, 8시간마다 약을 복용하므로 두번째 약을 복용하기직전의 체내에 남은 약의 잔류농도는 r_1 이라 한다.

약의 농도 $c(t)$의 변화율은 다음과 같다.

$$\frac{dc(t)}{dt} = -kc(t) \tag{2.25}$$

이 방정식의 해는

$$c(t) = c_0 e^{-kt} \tag{2.26}$$

이고, 여기서 k 는 농도가 떨어지는 속도를 나타내는 비례상수다. 초기치 해는 $t = 0$이면 $c(0) = c_0$이므로 복용직후 농도는 c_0이다. 시간 $t = 0$에 약을 복용하고, 그 약은 복용한 사람의 체내의 농도 c_0가 즉각적으로 생긴다. 시간 $t = \frac{1}{k}$일 때 농도는 c_0/e으로 떨어진다. 따라서 $t = \frac{1}{k}$일 때 초기치 농도의 농도는 $1/e$이다. 이는 시간 $t = \frac{1}{k}$이 커지면 농도는 보다 천천히 퍼진다.

방정식 (2.26)은 t가 매우 커진 경우를 제외하고는 0으로 수렴하지는 않는다. 즉 시간이 오랜 후에는 약이 없어진다. 약의 복용을 시간은 $t = 0, t_0, 2t_0, 3t_0, \cdots$ 로 용량은 c_0 로 복용한다고 하자.

$t = t_0$에 두번째 약을 복용하기 직전, 약의 잔류농도를 r_1이라 하고 잔류농도는

$$r_1 = c_0 e^{-kt_0}$$

두번째 약을 복용한 후, 농도는

$$c_1 = r_1 + c_0 = c_0[1 + e^{-kt_0}]$$

이다. 시간 $t_0 \sim 2t_0$사이에 약의 농도는 지수적으로 감소함을 의미한다. $t = 2t_0$에 세번째 약을 복용하기 직전 체내에 있는 약의 잔류농도의 나머지는

$$r_2 = c_1 e^{-kt_0} = c_0[e^{-kt_0} + e^{-2kt_0}];$$

세번째 약을 복용한 후, 농도는

$$c_2 = r_2 + c_0 = c_0[1 + e^{-kt_0} + e^{-2kt_0}].$$

이러한 과정을 계속하고, $(n-1)t_0$번째 약을 복용하기 직전, 시간 $t = nt_0$일 때, 체내에 있는 약의 잔류농도의 나머지는

$$r_n = c_0[e^{-kt_0} + e^{-2kt_0} + \cdots + e^{-nkt_0}] = c_0 e^{-kt_0} \frac{1 - e^{-nkt_0}}{1 - e^{-kt_0}},$$

이고, $(n+1)t_0$번째 약을 복용한 후, 체내에 있는 약의 농도는

$$c_n = c_0[1 + e^{-kt_0} + e^{-2kt_0} + \cdots + e^{-nkt_0}] = c_0 \frac{1 - e^{-(n+1)kt_0}}{1 - e^{-kt_0}}$$

이다.

$\{c_n\}$은 증가하지만 $n \to \infty$에 따라 극한이 $c_M = \frac{c_0}{1-e^{-kt_0}}$ 인 유계수열이다. nkt_0의 크기에 대한 논의가 필수일 수 있으나 약에 대한 지식의 부족으로 여기까지 마무리 한다.

그림 2.21: 빗속을 걷고 있는 사람들

제 2.9 절 빗속에서 비를 덜 맞으려면 뛰어야 할까?

외출 중에 갑자기 비가 내리는데 우산이 없는 경우, 어렸을 때부터 다음과 같은 고민을 한 경험이 있을것이다. "비가 오면 항상 뛰어서 가는 것이 비를 덜 맞을 것인가, 아니면 걸어가는 것이 비를 맞을 것인가". 이처럼 외출을 하였는데 우산을 가지고 있지 않을 때 비가 내리는 경우가 흔히 있을 수 있는 일이다. 이때 근처 건물에 들어가서 비가 그치기를 기다릴 것인가 아니면 비를 맞고 뛰거나 걸어서 목적지에 그대로 갈 것인지를 결정을 하게 되는데, 이를 수학적으로 어떻게 설명을 할 수 있는지를 알아본다(그림 2.21 참고). 수학적 모델링을 수행하기 위해 풀이는 다음과 같은 순환 절차를 따라 해결하도록 한다.

2.9.1 문제를 정의(Problem Identification)한다.

- 문제: 외출을 하였는데 갑자기 비가 내린 상황에서 우산을 가지고 있지 않을 때, 가려는 목적지가 특히 멀리 있다면 걸어서 계속 갈것인지 뛰어서 갈것인지 아니면 근처 다른건물에서 비가 멈출때까지 기다릴 것인지를 고민하게 된다. 외출중에 비가 내릴경우 목적지까지 달려가는 것과 목적지까지 걸어가는 것중 어느 경우에 비에 많이 젖을까?

2.9.2 가정(Assumptions)을 한다.

문제에 대한 정의를 명확하게 하고, 해결해야 할 내용을 같은 팀원모두가 같은 이해를 하여 문제를 파악한다. 그런 다음에 문제해결을 위해 필요한 것이 무엇인지를 고려한다. 여기서는 사람이 비를 맞는것이므로 사람과 비, 그리고 비가 내리는 환경에 대해 고려할 것이다. 따라서 다음과 같은 내용들을 고려한다.

- 목적지까지의 거리는 얼마나 되는가?
- 비를 맞는 사람을 어떻게 표현을 해야할까?
- 사람의 걷는 속도와 달리는 속도는 얼마나 되는가?
- 비가 내리는 속도는 얼마나 되는가?
- 비의 밀도, 강수량등 비오는 상황은 어떠한가?
- 비를 맞는 방향은 무엇일까? 바람의 속도나, 빗방울의 방향은 어떻게 되는가?

등 등을 문제에 필요한 내용들을 고려해야 한다. 또한 필요한 변수들을 정하고, 필요한 가정과 제한사항들을 제시한다.

모델에 대해 필요한 변수, 매개변수나 상수 등 해당되는 내용들을 정리한다. 내용을 너무 자세하게 표현하려고 하면 변수들이 많아지고, 수학적으로 해를 구하는 일을 어렵게 하거나 해를 구할 수 없을 수도 있기 때문에 시작은 단순하게 하는 것이 좋다. 여기서 고려한 사항이외에 더 필요한 내용이 있을 수도 있고, 고려한 내용중 일부가 사용이 되지 않을 수도 있음을 인정한다.

문제에서는 다음과 같이 가정을 한다.

(1) 가고자하는 목적지까지 거리를 L 이라 가정한다.

(2) 목적지까지 걸어서 가는 경우와 뛰어서 가는 경우 속도나 목적지 도착까지 걸리는 시간은 어떻게 되는가? 사람들의 걷는 속도와 뛰는 속도는 사람에 따라 다르다. 학생들이 실제로 모의실험을 해서 알 수도 있지만 알려진 정보를 찾아 활용할 수 있다.

(3) 이제 사람이 어떻게 비에 젖게 되는지를 알아본다. 사람의 몸은 많이 세분화하면 수학적 계산이 복잡해 질 수 있고(변수가 너무 많아) 따라서 계산이 너무 어려울 수도 있다. 따라서 가능한 신체를 단순하게 가정한다. 신체를 다면체로 생각하여 원기둥이나 직육면체라 가정할 수 있다. 여기서는 사람을 원기둥이나 육면체라 가정할 수 있다.

표 2.9: 모델에 사용되는 기호들

내용		기호	단위
이동하고자 하는 거리		L	m
사람의 차원::	키	H	cm
	앞가슴 넓이	$2R = w$	cm
사람 이동속도(H_v)::	사람의 걷는속도	H_{wv}	mm/h
	사람의 뛰는속도	H_{rv}	
강우 각도		θ	∘
비의 속도		v	mm/h
시간(t)::	걸을 때의 빗속에 머문 시간	t_w	sec 또는
	뛸 때의 빗속에 머문 시간	t_r	h(hour)
빗물 총량		Vol	mm^3

먼저, 단순하게 비를 적게 맞는지 많이 맞는지만을 생각한다. 이동하고자 하는 거리가 L이다. 이 경우 인체를 원기둥이라 가정 한다면 신체의 표면적에 비를 맞을것이므로 비에 노출되는 시간을 계산한다. 변수를 정할때는 가능한 변수가 무엇을 의미하는지 알 수 있는 변수 이름를 선택하는 것이 좋다. 필요한 변수들이 많을 경우는 가능하면 기호를 표 2.9처럼 정리하면 편리하다.

사람에 대한 변수들 뛰는 속도, 걷는속도, 빗속에 머무는 시간 등 그리고 비에 대해 비가 내리는 속도나 비가 내리는 비의 밀도등을 알아내어 정리하고 필요한 내용을 사용할 수도 있다(참고 표 2.10).

우리나라 기상청의 일기예보는 단위 시간당 강수량(mm/h)으로 예보를 한다. 이때 강수량은 비의 속도 × 비의 밀도다. 과제를 수행하는데 기상청의 예보인 강수량을 사용할것인지 비의 속도와 밀도를 사용할것인지를 정한다. 흔히 말하는 시간당 강수량은 1mm, 혹은 10mm등 비의 속도(강도)가 이슬비처럼 오거나 폭우로 내리는것을 의미 한다. 비의 밀도는 물의 밀도로 $1kg/m^3$이라 하자. 이슬비나 폭우의 경우 비의 속도와 밀도를 곱한 강수량이다. 여기서는 비의 밀도는 고려하지 않는다고 가정한다.

모델은 필요에 따라 여러 개의 부분모델을 세워 문제를 해결 할 수 있다.

표 2.10: 사람의 이동 속도와 비가 내리는 속도

내용	특성	속 도	단 위
사람의 경우	걷는 속도	$3km/h \sim 6km/h$	-
	뛰는 속도	$8km/h \sim 12km/h$	km/h
비가내리는 속도	가랑비	초속 $162cm$	-
	장맛비	초속 $9.07m$	m/sec
일기예보에서의 강수량	약한 비	$2.5mm/h \sim 8.5mm/h$	mm/h
	물이 약간 고임	$11mm/h$	mm/h
	비가 상당히 내릴 경우	$20mm/h$	mm/h
	폭우가 내릴 경우	$50mm/h$	mm/h

2.9.3 수학화(Mathematizing)을 한다

사람이 비를 맞는 양을 계산하기 위해 단위시간 동안 비가 내리는 양을 계산하는데, 단위 시간당 흐르는 유체의 부피를 **유량**이라 한다.

$$\begin{aligned} \text{t시간 동안 비가 내리는 양(Vol)} &= \text{t시간 동안 강수량} \\ &= \text{비의 속도} \times \text{비의 밀도} \times \text{비가 내리는 시간 t} \\ &= (v \times \rho) \times t = v \times t,\ (\rho = 1) \end{aligned}$$

이다.

1. 비를 맞는 양은 빗속에 얼마나 머무는가와 비의 속도에 따라 다르기 때문에 빗속에 머무는 시간을 먼저 고려한다. 빗속에 머무는 시간 $t = L/H_v$ 이다.

$$\text{뛸 때의 빗속에 머문 시간}(t_r) = \text{거리}/(\text{뛰는 속도}) = L/H_{rv},$$

$$\text{걸을 때의 빗속에 머문 시간}(t_w) = \text{거리}/(\text{걷는 속도}) = L/H_{wv}.$$

이고,

$$\text{단위 면적당 강수량} = \text{비의 밀도} \times \text{비의 속도} \times \text{단위 면적}$$

$$\text{사람이 비를 맞는 양} = \text{신체의 표면적} \times \text{강수량} \times \text{비를 맞는 시간}$$

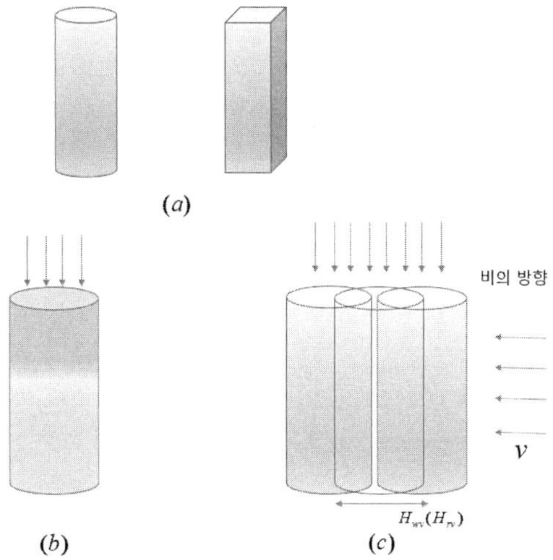

그림 2.22: 사람의 인체에 대한 단순화와 비의 방향

이다.

2. 사람의 신체를 어떻게 추상화를 할 것인가를 고려한다. 단순하게 시작하는 것이 모델을 만드는데 접근하기가 쉽다. 사람의 신체를 원기둥이나 육면체로 단순화 하면 연산이 편리하다. 여기서는 신체를 그림 2.22 의 (*a*) 의 원기둥이라 가정하겠다. 원기둥의 원의 반지름은 앞 가슴넓이의 반이고, 원기둥의 높이는 사람의 키다. 즉,

$$R = \text{원기둥의 반지름}, \quad H = \text{원기둥의 높이}$$

이다. 사람이 비를 맞을 수 있는 표면적은 머리, 사람의 앞면, 뒷면으로 원기둥의 윗면과 옆면일것이다.

$$\text{머리의 면적(head)} = \pi R^2$$
$$\text{사람의 앞면, 옆면과 뒷면의 표면적(Side)} = 2\pi RH$$
$$\text{비를 맞을 사람의 전체 표면적(Area(A))} = \text{(Side)} + \text{(head)} = 2\pi RH + \pi R^2$$

이다.

3. 비를 맞는 방향을 고려한다. 그림 2.22의 (*b*) 처럼 비가 수직으로 내리는 경우라고 할 때 머리부분 즉, 주로 머리쪽에 비를 맞고 신체의 어깨나 앞뒤 옆에도 비를 맞기는 하지만 이는

무시한다고 가정하면 원기둥의 윗면만 비를 맞는다고 하면, 사람이 빗속에 서있는 경우와 같다고 볼 수 있다. 걸어가는 경우나 뛰어가는 경우는 그림 2.22의 (*c*) 처럼 앞에서 오는 비를 사람이 맞는다고 생각할 수 있을것이다.

(1) 바람이 없고 비가 수직으로 내려 비를 수직으로 맞는 경우라면 :
머리의 면적(head)인 원기둥의 윗면적이 πR^2이므로

$$\begin{aligned} &\text{t 시간 동안 수직으로 맞은 비의 양} \\ &= \pi R^2 \times \text{비의 속도} \times \text{빗속에 머문시간} \\ &= \pi R^2 \times v \times t \end{aligned} \tag{2.27}$$

이다.

(2) 수평으로 비를 맞는 경우는 사람이 이동하는 방향의 앞면적(πRH)에 맞는 비의 속도와 사람이 이동하는 속도와 관련이 있다. 또한 사람이 이동을 하면 이동한 방향의 반대방향으로 오는(사람 앞에서 오는) 비를 사람이 맞는다고 생각할 수 있다. 이동 방향에 대한 비의 상대적 방향인데 비가 비스듬히 내리기 때문에 어떤 상황에서든 윗부분과 앞부분이 젖을 것이다.

$$\begin{aligned} \text{수평으로 비를 맞을 수 있는 비의 속도 } &= \text{수평으로 오는 비의 속도} + \text{사람이 이동으로 인한 속도} \\ &= v\cos\theta + H_v \end{aligned}$$

이다. 그래서 사람이 이동하는데 앞에서 오는 비를 맞기 때문에 이동하는 사람이 맞는 비의 양을 계산한다.

$$\begin{aligned} &\text{t 시간 동안 수평으로 이동하면서 맞은 비의 양} \\ &= \text{사람의 앞면적} \times \text{수평으로 비를 맞을 수 있는 비의 속도} \times \text{이동 시간(빗속에 머문 시간)} \\ &= \pi RH \times (v\cos\theta + H_v) \times t \end{aligned} \tag{2.28}$$

이다.

(3) t시간 동안 수직과 수평으로 맞는 두 식 (2.27)과 (2.28)를 더하면

$$\begin{aligned} &\text{비를 맞는 빗물의 총 양} \\ &= \text{수직으로 맞는 빗물의 양} + \text{수평으로 맞는 빗물의 양} \\ &= \pi R^2 vt + \pi RH \times (v\cos\theta + H_v) \times t \end{aligned} \tag{2.29}$$

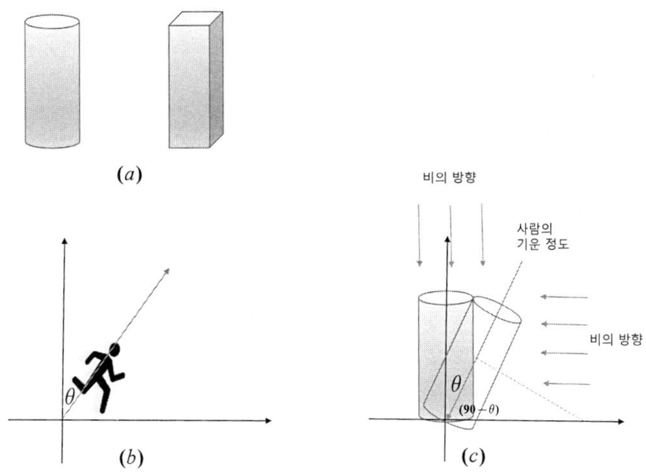

그림 2.23: 사선으로 내린 비의 방향

수평으로 이동하면서 맞는비는 수직으로 비가 내리지만 사람이 뛰어 이동하거나, 바람이 불면서 비가 내리는 등 이동 방향으로 상대적으로 신체가 기울어져 이동한다고 볼 수 있다. 사람에게는 비가 사선방향으로 내리고 있다고 볼 수 있기 때문에, 이러한 상황에서도 사람의 머리부분과 앞면부분이 젖을 것이다. 그림 2.23의 (b), (c)에서 처럼 사람의 이동속도 H_v로 이동을 할 때, 비가 수직과 θ만큼 기울어진 사선으로 내린다고 할 수 있다. 비가 사선으로 내리는 것은 비는 수직으로 내리고 사람이 기울어져 이동한다고 볼 수도 있다.

2.9.4 수학적인 풀이를 한다

비를 맞는 빗물의 총 양은 (2.29)으로

$$\begin{aligned}&\text{비를 맞는 사람의 빗물의 총 량}\\&= \pi R^2 vt + \pi RH \times (v\cos\theta + H_v) \times t \\&= \pi Rt[Rv + (v\cos\theta + H_v)H]\end{aligned} \tag{2.30}$$

이다. 그림 2.23에서 $\theta = 0°$ 이면, 이는 빗물이 수직과 수평으로 맞는 양만 계산한 것이다. 또한 사람의 이동속도에 따라 값이 다를것이다.

2.9.5 현실에 모델을 검증한다

구한 해가 수학적으로 적절한지 예를 들어 해석및 검증한다. 예를 들어, 어떤 사람이

$$L = \text{이동거리} = 1,000m$$
$$H = \text{키} = 160cm$$
$$w = \text{가슴둘레} = 90cm$$
$$v = \text{비의 속도} = 3mm/h = 0.003m/h$$
$$H_{wv} = \text{사람이 걷는속도} = 3km/h$$
$$H_{rv} = \text{사람이 뛰는속도} = 8km/h$$

라 하면, 이 사람이 맞는 비의 양을 구해본다. 식 (2.30)을 뛰는 경우와 걷는 경우를 적용하여 비교한다. 각 기호의 단위를 변경해보자. 비의 속도는 $0.003m/h$

(1) 걷는 경우의 빗속에 머문 시간를 알아본다. $1h = 3.6 \times 10^3 sec$ 이다. 빗속에서 걷는 속도 = H_{wv} = 거리/걷는 시간 = $3km/h$ 이다.

$$H_{wv} = 3km/h = \frac{3,000m}{3,600sec} = \frac{10m}{12sec} = 0.83m/sec$$

이다. 사람이

$$t_w = \text{빗속에 머문 시간} = \text{이동거리/걷는 속도} = \frac{1,000m}{10m/12sec} = 1200sec$$

이다.

(2) 뛰는 경우의 빗속에 머문 시간를 알아본다.
빗속에서 뛰는 속도 = H_{rv} = 거리/뛰는 시간 = $8km/1h$이다.

$$H_{rv} = 8km/1h = \frac{8,000m}{3,600s} = \frac{20m}{9s} = 2.22m/s$$

이다.

$$t_r = \text{빗속에 머문 시간} = \text{이동 거리/뛰는 속도} = \frac{1,000m}{20m/9s} = 450s$$

이다.

- 걷는 경우의 맞는 비의 양을 계산해보자:

$$
\begin{aligned}
&\text{1km 이동시 맞는 비의량} \\
&= \pi R t_w (Rv + (v\cos\theta + H_{wv})H) \\
&= \pi 0.45m \times 1200s[0.45m \times 3mm/h\cos\theta + 0.83m/s)1.60m] \\
&= \pi \times 0.45m \times 1200s[0.45m \times 0.003m/(3.6 \times 10^3 s)\cos\theta + \times 0.83m/s)]1.6m \\
&= 3.14 \times 0.45m \times 1200s[1.35 \times 10^{-3}m^2/(3.6 \times 10^3 s)\cos\theta \times 1.6m + 1.328m^2/s] \\
&= 540\pi ms(0.375 \times 10^{-6}m^2/s \times \cos\theta \times 1.6m + 1.328m^2/s) \\
&= 540\pi m(0.6 \times 10^{-6}m^2 \times \cos\theta + 1.328m^2)
\end{aligned}
$$

- 뛰는 경우의 맞는 비의 양을 계산해보자: 이경우는 사람의 이동속도만 다르므로 H_{wv} 대신 H_{rv}를 적용하면 빗속에 머문시간이 t_w 대신 t_r 이 된다.

$$
\begin{aligned}
&\text{1km 이동시 맞는 비의량} \\
&= \pi R t_w (Rv + (v\cos\theta + H_{wv})H) \\
&= \pi 0.45m \times 450s[0.45m \times 3mm/h\cos\theta + 0.83m/s)1.60m] \\
&= \pi \times 0.45m \times 450s[0.45m \times 0.003m/(3.6 \times 10^3 s)\cos\theta + \times 0.83m/s)]1.6m \\
&= 3.14 \times 0.45m \times 450s[1.35 \times 10^{-3}m^2/(3.6 \times 10^3 s)\cos\theta \times 1.6m + 1.328m^2/s] \\
&= 202.5\pi ms(0.375 \times 10^{-6}m^2/s \times \cos\theta \times 1.6m + 1.328m^2/s) \\
&= 202.5\pi m(0.6 \times 10^{-6}m^2 \times \cos\theta + 1.328m^2)
\end{aligned}
$$

사람이 이동하는데 다음과 같이 기울어진 상태로 이동한다고 생각하자.

(1) $\theta = 0°$ 인 경우는 위에서 계산한 것과 같다. 즉, 뛰는 경우가 걷는 경우보다 비를 덜 맞는다. 거리 $L = 1km$를 이동하는 경우 뛰는 경우가 걷는 경우보다 사람이 맞는 비의 양이 적다.

(2) $\theta = 30°$ 인 경우와 $\theta = -30°$ 인 경우는 관계식 (2.30)을 사용하여 뛰는 경우와 걷는 경우는 연습문제로 남긴다. 또한 비의 속도를 변경하면 어떻게 될까?

- 각자의 경우를 계산해 보자.

각자의 본인의 경우를 예로 들어 비를 맞는 양을 계산해 보자. 또한 가장 많은 비를 맞는 경우와 가장 적게 많은 경우의 사람의 이동 속도는 어떻게 될까? 또한 비의 방향 또는 사람의 기울임 정도에서 가장 많은 비를 맞는 경우와 가장 적게 많은 경우의 사람의 속도를 구하라. 원기둥이 아니고 신체를 육면체로 가정하는 경우와 비교해 보자.

이렇게 검증이 되었다면 다음 단계로 모델을 구현한다.

• 비에 대한 현상을 알아야 하므로 필요한 참고자료등을 참고한다.

• 필요한 정보와 구할 수 있는 자료를 확보한다. 비의 속도는 초속 9.07m, 시속 32.6km, 빗방울 지름 5mm 이라 한다. 인터넷 사이트(sciencetimes)에서는 가랑비는 속도는 초속 162cm, 빗방울 지름 0.4mm 이고 속도는 초속 327cm, 빗방울 지름 0.8mm이다. 물의 밀도는 1g/mL이므로 물 10mL의 질량은 10g 이다. 일기예보의 강수량은 눈과 비등을 모두 말한다. 따라서 우리가 말하는 강수량은 순수하게 비가 내린 강우량 만을 의미한다. 또한 강수량은 한시간 동안 내리는 비의양을 일기예보로 시간당 강수량을 의미한다 [24].

2.9.6 모델을 채택한다

풀이를 한 단계에서 구한 수학적인 해가 실세계에서 적절하면 수학적 모델을 채택한다. 모델을 검증단계에서 구한 수학식에 예를 들어 여러분의 키나 가슴길이 등을 해보자.

기상청의 일기예보를 사용한 접근 [22]: 기상청의 일기예보에서는 단위 시간당 강수량으로 예보를 한다. 기상청의 일기예보를 사용하여 문제를 해결 할 수도 있다.

제 2.10 절 확장된 영양 문제

오늘날은 풍부한 식품들과 달콤한 식품이 주변에 많이 존재한다. 또한 바쁘고 스트레스가 많은 상황에서는 필요이상의 식단을 섭취하기도 한다. 더구나 바쁜 일상이나 다양한 이유로 인해 신체 활동량이 많지 못하는 경우가 많다. 어떤 이유에서든지 섭취한 에너지가 소비되는 에너지보다 많으면 여분의 에너지는 체지방으로 축척된다. 과다한 열량섭취, 잘못된 식습관, 운동부족, 유전, 스트레스, 내분비장애등에 의해서도 비만이 될 수 있다.

비만을 판정할 때 체지방을 측정하기는 어려우므로 가장 손쉬운 방법으로 신장과 체중을 많이 이용한다. 체질량지수(body mass index, BMI=(체중)kg/(신장)m^2)가 가장 널리 사용되고 있으며, 건강과 상관관계가 높고 특히 성인의 체지방 지표로 유용하게 사용되고 있다. 비만은 어린이의 비만의 많은 경우는 성인의 비만과 관련되고 비만은 많은 질병의 원인이 되고 있다.

우리나라 학생들의 비만율도 예외가 아니다. 그런데 비만의 원인이 매우 복잡하지만, 가장 기본적인 시스템은 소비하는 에너지에 비해 과도한 에너지를 섭취하는 것이다. 식사외에 간식을 섭취하는 경우가 있고, 우리가 건강한 상태를 유지하기 위해서는 간식과 식사의 칼로리 양을 알 필요가 있다.

•올바른 영양소 섭취로 3대 영양소 탄수화물, 지방, 단백질 섭취비율 5 : 3 : 2 권장한다. "보건복지부의 2015 년 '한국인 영양소 섭취기준'에서는 탄수화물을 총 에너지의 55 ~ 65%, 단백질 7 ~ 20%, 지방 15 ~ 30%로 권고하고 있는데, 이 기준보다도 지방과 단백질을 조금 더 섭취하는 것이 좋다"라고 한다. 탄수화물과 지방을 적정 비율보다 더 많이 먹거나 적게 섭취하는 것은 모두 사망률에 부정적인 영향을 줬다 [15].

2.10.1 문제를 정의(Problem Identification)한다.

• 용봉이는 대학교 생활에서 주로 학식으로 식사를 하였다. 학교 식당은 다른 외부 식당보다 가격도 저렴하고 학생들에게는 영양가 있는 식단을 제공한 것으로 알고 있다. 그래서 용봉이는 일반적으로 식단에 4-5 가지 반찬과 밥과 국을 먹었다. 표 2.12에 있는 식단은 11월 어느 대학생들을 위한 2주 동안의 식단메뉴가 있다. 용봉이는 이 식단으로 가을동안 점심과 저녁 식사를 하면 가을은 천고 마비의 계절이라는 말이 있있어서 체중이 늘러날까 염려가 된다. 용봉이의 체중에는 변화가 있겠는가?

2.10.2 가정(Assumptions)을 한다

일반적으로 학생들은 식사는 어떻게 하는가? 아침식사는 다양하게 하였다고 가정한다.

- 평상시 먹는 밥과 국의 양은 얼마나 되는가
- 반찬의 종류는 어떠한가(야채류인가 육류인가 생선인가?)
- 아침, 점심, 저녁 식사의 칼로리를 얼마나 섭취 하는가?
- 식사외에 더 섭취하는 것은 무엇이 있는가?
- 운동이나 활동시간은 얼마나 되는가?

• 학교식단은 반찬의 종류가 4 ~ 5가지와 국과 밥으로 구성이 되어 있다. 3대 영양소 탄수화물, 지방, 단백질 섭취비율을 5 : 3 : 2비율로 권장하지만 각자의 기호에 따라 밥과 국을 제외한 4 ~ 5가지의 반찬을 먹는다고 가정한다.

• 비만이 되는 이유를 여기서는 단순히 섭취한 에너지가 소비되는 에너지보다 많으면 여분의 에너지는 체지방으로 축척되어 비만이 되는것으로 가정한다. 3대 영양소이외의 다양한 영양소

표 2.11: 2000kcal/일의 점심의 식단 구성

	탄수화물	단백질	지방	칼로리	비율
밥과 국(200g+ 100g)x	a_{11}	a_{12}	a_{13}	300	
야채, 과일류(200g)y	a_{21}	a_{22}	a_{23}	30	
육류(60g)z	a_{31}	a_{32}	a_{33}	150	
생선, 달걀과 기타(120g)u	a_{41}	a_{42}	a_{42}	100	

가 필요할뿐 아니라 식단에 포함되어 있지만 여기서는 고려하지 않는다. 3 대 영양소 탄수화물, 지방, 단백질 섭취비율 5 : 3 : 2 권장한다.

• 한끼 식사를 위해 식단에서 A 와 B와 C를 각각 탄수화물, 지방, 단백질이라 가정한다. 식사로 섭취하는 비율은 5 : 3 : 2 비율로 권장하지만 각자의 기호에 따라 밥과 국을 포함한 3 ~ 5가지의 반찬은 섭취한다고 가정한다. 영양소 A와 B와 C 을 각각 $x \geq 0, y \geq 0$ 과 $z \geq 0$이라 하자. 밥과 국을 포함한 반찬의 양 $100g$ 당 탄수화물, 지방, 단백질에 $50g, 30g, 20g$ 씩 들어있으므로 한 쟁반에 포함되는 영양을 2.11 에 있는 변수를 적용하여 모델을 수립한다.

2.10.3 수학화(추상화)를 한다

• 정보:섭취된 칼로리는 기초 대사량과 활동대사량을 빼고 남은 칼로리가 신체에 축척된다. 물의 밀도는 $1g/mL$ 이므로 물 $10mL$의 질량은 $10g$이 됩니다. [16]에 의하면, 밥 100g의 3대 영양소 함량과 구성 비율로, 밥의 칼로리는 100g 당 146kcal 입니다. 이 가운데 3대 영양소는 각각 탄수화물이 31.71g(31%), 단백질이 2.65g(5%), 지방이 0.33g(1%) 을 차지하고 있고 그 외는 수분등이 있다. 단순함을 위해 3대 영양소 이외는 계산하지 않은것으로 가정한다. 일반적으로 흰쌀밥은 1 공기(210g)당 칼로리가 336kcal 이다. 하지만 밥 한공기를 200g으로 칼로리가 272kcal로도 가능하다. 따라서 이는 각각 근사적으로 가정한다. 각각의 반찬에 대한 영양소와 함량이나 칼로리등은 영양학회나 식품의약품 안정청등 여러 사이트(영양소에 관한 한국인 영양소에 관한 문헌 [8])에서 알아볼 수 있다.

3종류나 n종류 반찬의 단위량 당 포함되는 영양소 i의 양을 a_{ij}, 영양 i의 단위량당 구입(섭취)량을 j 의 양을 c_{ij}, 영양소 i의 필요량을 변수 x_i로 나타내면 섭취량 합계를 최소로 하는 에너지의 합을 구하는 문제다. 최대값과 최소값을 구하는 문제로 선형계획문제라 한다. 영양소 i의 양을 b_i 이상이어야 한다.

$$
\begin{aligned}
\text{최소화} \quad & c_1x_1 + c_2x_2 + c_3x_3 \\
\text{조 건} \quad & a_{11}x_1 + a_{12}x_2 + a_{13}x_3 \geq b_1, \\
& a_{21}x_1 + a_{22}x_2 + a_{23}x_3 \geq b_2, \\
& \vdots \\
& a_{31}x_1 + a_{32}x_2 + a_{33}x_3 \geq b_3.
\end{aligned}
$$

이다.

제 2.11 절 2장 연습문제

1. 학생들이 교통카드를 가지고 버스를 탄다고 한다. 학생수가 2명 일때는 택시와 버스중 어느 교통편을 타는것이 유리할까? 또한 기후변화에 매우 민감한 친구라면 어떤 교통편을 선택할까 토의해 보자.

2. 2.4절에서 세 지역별 창고 3개(A, B, C)로 가는 거리의 합이 최소가 되는 P점을 페르마점의 의미를 사용하여 P 점을 구해보자.

3. 2장 부록 영양성분을 사용하여 2.10절의 확장된 영양 문제를 해결해 보자.

4. (**확장된 쥬스문제**):야채 혼합쥬스 음료수를 생산하는데 야채쥬스는 최소 20개 이상은 생산을 하고, 토마토쥬스는 최소한 10 개 이상은 생산을 해야 한다고 하자. 그렇게 되면 수익에도 변화가 생길 수 있다. 야채쥬스가 300 원에서 200원의 수익이 줄고, 토마토쥬스는 400 원에서 500 원의 수익이 증가 하였다고 하면 최대 수익에는 변화가 생겼을까?(그림 2.24 참고).

5. 하루에 성인 한 사람이 사용하는 물의 양은 얼마나 될까?

6. 사람이 걷거나 뛸때 $\theta = 30°$ 정도 기울어 질 때 비를 사람이 걷거나 뛰는 어떤 경우에 비를 더 많이 맞는가? 2.9절에서 원기둥이 아니고 신체를 육면체로 가정하는 경우를 계산해보고 원기둥의 경우와 비교해 보자.

7. 아이스링크에서 하는 경기중 하나인 피겨스케이트의 아름다운 모습은 보는 사람들로 하여금 감탄을 자아낸다. 더구나 미끄러운 얼음위에서 점프를 하여 공중에서 몇바뀌를 도는 것

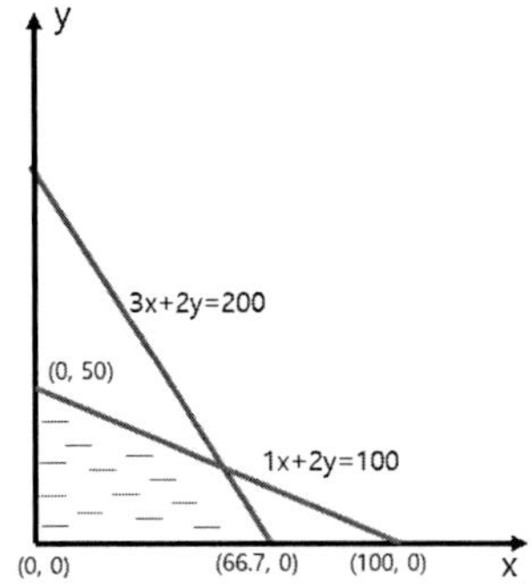

(a) 최소값이 0인 영역

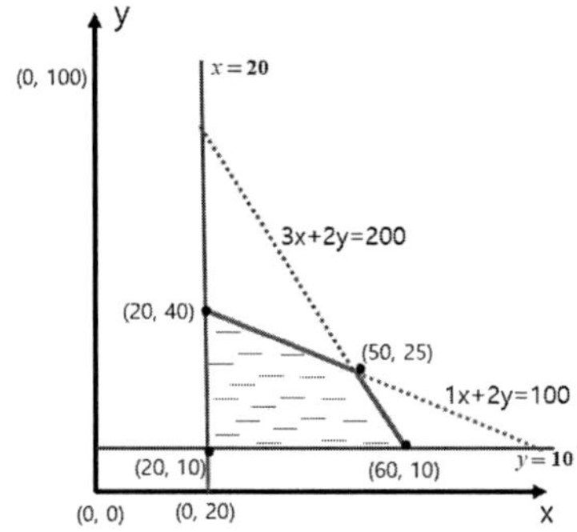

(a) 최소값이 0이 아닌 영역

그림 2.24: 관계식의 가능한 영역

을 보면 얼마나 연습을 했을까 하는 생각과 함께 선수들의 노력이 느껴진다. 예전 김연아 선수나 요즘의 차준환선수들모두 몸이 주로 근육으로 이루어진 것은 아닌지 싶다. 공중에 머무는 체공시간을 늘릴려면 점프를 할때 어느정도의 힘으로 해야 될까 생각해 보자.

제 2.12 절 2장 참고 문헌

1. 기상청, *낙뢰연보*, 발간등록번호: 11-1360000-000017-10, ISSN : 2733-483X, 2022.

2. 최재성, 고속주행상황의 운전자 인지·반응시간에 관한 연구, Int. J. Highw. Eng. Vol. 19 No. 1 : 107-119, 2017

3. 이승호·이미진·이운정·이원재·김세경, 아세트아미노펜 중독 환자에서 NAC 치료중 반감기의 임상적 이용, 대한응급의학회지 제 14권 제 1 호 Volume 14, Number 1, March, 2003.

4. R. B. Langley. *The mathematics of GPS*,

5. Elliott D. Kaplan, Christopher J. Hegarty, *Understanding GPS Principles and Applications*

6. Dan Kalman, *An Underdetermined Linear System for GPS*, The College Mathematics Journal, 33(2002)

7. R. B. Thompson, *Global Positioning System: The mathematics of GPS Receivers*, Mathematics Magazine Pages 260-269 | Published online: 11 Apr 2018

8. David Poole, *Linear Algebra: A ModernIntroduction, 4th*, 2016.

9. Frank R. Giordano, William P. Fox, Steven B. Horton, *A First Course in Mathematical Modeling*, Cengage Learning, 2009.

10. D.S. Jones, B.D. Sleeman, D. S. Jones, *Differential Equations and Mathematical Biology*, by Chapman and Hall/CRC, 2003.

11. Frank R. Giordano, William P. Fox, Steven B. Horton, A First Course in Mathematical Modeling, Cengage Learning, 2009

12. 부산지방식품의약품안전청(http://www.mfds.go.kr), 2019년 5월)

13. http://global autonews.com/bbs/board.php

14. http://www.koroad.or.kr/kpweb/accCase.do

15. http://www.bosa.co.kr/news/articleView.html?idxno=2140455

16. https://nofat.kr/food/R000062

17. https://various.foodsafetykorea.go.kr/nutrient/

18. YouTube, https://namu.wiki/w/GPS

19. https://www.youtube.com/watch?v=6LYp4zsYv6E

20. https://www.sciencedirect.com/topics/engineering/globalpositioningsystem

21. https://kosis.kr

22. https://www.youtube.com/watch?v=WnWCoLJKvCU

23. https://simsimfully.tistory.com/184

24. https://www.sciencetimes.co.kr/news/

25. https://www.yna.co.kr/view/AKR20220624148200003

26. https://www.iea.org/countries/korea/electricity#how-is-electricity-used-in-korea.

27. https://www.hankyung.com/article/2024032709731

제 2.13 절 2장 부 록

A : 영양 성분

• 대사량이란, 사람이 생활하면서 소모하는 열량(칼로리)을 말하며 기초대사량과 활동대사량을 합한 양다. 기초 대사량은 아무런 활동도 하지 않고 숨만 쉬고 있을 때 몸 속에서 소비되는 칼로리라면, 활동대사량(AMR:Activem Metabolic Rate)은 이름 그대로 우리가 활동을 하면서 소비하는 칼로리로 걷기, 청소, 출·퇴근등과 운동을 통해 소비하는 에너지다.

• 정보: 야채류 반찬은 각 100g 당 20% 의 지방, 10%의 탄수화물과 40%의 단백질이 포함되어 있으며, 육류 반찬은 각 100g 당 30% 의 지방, 30%의 탄수화물과 30%의 단백질이 포함되어 있다. 기타 반찬은 각 100g 당 30% 의 지방, 30%의 탄수화물과 30%의 단백질이 포함되어 있다. 한국인 영양소 섭취기준의 에너지 적정비율은 탄수화물이 55 ~ 65%, 단백질이 7 ~ 20%, 지방이 15 ~ 30% 이다.

• 식품영양성분 통합DB [17]에 의하면 식품에 대한 칼로리와 영양을 어느 정도 알 수 있다. 일반적으로 채소 과일류는 수분이 많은 부분을 차지 하기는 하지만, 100g당 칼로리는 근사적으로 166$kcal$로 탄수화물은 37.33g 단백질 3.36g 지방 0.32g 정도 라고 한다. 국 종류의 칼로리는 21 ~ 42$kcal$ 탄수화물은 2.39 ~ 4.59g 단백질 0.85 ~ 5.43g 지방 0.10 ~ 1.2g 이다.

• 밥은100g당 칼로리는 24 ~ 64$kcal$이고 지방은 0.11 ~ 0.52g 탄수화물은 9.26g ~ 13.46g 그리고 단백질은 2.59g ~ 3.33g들어라고 한다. 육류는 100g 당 근사적으로 칼로리: 169.60 ~ 224.80$kcal$이다. 지방은 9.70 ~ 16.60g, 탄수화물은 4.30 ~ 8.50g, 단백질은 14.90 ~ 32.80g 라 한다.

• 수산물은 100g당 칼로리: 120$kcal$, 지방: 2.4g, 탄수화물: 9.6g, 단백질: 13.8g 라고 하자. 아동·청소년기에는 연령, 성별에 따라 하루에 $1,500$ ~ $2,700kcal$ 정도 먹도록 권장한다. 하루 $2,000kcal$ 를 섭취하는 경우 한 끼에 500 ~ 600$kcal$ 정도와 간식 200 ~ 300$kcal$정도로 먹는다 [12].

표 2.12: 11월 2주간 성인 식단

	월요일	화요일	수요일	목요일
맛있는 점심	쌀 밥 김치국 돈육숙주굴소스볶음 야채계란찜 멸치볶음 세발나물생채 포기김치	쌀 밥 짜장소스 짬뽕국 수제탕수육 어묵야채볶음 양념고추지 포기김치	쌀 밥 얼갈이된장국 닭볶음탕 연두부숙회 양념장 미역줄기볶음 무생채 포기김치	쌀 밥 얼큰콩나물국 고등어데리야끼구이 모듬햄볶음 시금치나물 구운파래김 양념장 포기김치
건강한 석식	김치덮밥 들깨무채국 만두튀김 호박나물 김자반볶음 단무지	쌀 밥 어묵국 돈육고구마찜 모닝빵튀김 시나몬시럽 얼갈이된장무침 오징어젓무말랭이무침 포기김치	굴소스계란볶음밥 미니해장라면 돈육강정 숙주나물 오이생채 요구르트 포기김치	쌀 밥 미역국 제육볶음 알감자버터구이 새송이버섯볶음 청경채생채 포기김치

	금요일	월요일	화요일	수요일
맛있는 점심	쌀 밥 포기김치 맑은순두부국 돈육메추리알매운조림 춘권튀김 콩나무물무침 상추무침	쌀 밥 얼갈이된장국 돈육폭찹 두부양념조림 상추겉절이 미역초무침 포기김치	김가루야채볶음밥 어묵국 함박스테이크 김치비빔국수 숙주나물 포기김치 수제모듬피클	쌀 밥 김치국 땡초찜닭 만두튀김 초간장 미역줄기볶음 세발나물생채 포기김치
건강한 석식	쌀 밥 포기김치 배추된장국 닭살데리야끼떡볶음 참치고추장떡 무나물 쌈다시마 초고추장	카레라이스 미트볼데리야끼볶음 식빵구이 생크림 오이생채 포기김치 계란국	쌀 밥 무나물 팽이두부자국 돈육짜장불고기 계란장조림 콩자반 배추겉절이	쌀 밥 잔치국수 생선가스 타르소스 감자고추장조림 어묵야채볶음 요구르트 포기김치

	목요일	금요일	토요일	일요일
맛있는 점심	쌀밥 육개장 백순대야채볶음 에그스크램블 시금치나물 무생채 포기김치	쌀밥 콩나물국 제육볶음 고구마라면맛땅 파래자반볶음 마늘쫑지무침 포기김치	자유식	자유식
건강한 석식	쌀밥 포기김치 배추된장국 돈등뼈찜 감자튀김 치즈시즈닝 콩나물무침 청경채생채	쌀밥 미역국 닭갈비 김치전 제철겉절이 간장고추지 포기김치	자유식	자유식

• 2015년 한국인 영양소 섭취기준에 의하면, 남자 19 ~ 29세인 경우 $2,600kcal/$ 일, 여자 19 ~ 29세인 경우 $2,100kcal/$일 이다. 열량 영양소들는 탄수화물 4.15 kcal/g, 지방 9.45 kcal/g, 단백질 5.65 kcal/g이다.

제 3 장

미분 방정식(Differential Equations)

미분방정식은 변화하는 어떤 현상을 표현하는데 사용한다. 자연계의 다양한 현상을 미분방정식으로 표현하는 예들이 많다. 공학, 물리학, 사회과학 및 다양한 분야에서 일어나는 현상을 수학적으로 모델화하여 해를 구하고 해석한다.

친구들과 야외에 나가 시간을 보내는 경우, 여러분은 연못이나 냇가에 조약돌을 던지며 놀았던 경험이 있었을까요? 이러한 놀이를 수제비를 뜬다고도 한다. 조약돌이 물에 빠지지 않고 그 물에 한 두번 떠서 지난 다음에 조약돌이 물에 빠지기도 한다. 연

못에 던져진 조약돌은 원형의 잔물결을 바깥쪽으로 퍼져 나가게 된다. 혹은 빛이 동심을 그리며 퍼져나간다고 한다. 만약 바깥쪽 잔물결이나 빛의 반지름이 초당 0.5m씩 커지고 있다. 반지름이 5m 인 순간에 원의 넓이는 얼마나 빨리 커졌을까? 이와 같은 문제는 여러분은 원의 넓이나 반지름을 알고 있고, 원의 넓이나 반지름은 시간에 따라 변한다는 것을 알고 있으므로 이는 시간의 함수라고 할것이다.
함수는 관계를 설명하는 것이 었으므로, 시간 t 에 따라 반지름 $r(t)$가 어떻게 변화 하지는지를 설명할 수 있다. $r(t)$ 를 연속되는 시간 t에 관한 연속함수로 생각할 수 있다. 따라서 이 현상에 대하여

- 시간에 따라 변화하는 것인 원의 반지름을 결정하는데, 가정에서 잔물결의 반지름이 초당 0.5m씩 커지고 있다면 이는 시간에 대한 반지름(r)의 변화율이므로 $\frac{dr}{dt} = 0.5m$ 이고, 시간에 대한 원의 넓이(A)의 변화율은 $\frac{dA}{dt}$ 이다. 그런데 원의 넓이는 $A = \pi r^2$이다.

그림 3.1: 빛이 퍼져나가는 모습, (부산수학문화관)

- 이 값들과 연관되는 방정식을 구하기 위해, 이 방정식의 양변을 t로 미분한다.

$$\frac{dA}{dt} = \frac{dA}{dr}\frac{dr}{dt} = 2\pi r\frac{dr}{dt}$$

- 반지름에 대한 변수 t의 도함수(변화율로 해석)$\frac{dr}{dt}$에 대해 주어진 값을 위 방정식에 대입한다.
- 도함수 $\frac{dA}{dt}$에 대해 풀이를 하고 원의 넓이나 반지름에 대한 해를 구한다.
- 풀이가 실세계에서 검증을 하여 적적한 해인지 검증 또는 검토하여 풀이를 마무리 한다.

변화율에 관한 모델이 이처럼 미분방정식을 적용하는 유형도 있지만, 이산형인 차분방정식을 적용하는 모델이다. 다음은 미분방정식과 차분방정식의 차이를 살펴본다.

제 3.1 절 연속 대 이산시간 모델(Continuous VS Discrete Model)

차분방정식과 미분방정식은 모두 함수의 변화율을 이용하여 현상을 수학적으로 모델링하는 방법이다. 이 두 방정식은 서로 관련이 있으나, 다루는 문제의 유형과 해석 방법에 차이가 있다. 미분방정식(Differential Equation)은 연속적인 변수에 대한 변화되는 관계를 나타내는 방정식이다. 미분방정식은 자연과학과 공학 전반에 걸쳐 널리 사용되며, 시스템의 동적인 변화를 모델링하는데 적합하다(3장 참고). 차분방정식(Difference Equation)은 이산 시간에서 값들 사이의 관계를 나타내는 방정식이다. 주로 시간이나 공간이 이산적인 단계로 변화할 때 사용된다. 이 방정식은 연속적이지 않고, 각 시점에서의 값들을 순차적으로 계산하는 데 유용하다(4장 참고).

차분방정식은 이산적인 시간에서의 변화를 다루고, 미분방정식은 연속적인 시간이나 공간에서의 변화를 다룬다. 차분방정식은 경제학, 컴퓨터 과학 등 이산적 데이터가 중요한 분야에서 주로 활용되고, 미분방정식은 물리학, 생물학, 공학 등 연속적 현상을 다루는 분야에서 주로 사용된다. 차분방정식은 보통 수열의 형태로 해를 구하는 경우가 많고, 미분방정식의 해는 함수의 형태로 제공되는 경우가 많다.

두 유형의 방정식 모두 수학적 모델링에 있어서 중요한 수학적 도구이며, 실제 문제에 따라 적절한 방정식을 선택하여 사용한다. 하지만 어떤 문제는 연속형과 이산형 모두를 적용하여 문제를 해결이 가능하다.

- 다음의 상황을 살펴보자: 페트리 접시에서 어떤 박테리아가 증식되고 있다고 가정하고, 각각의 박테리아가 10분마다 두 개의 동일한 박테리아로 분열한다고 가정한다.

(a) $\Delta t = 10$분(min)이고, 10분(min) 안에 한 세포가 다른 세포 하나를 만들 확률은 $p = 1$ 이다. 각 세포가 실제로 10 분마다 똑같은 세포를 하나씩 만든다고 가정했기 때문이다.

(b) 시간 t와 시간 $t + \Delta t$에서 개체군(예, 세포수)의 증가는 이산시간 모델을 쓴다. 시간 t에서의 개체군을 $N(t)$라고 하면 다음과 같은 차분방정식이 성립한다;

$$\begin{aligned} N(t+\Delta t) &= N(t) + pN(t) \\ &= N(t) + N(t), (p = 1) \\ &= 2N(t) \end{aligned} \tag{3.1}$$

$$\text{즉,} \quad N(t+\Delta t) = 2N(t)$$

이는 개체군이 10분마다 전체 세포 개체군이 두 배로 늘어나는 것이라 의미한다.

(c) 성장률을 정의하고 이에 대한 연속되는 시간 모델을 도출한다.

위의 방정식 (3.1)이 때로는 다음과 같은 연속형 미분방정식으로 변경이 가능하기도 하다. $\alpha := \frac{p}{\Delta t}$ 을 정의한다(이 경우, $\alpha = \frac{1}{10}min^{-1}$). 그리고 이산모델을 연속형으로 변경할 수 있다. 따라서 방정식 (3.1)을 Δt 로 나누면

$$\frac{N(t+\Delta t)}{\Delta t} = \frac{N(t)}{\Delta t} + \frac{p}{\Delta t}N(t) = \frac{N(t)}{\Delta t} + \alpha\Delta t$$

$$\Rightarrow \frac{N(t+\Delta t) - N(t)}{\Delta t} = \alpha N(t)$$

$\Delta t \to 0$이면, 연속인 모델 $\frac{dN(t)}{dt} = \alpha N(t)$를 얻는다.

(d) 이산 시간 모델과 연속 시간 모델을 모두 해결 한 다음 해를 비교한다.

(e) 언제 이산 시간 모델이 적절할까? 언제 연속 시간 모델이 적절할까?

이러한 상황에 대한 내용을 고려한 모델을 구성한다.

제 3.2 절 방사능에 오염된 땅이 회복이 되려면 얼마나 기다려야 될까?

미분방정식으로 설명되는 현상들이 많다. 미분방정식은 선형미분방정식과 비선형미분방정식이 있다. 하지만 학부과정에서는 대부분 선형미분방정식의 경우를 주로 공부한다. 선형미분방정식으로 표현할 수 있는 간단한 '반감기'의 문제를 살펴보자.

> 예를 들어, 2011년 3월 11일 일본 후쿠시마현 후쿠시마 원자력 발전소에서 지진과 쓰나미로 인해 발생한 원자력 발전소 사고가 있었다. 이로 인해 방사능 누출이 되어 그 지역에 살고 있던 사람들이 방사능 피폭을 피해 다른 지역으로 이사를 하기도 하였다. 그러나 여러해가 지난 현재도 사고 수습은 진행중이다. 이러한 상황에서 '어느정도의 시간이 흐르면 그 지역에서 사람들이 사는 것이 가능 할 수 있을까? '와 같은 문제들을 해결하는데에도 미분방정식을 활용할 수 있다.

여기서는 방사능 피폭으로 위험 물질중 하나가 세슘이라 한다. 방사능 누출이 되었던 초기시간을 t_0라 하고, 초기 세슘의 양을 $x_0 = x(0) = x(t_0)$라 하자. 세슘의 양이 절반인 $x_1 = \frac{1}{2}x(t_0)$으로 줄어들 경우, 그 시간을 반감기라 한다. 세슘의 양이 절반인 되는 시간을 t_1이라 한다. 세

슘의 양은 $x_1 = \frac{1}{2}x(t)$ 으로 쓴다. 다시 x_1의 절반으로 줄어든 세슘의 양은 x_2 라 쓴다. $x_2 = (\frac{1}{2})(\frac{1}{2}x(t)) = (\frac{1}{2})^2 x(t)$으로 걸리는 시간을 t_2라 쓴다. 이와 같은 방법으로 계속된다면 n기간 후 시간 t_n 이고, 그때의 세슘의 양을

$$x_n(t) = (\frac{1}{2})^n x(t) \tag{3.2}$$

이다.

자연에서도 세슘이 존재한다고는 한다. 주로 폴루사이트 같은 희귀 광물에서 발견된다고 한다. 하지만 자연계에 존재하는 세슘의 양은 매우 적으며, 지각에서 1 ~ 3 ppm 정도의 농도를 차지한다.

자연에 존재하는 세슘의 유일한 안정 동위 원소는 Cs-133이며, 방사성 동위 원소인 Cs-137은 주로 인간의 활동으로 인해 환경에 존재한다. 방사성 세슘은 자연적으로 존재하지 않지만 인간의 활동으로 인해 환경에서 발견되는 세슘-137 (Cs-137) 같은 방사성 동위 원소가 있다. Cs-137은 핵분열의 부산물로 생성되며, 주로 핵실험이나 원자력 발전소 사고(예: 체르노빌, 후쿠시마) 이후 환경에 노출되는 경우가 있다. Cs-137은 반감기가 약 30년으로, 방사능을 가지며 오염원으로 작용할 수 있다.

3.2.1 문제를 정의한다

• 문제: 많은 사람들에게 여행이 행복함을 제공하기도 하고 호기심을 자극하기도 한다. 따라서 많은 분들이 일본으로 여행을 하기도 하고, 세리는 가족여행으로 일본으로 여행을 했었다. 2011년 3월에 후쿠시마에 있는 원전에서 사고가 있었다. 여행중에 즐거운 시간을 보내긴 했으나 수산물 등에 대한 여전히 염려가 되어 식사에서 해산물은 가급적 먹지 않았다. 일본의 후쿠시마를 방사능 염려를 하지 않고 여행을 하려 한다면 언제부터 가능할까?

3.2.2 가정을 한다

방사능물질에서는 인체에 위험한 물질인 세슘이 있다고 한다. 방사능 물질의 양은 시간이 경과한 후에 얼마나 남아있는지를 알아야 한다. 방사능 물질의 양이 시간이 경과한 후에 얼마나 남아있는지를 확인해야 한다. 시간을 t로 정의하고 시간 t에서 남아있는 방사능 물질의 양을 $y(t)$라 가정한다. 방사성 세슘(Cs-137)의 반감기는 30 년이라 한다. 방사능 물질에서 반감기를 가진다. 방사능 물질량은 방사능 물질의 변화 량은 방사능 물질의 양 $y(t)$ 에 비례한다. [9]. 더구나 반감

기에는 물리적 반감기, 생물학적 반감기, 유효 반감기가 있다고 하는데 여기서는 물리적 반감기만을 고려한다. 또한 식품내 세슘 방사능 허용치 기준은 한국은 100Bq(베크렐)/Kg라고 한다[9]. 1그램의 세슘-137이 방출하는 방사능은 대략 3.215 테라베크렐(TBq) 정도라고 한다.

3.2.3 모델을 세운다

현재의 방사능 물질의 변화하는 변화 량은 반감기를 가지므로 물질의 양이 많으면 반감기 기간에도 상대적으로 많은 양이 남는다. 따라서 물질의 변화하는 물질의 양 $y(t)$에 비례한다고 할 수 있기 때문에

$$\frac{dy}{dt} = ky(t) \tag{3.3}$$

인 미분방정식 모델을 수립한다. 여기서 k는 비례상수로 방사능 물질의 종류에 따라 다르다. 후쿠시마의 경우는 초기조건은 2011년을 $t = 0$으로 놓는다. 그런데 2011년의 세슘의 양 $y(t)$으로 $y(0) = y_0$ 로 가정한다.

3.2.4 문제를 해결한다

방정식 (3.3)은 1계미분방정식으로 풀면

$$y(t) = Ae^{kt}, A = e^c$$

$$y(0) = Ae^0 = A$$

로 지수증가/감소를 나타내는 방정식이다. 초기의 세슘의 양은 $A(gram) = y(0)$이다. 이는 $3215A$ 베크렐(Bq)이다. 비례상수 k를 구하기 위해 반감기 30년을 적용하면, $\frac{1}{2}A = Ae^{30k}$으로 계산을 하면 $k = -0.023 = -2.3 \times 10^{-2}$이다. 따라서 시간 t에서 세슘량 관계식은 $y(t) = 3215Ae^{-0.023t}$이다.

$$3215Ae^{-0.023t} \leq 100(Bq)$$

$$0.03215A \leq e^{0.023t}$$

$$ln(\frac{t}{A}) \geq 0.33$$

$$t \geq 1.39A$$

3.2.5 현실에 모델을 검증한다

후쿠시마의 방사능이 방출되었던 초기 세슘량이 실제는 얼마인지는 모르지만 만약 A=100g이라

면 139년 이상걸려야 함을 의미한다. 2011년 3월에 사고가 있었기 때문에 후쿠시마 지역에 초기의 세슘의 양은 $A(g)$이 있었다면, 30 년이 지나지 않은 현재도 $(1/2)A(g)$보다도 많이 존재한다고 할 수 있다.

제 3.3 절 선형 미분방정식:지수증가/감소 방정식(Exponential Growth/Decay)

이 모델은 자원이 사실상 무한하며 개체증가가 개체군 크기에 영향을 받지 않는다고 가정한다. 어떤 지역에 어떤 개체들이 유입이 되거나 유출이 없고 출생과 사망만이 있는 어떤 개체군들의 상황을 고려해 보자. $x(t)$ 를 시간 t 에서 어떤 종(species)의 개체군 크기라 하자. b는 개체군의 출생율이고 d는 개체군의 사망율이다. 시간은 h 기간 동안, 즉 t에서 $t+h$로 개체군은 $x(t)$ 에서 $x(t+h)$으로 변한다. 개체들의 유입과 유출이 없다면 $x(t)$ 의 변화는 단지 출생과 사망에 따라서만 변한다. 충분히 작은 기간 $h>0$ 에 대해 기간 $[t,t+h]$ 에서의 $x(t)$ 의 변화는

$$\begin{aligned} x(t+h)-x(t) &= \{[t,t+h]\text{에서 전체 출생율}\} - \{[t,t+h]\text{에서 전체 사망율}\} \\ &\cong bx(t)h - dx(t)h \end{aligned}$$

이다. 그러므로

$$\frac{x(t+h)-x(t)}{h} = (b-d)x(t)$$

이다. $h \to 0$로 놓으면

$$\frac{dx}{dt} = bx - dx = (b-d)x =: rx(t) \tag{3.4}$$

이 된다. 여기서 $r = b - d = \frac{1}{x}\frac{dx}{dt}$ 는 개체증가율이다. 일반적으로 b와 d는 시간 t에서 개체군의 크기 $x(t)$에 달려있다. 이 방정식은 시간 t에서 $x(t)$ 에 대한 (순간적인) 변화율을 알려준다. 이 (순간적인) 변화은 현재의 개체군의 규모 $x(t)$의 비율 r로 표시된다.

- 단순한 경우로 b와 d가 일정한 경우를 생각하면: 모델(3.5)(3.4)의 해는

  $$x(t) = x_0 e^{rt}, \quad x_0 = x(0)$$

  이다.

- 결론적으로 해는:
  (i) $b > d (\Leftrightarrow r := b - d > 0 \Leftrightarrow \mathcal{R}_0 := \frac{b}{d} > 1)$ 이면, $x(t) \to \infty (x_0 > 0$, 가정$)$:지수적으로 증

가함을 의미하고.

(ii) $b < d (\Leftrightarrow r := b - d < 0 \Leftrightarrow \mathcal{R}_0 := \frac{b}{d} < 1)$ 이면, $x(t) \rightarrow 0 (x_0 < 0$, 가정$)$:지수적으로 감소함을 의미한다.

이 종(species)은 생존($\mathcal{R}_0 > 1$은 출생이 사망을 추월함을 의미한다.)하거나 소멸($\mathcal{R}_0 < 1$은 사망이 출생을 추월함을 의미.)됨을 $\mathcal{R}_0$ 가 결정한다.

이에 대해 모델 (3.5)(3.4)은 짧은 기간에 대한 개체군에 대한 근사값을 나타낸다. 긴 기간에 대해서는 이 모델은 자원의 부족등 여러 이유로 현실적이지는 않다. 따라서 모델에 제한이 있다. 이는 다음절에서 살펴본다.

제 3.4 절 예제 : 우리나라 인구는 어떻게 증가했는가?(Population Growth)

인구증가 추세에 관한 관심은 토마스 말세스(Thomas Malthus, 1766-1834)가 인구에 대한 논문을 발표한 18 세기 후반 인구증가에 대한 관심이 높아졌다. Malthus는 그의 저서에서 인구가 기하급수적인 성장 모델을 제시했으며, 인구 증가는 결국 적절한 식량공급 능력을 초과 할 것이라고 결론지었다. Malthusian모델의 가정은 인구증가에서 필요한 일부 요인들이 고려되지 못한 것으로, 멜서스 모델을 검토하게 되었다.

3.4.1 문제를 정의한다.

- 문제:인구에 대한 뉴스가 자주 오르내린다. 대부분의 나라는 다양한 정책을 수립하기 위해서는 그 나라의 인구 추세를 알아야 한다. 그래서 현서는 우리나라의 일정기간 동안의 인구(population)의 변화를 알아보고 싶었다. 우리나라의 인구 추세는 표 3.1와 같다. 이 표와 같은 인구추세가 계속된다면 2001년과 2301년의 한국 인구는 얼마나 될지 궁금하였다.

3.4.2 가정을 한다.

- 인구증가와 관련된 요인들은 어떤것들이 있는가?
- 인구증가는 기본적으로 출생률과 사망률이 있는데 더 많은 요인을 사용할것인가?

앞절에서 알아본 것은 단순히 중요한 두 가지 요인을 출생률과 사망률만 고려한 것이다. $x(t)$를 시간 t에서의 인구수(크기)라 한다. 어느 시점 $t = t_0$일 때 인구는 $x_0 = x(t_0)$이라 한다. 미래에 인구의 크기 $x(t)$를 예측하는데 관심이 있다고 가정한다. $t = t_1$이라 하자. 다시말해, 시간 $t_0 \le t \le t_1$ 에서 $x(t_0) = x_0$를 만족하는 인구함수 $x(t)$를 구하고자 한다. 기간 Δt인 기간 동안 인구증가 비율은 b(소수로 표시)이고 사망율을 d라고 가정한다. 다시 말해, 새로운 인구 $x(t + \Delta t)$는 이전 인구 $x(t)$ 에 Δt 기간 동안의 출생자 수에서 사망자 수를 뺀 값을 더한 값이다.

인구는 현재의 인구에서 사망자 수와 출생자수를 알아야 인구를 예측할 수 있다. 따라서 장래 인구수를 예측하려면 무엇을 알아야 할까? 가장 기본적으로,

인구의 변화 = 출생자수의 변화 − 사망자수의 변화

이기 때문에 출생아수와 사망자수를 알면 된다. 먼저 년도별 출생아 수를 알아보고, 장래 출생아 수가 어떻게 되는지 알아보자. 출생아 수를 알기 위해서는 그동안 우리나라 출생아 수의 데이터를 사용하여 장래 출생아 수가 어느정도 있을지 예측할 수 있다. 마찬가지로 년도별 사망자 수를 알아보고, 장래 사망자 수가 어떻게 되는지 알아보자.

3.4.3 수학화를 한다

변수들을 기호로 표시하면, $x(t)$는 시간 t에서의 인구수(인구크기), $x(t + \Delta t)$는 시간 변화 기간 Δt 에서의 인구수로 t에서의 인구수에 기간 Δt에서의 출생된 인구에서 사망한 인구수를 빼는것이다. 그래서

$$x(t + \Delta t) = x(t) + (bx(t) - dx(t))\Delta t$$

또는

$$\frac{\Delta x}{\Delta t} \approx x(b - d) = rx, \quad r = b - d$$

이다. 가정에서 시간간격에 따른 모집단의 평균 변화율은 현재인구 $x(t)$의 크기에 비례한다. 이 식은 다음과 같은 미분방정식 모델이 된다.

$$\frac{dx}{dt} = rx(t), \; x(t_0) = x_0, \; t_0 \le t \le t_1 \tag{3.5}$$

여기서 r는 양의 상수(성장의 경우)이다.

3.4.4 수학적인 풀이를 한다.

방정식 (3.5)을 다음과 같이 쓰고, 변수분리형으로 정리하여

$$\frac{dx}{x(t)} = r dt$$

양변을 적분하면

$$\ln x = rt + C \tag{3.6}$$

이다. 초기 조건 $t = t_0$에서 $x(t_0) = x_0$을 식 (3.6)에 적용하면

$$\ln x_0 = rt_0 + C \Rightarrow C = \ln x_0 - rt_0$$

이다. 여기서, C를 방정식(3.6)으로 대입하고 정리하면

$$\ln x(t) = rt + \ln x_0 - rt_0 \Rightarrow \ln \frac{x}{x_0} = r(t - t_0)$$

이다. 이는

$$x(t) = x_0 e^{r(t-t_0)} \tag{3.7}$$

이다. 이는 인구증가 모델로 알려진 멜서스 모델인 방정식 (3.7)은 지수함수로, 그림 3.2에서 $r = 0$ 이면 출생율과 사망율이 같고, $r > 0$일 시간이 지남에 따라 인구가 기하급수적으로 유계가 없이 증가하고, $r < 0$ 이면 감소할 것으로 예측된다 .

3.4.5 해를 해석 및 검증한다

표 3.1는 우리나라의 인구조사 결과다. 모델 (3.7)에서 $r > 0$이면 지수함수로, 기하급수적으로 매우 빠르게 인구가 증가할것으로 이해 할수 있고 $r < 0$ 감소한다고 예측할 수 있다. 앞에서 구한 해 (3.7)가 실제 현실상황에 이 모델에 적절한지 검증이 필요하다. 방정식 (3.6)을 정리한 식

$$\ln(x/x_0) = r(t - t_0)$$

이므로, $(t - t_0)$에 대한 $\ln(x/x_0)$ 의 그래프는 기울기가 r인 원점을 통과하는 직선으로 r에 따라 증가/감소를 의미한다. 이 방정식 (3.7)은

$$x(t) = x_0 e^{r(t-t_0)}$$

으로 말세스의 인구증가 모델이다.

표 3.1: 대한민국 인구 선세스, (단위:만)자료:kostat

년도(t)	실제인구 $x(t)$	지수 방정식으로 계산한 인구(예측 인구):[만]	상대적인 오차 비율[%] $= \frac{\lvert 예측인구 - 실제인구 \rvert}{실제인구} \times 100$
1961	2577	2858	0
1963	2726	2940	5.78
1965	2870	2981	5.28
1967	3013	3023	4.98
1969	3154		4.68
1971	3288		4.25
1973	3410		3.71
1975	3528		3.46
1977	3641		3.20
1979	3753		3.08
1981	3872		3.17
1983	3991		3.07
1985	4081		2.26
1987	4162		1.98
1989	4245		1.99
1991	4330		2.00
1993	4419		2.06
1995	4509		2.04
1997	4595		1.91
1999	4662		1.46
2001	4735	5004	1.57
2003	4785	5146	1.06
2005	4829	5292	0.92
2010	4799	5676	-0.62
2015	5107		6.42
2016	5127		0.39
2017	5142		0.29
2018	5163		0.41
2019	5178		0.31
2020	5183	6529	0.08
2021	5174	6621	-0.17
2022	5169	6715	-0.10

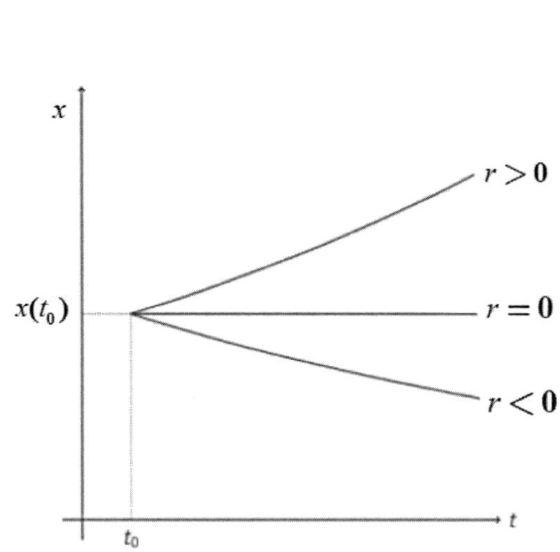

그림 3.2: r값에 따른 그래프 개형

실제 한국 인구로 검증을 해보자. 한국인구는 표 3.1를 보고 예를 들면, $t_0 = 1971$년에는 $x(0) = x(t_0) = 3288$만 여명이고, $t_{20} = 1991$ 년 $x(20) = 4330$ 만 여명이었다. 이 값들을 방정식 (3.7) 로 대입한다. $\ln(x/x_0) = r(t - t_0)$ 이므로

$$\frac{43,300,000}{32,880,000} \approx 1.317 = e^{r(1991-1971)}$$

이다. 그러므로

$$r = (\frac{1}{20}) \ln \frac{43,300,000}{32,880,000} \approx \frac{1}{20} 0.2753 \approx 0.014$$

이다. 즉, 1971년에서 1991년까지 20년 동안 한국의 인구는 매년 대략 평균 1.4% 비율로 증가하고 있었다. 이 정보를 방정식 (3.7) 에 적용하면 2001년의 인구를 예측할 수 있다.

초기조건: $t_0 = 1971,\ x_0 = 32,880,000$로 하면 $r = 0.014$이다. 이 경우 2001년에는 한국의 예측 인구는 얼마나 되었을까?

$$x(2001) = 32,880,000e^{0.014(2001-1991)} = 43,500,000.$$

실제 한국 인구의 2001년 인구센서스는 47,350,000 명(가장 가까운 천명으로 반올림, 표 3.1 참조)이었다. 따라서 대략 11% 정도 빗나갔다. 아마도 그 정도의 오차는 감수할 수 있겠지만, 좀 더 장기적인 미래의 인구를 살펴본다.

이 모델을 사용하여 계산하면, 모델은 2301년에 한국의 인구가 25,221백만 명으로, 최대 지속가능한 인구의 현재 추정치를 훨씬 능가 할것으로 예측된다. 그러므로 이 모델 (3.7)은 장기적

으로 비합리적이라는 결론을 내릴 수밖에 없다.

인구가 너무 많지 않다면 일부 인구는 기하급수적으로 증가한다. 그러나 대부분의 인구 집단에서 개별 구성원은 결국 서로 경쟁을 한다. 이 모델은 단순한 모델로 대부분 인구에서 구성원들은 식량, 생활공간, 기타 천연자원 사용, 전쟁 등 여러 자원으로 인해 증가에 제한이 있다고 볼 수 있다. 또한 우리나라는 이민자가 많지 않지만 유입이나 유출된 인구를 고려하지 않은 모델이다.

3.7절의(비선형미분방정식의 로지스틱 모델)에서 식량, 생활 공간 및 기타 천연 자원등을 위한 경쟁을 반영하여 맬서스 인구증가 모델을 개선한 모델을 살펴볼 것이다.

제 3.5 절 2장의 제동거리의 다른 접근은?

미분을 기반으로 브레이크를 적용한 제동거리를 구성해 본다.

일(W)이 양수이면 운동에너지가 증가한다(물체가 빨라진다). 일이 음수이면 운동에너지가 감소한다(물체가 느려진다). 예를 들어, 정지해 있는 자동차를 밀면 자동차가 움직이기 시작하면 자동차에 한 일로 인해 에너지가 자동차로 전달되어 자동차의 운동에너지가((Kinetic Energy) 증가한다.

$$W = \Delta KE = KE_{final} - KE_{initial} = 1/2mv^2 = Fd\cos\theta$$

제동시스템에 의해 수행된 일 W은 자동차의 운동에너지의 감소와 동일해야 하며, 이는 자동차가 정지할 때까지의 에너지 변환 과정을 설명한다. 이 원칙에 기초하여, 제동거리 d_b는 차량의 초기속도에 비례하게 된다. 이는 속도가 높을수록 더 많은 운동에너지를 감소시켜야 하기 때문에 더 긴 거리가 필요하다는 것을 의미한다. 또한, 제동시스템은 자동차의 질량에 비례하여 브레이크와 접촉하는 표면적이 증가해야 한다. 즉, 무거운 차량일수록 더 큰 표면적의 브레이크가 필요하다.

운동에너지는 물체의 질량에 비례한다. 즉, 더 무거운 물체는 같은 속도로 움직일 때 더 큰 운동에너지를 가진다. 속도는 제곱에 비례하므로, 속도가 증가할수록 운동에너지가 훨씬 더 크게 증가한다.

차량의 총 정지거리 모델에 포함되어 있는 모델 중 하나는 제동거리였다.

$$\text{제동 거리} = h(z)$$

여기서 z는 차량의 무게와 속도를 의미한다. 제동시스템에 의해 수행된 " 일(W)이 운동 에너지의 변화와 동일해야 한다"는 결과에 기초해서 정지거리에 소요된 최대시간 인수(factor)를 사용하여, 제동거리 d_b은 속도에 비례한다는 것을 알 수 있다. 정지상태에서 최대제동력 F가 지속적으로 브레이크에 가해진다고 가정하면, 힘은

$$F = -km$$

이다. k는 양의 비례상수이고, 자동차에 작용하는 유일한 힘 F는

$$ma = m\frac{dv}{dt} = -km$$

이다(음의 부호는 감속). 그러므로,

$$\frac{dv}{dt} = -k.$$

적분하면

$$v = -kt + C_1.$$

브레이크를 처음 적용 할 때(수학적으로 초기조건), $t = 0$ 일 때 초기속도 v_0라 한다. 초기조건 $C_1 = v_0$ 을 대입하면

$$v = -kt + v_0 \tag{3.8}$$

브레이크를 작동한 후 자동차가 정지하는데 걸리는 시간을 t_s라 한다. 이 경우 $t = t_s$ 를 방정식 (3.8) 에 대입하면 $v = 0$이 된다.

$$t_s = \frac{v_0}{k} \tag{3.9}$$

브레이크에 적용된 후 자동차가 주행한 거리를 x로 나타내면, $v = dx/dt$이다. 따라서 식 (3.8) 에서

$$x = -0.5kt^2 + v_0t + C_2$$

$t = 0$ 일 때 $x = 0$이면, 이는 $C_2 = 0$를 의미하므로

$$x = -0.5kt^2 + v_0t \tag{3.10}$$

이다. 다음으로, d_b는 제동거리를 나타낸다. 즉, $t = t_s$ 일 때 $x = d_b$ 이다. 이와 같은 것을 방정식(3.10) 에 대입하면

$$d_b = -0.5kt_s^2 + v_0t_s$$

이다. 위 방정식에 (3.9)을 대입하면

$$d_b = \frac{-v_0^2}{2k} + \frac{v_0^2}{k} = \frac{v_0^2}{2k} \tag{3.11}$$

표 3.2: 속력에 따른 최대 정지거리에 소요된 시간

주행속력 $(mile/h)$	정지거리에 소요된 최대시간(sec)	속도에 따른 부가적으로 필요시간(sec)
30	1.8	
40	2.1	0.3
50	2.5	0.4
60	3.0	0.5
70	3.6	0.6
80	4.3	0.7

이다. 따라서 d_b는 초기 속도의 제곱에 비례한다. 따라서 속도가 2배 3배 이면 제동거리는 제곱배로 길어지기 때문에 위험하다. 이는 2.8절의 방정식(2.11)와 일치한다.

제동거리 $d_b \propto v^2$이므로 $d_b = kv^2$이다. 2장에서 비례상수가 0.005이므로 방정식 (3.11)의 k값과 같고 $k = 100(m/s^2)$이다.

제 3.6 절 커피는 구매후 언제까지 마셔야 원하는 맛이 유지될까?

미분방정식의 한 예로 열이 냉각되는 현상을 모델을 구축할 수 있다. 여기서는 열의 순환 및 기타 영향은 무시한다, 여름이나 겨울에도 아이스 커피를 마시는 사람들이 많다. 그런데 여름은 덥기 때문에 차가운 음료가 시간이 지나면서 시원하지 않아 시원했던 음료의 맛이 원하지 않은 맛이 되는 경험이 있을 것이다. 또는 뜨거운 국물 한 그릇을 테이블 위에 올려놓으면 온도는 어떻게 될까? 차가운 음료나 뜨거운 국물이 시간이 지나면서 온도가 변한다.

이와 같은 현상을 아이작 뉴턴은 냉각되거나 가열된 물체의 온도의 변화율은 물체와 주변(매체) 온도 차이에 비례한다는, 즉 물체의 표면 온도 변화율은 해당 시점의 물체 온도와 주변 온도(주변 온도라고도 함)의 차이에 비례하는 **뉴턴의 냉각/예열법칙(Newton's law of cooling/warming)** 이 있다.

일반적으로 물체가 실내보다 온도가 높으면 물체의 온도가 내려가고, 반대로 얼음이나 아이스크림처럼 물체가 실내보다 온도가 낮으면 시간이 흐름에따라 물체의 온도가 올라간다. 직장인들은 아침출근을 한후 잠을 깨우거나 집중력을 높이기 위해 커피를 자주 마신다고 한다. 겨울에

그림 3.3: 두잔의 커피

도 아이스 커피를 마신 젊은이들이 많긴하지만, 특히 일교차가 크고 사늘한 기온일때는 사람들은 따뜻한 커피를 주로 마신다. 일반적으로 따뜻한 커피 마시기 좋은 온도는 사람마다 편차가 있으나 섭씨 65 ~ 70도 정도라고 한다.

3.6.1 문제를 정의 한다

- 문제: 현아는 늦잠을 자는 경향이 있으나 이른아침 출근을 위해 억지로 잠자리에서 일어나야 한다. 그래서 직장에 출근을 한후 잠을 깨우기 위해 커피를 마신다. 커피를 주문하여 커피를 받은 후 얼마나 지나서 마시는 것이 좋을까?

3.6.2 가정을 한다

늦은 가을 아침 온도가 평균 섭씨 13도 정도라 가정한다. 뜨거운 커피는 식거나 냉커피는 미지근해 진다. 따라서 뜨거운 커피가 마시기 적절한 온도가 될 시간을 구한다. 이 시간 기간을 알기위해 뉴턴의 냉각법칙을 통해 구한다. 변수를 정한다:

가을의 일번적인 실내나 실외 온도를 T_a 이라 하고 t는 시간을 의미하고 커피온도는 T라 가정한다. 커피가게에서 커피를 받아 시간에 따라 온도를 재어보는 실험을 수행하여 다음과 같은 결과를 얻었다(표 3.3참조). 두 종류 컵에 받은 커피의 온도를 측정하였다. 표 3.3의 수치는 화창한

표 3.3: 시간에 따른 커피 온도의 변화, (온도 단위:섭씨, 시간 단위 :분)

구분	$t = 0$	$t = 2$	$t = 4$	$t = 6$	$t = 8$	$t = 10$	$t = 12$
종이컵	82	75	71	69	65	63	61
텀블러	84	82	80	78	77	75	74

가을날 날씨가 섭씨 13도 환경에서 직접 실험을 수행한 결과다.

3.6.3 수학화를 한다

온도의 변화율은 물체와 주변(매체) 온도 차이에 비례하므로 시간 $t = t_0$일 때의 음료의 온도를 $T(t_0)$라 한다. 주변 매체나 주변의 온도를 $h°C$라 한다. 물체와 주변 매체 사이의 온도 차이에 비례한다고 하므로 Δt시간에 물체의 대한 온도 변화로 $\Delta T = T(t + \Delta t) - T(t)$이고, 온도의 평균 변화율은 $\frac{\Delta T}{\Delta t} = \frac{T(t+\Delta t)-T(t)}{\Delta t}$이다. 따라서 순간변화율은 T는 시간 t에서 물질의 온도이고, T_a은 주변매체의 온도이고 는 물질의 온도변화율이라면 **뉴턴의 냉각/예열법칙(Newton's law of cooling/warming)** 은 다음과 같다:

$$\frac{dT}{dt} = -k(T - T_a), \tag{3.12}$$

이는 커피온도의 변화율로, T_a이 주변의 온도이고, $k > 0$이다. 비례상수로는 커피를 담은 용기나 크기등에 따라 다르다. 커피가게에서 커피를 받아 온도를 재어 보니 표 3.3처럼 용기에 따라 온도에 차이가 있었다.

3.6.4 수학적인 풀이를 한다.

• 먼저 매장용 종이컵에 커피를 받았을때 상황에 대해 계산을 한다. 주변환경의 온도가 $T_a = 13$도 이므로, 뉴턴의 냉각법칙 방정식 (3.12)를 이 상황에 적용하면

$$\frac{dT}{dt} = -k(T - 13) \tag{3.13}$$

이 되어 풀이를 하면 $\ln(T - 13) = -kt + C$가 된다. C는 임의의 상수이다. 표 3.3에서 $t = 0$이면 $T = 82$이므로 임의의 상수 $C = \ln(69)$가 된다. 따라서

$$T = 69e^{-kt} + 13$$

를 얻게 된다. 또한, $t = 2$일 때 섭씨 $T = 75$도 이므로 비례상수 $k = -\frac{1}{2}\ln(\frac{62}{69})$가 된다. 그러므로 매장에서 제공하는 종이컵을 사용하는 경우 커피 온도의 방정식은

$$T = 69e^{-\frac{1}{2}\ln(\frac{62}{69})t} + 13$$

가 된다.

- 이제 마시고자 하는 적절한 온도로 섭씨 65~70도라 한다고 한다.

  $T = 69e^{-\frac{1}{2}\ln(\frac{62}{69})t} + 13$에서 시간 t에 관하여 풀이를 하면 된다.

$\ln 52 \approx 3.95, \ln 57 \approx 4.04, \ln 62 \approx 4.13, \ln 69 \approx 4.23$라 한다. 온도로 섭씨 65~70도라 한다면

$$\begin{aligned} 65 \le 69e^{-\frac{1}{2}\ln(\frac{62}{69})t} + 13 \le 70 \\ \ln(\frac{52}{69}) \le (\frac{-1}{2})\ln(\frac{62}{69})t \le \ln(\frac{57}{69}) \\ -2\ln(\frac{57}{69})/\ln(\frac{62}{69}) \le t \le -2\ln(\frac{52}{69})/\ln(\frac{62}{69}) \end{aligned}$$

$T = 65$이면 $t \approx 5.6$이다.

- 다음으로 텀블러에 커피를 받았을 경우 상황에 대해 계산을 한다.

방정식 (3.12)를 이 상황에 적용하여 방정식 (3.13)을 얻고, $t = 0$일 때 $T = 84$를 대입하면, 초기 조건 $C = \ln 71$ 이 되고, 커피 온도의 방정식은 $T = 71e^{-kt} + 13$이 된다. 비례상수 k를 구하기 위해 $t = 2$일 때 $T = 82$를 대입하면 비례상수 $k = -\frac{1}{2}\ln(69/71)$이 된다. 따라서 텀블러를 사용했을 때의 커피의 온도 방정식은

$$T = 71e^{\frac{1}{2}\ln(\frac{69}{71})t} + 13$$

이다.

- 텀블러에 커피를 받았을때 마시고자 하는 적절한 온도로 섭씨 65~70도라 한다면

$$\begin{aligned} 65 \le 71e^{\frac{1}{2}\ln(\frac{69}{71})t} + 13 \le 70 \\ \ln(\frac{62}{69}) \le t \le \ln(\frac{62}{69}) \end{aligned}$$

3.6.5 해를 해석 및 검증한다

실제 커피를 내려서 확인을 해보시길 권장한다.

♣♣ *이 커피 문제는 대학 2학년 '수학적 모델링 ' 수업시간의 모둠 과제물로 3명의 학생들이 직접 커피를 구매후 실험을 수행한 결과를 바탕으로 만들어진 문제임을 밝힌다.*♣♣

지금까지의 과제들은 선형미분방정식에대한 모델링 문제들을 생각해 보았다. 다음절은 비선형미분방정식에 대한 모델링 문제를 해결해보자.

제 3.7 절 개체군은 어떻게 증가하는가?

비 선형미분방정식(Nonlinear Differential Equations): 이스트양의 증가

이전 절(3.4)에 이어 제한된 자원을 반영하기 위해 Malthusian 인구증가 모델은 수정을 필요로 한다고 하였다. 그것은 개체들간의 자원경쟁이나 질병등 다양한 원인이 성장에 제한이 있다. 이러한 제한을 어떻게 반영을 해야할까? 다음은 비선형 미분방정식 형태이나 선형미분방정식의 해를 구하는것이 가능하다면, 다음 형태의 비선형미분방정식 풀이가 가능하기 때문에 여기서 다루고자 한다.

출생률과 사망률은 다양한 요인에 의해 결정된다. 사람의 출생률에는, 피임약에 대한 사람들의 태도과 약의 이용 가능성, 임신 중 건강 관리 등의 영향을 받는다. 사망률은 위생 및 공중보건, 전쟁, 오염, 의약품, 식이, 심리적 스트레스 및 불안 등의 영향을 받는다. 특정 지역의 인구증가에 영향을 미치는 다른 요소로는 이민, 거주 공간 제한, 식량과 물 공급, 전염병 등이 있다.

우리 모델의 경우, 이러한 모든 후자의 요소를 무시한다(결과에 만족하지 않는 경우, 나중에 수정한 모델에서 보다 세련된 모델에 이러한 요소를 포함시킬 수 있다.). 여기 모델에서는 출생률과 사망률만을 고려한다. 과학적 지식과 기술의 발전은 인류가 출생률 이하로 사망률을 낮추는데 도움이 되었기 때문에, 인구는 증가하는 경향이 있다고 여긴다. 개체군 혹은 인구라는 단어를 혼용하여 사용할 것이다.

로지스틱 모델(Logistic Equation)의 경우를 살펴본다.

그렇다면, 이 모델에서 제한된 자원등등을 어떻게 반영을 해야할까? 제한된 성장을 반영하기 위해 3.3절의 지수형 모델 (3.7) 을 수정한다. 지수 모델에 자원의 제한을 반영하는 방법을 살펴본다. 3.3절에서 일반적인 유형으로 시간 t 에 대한 개체군의 함수 $x(t)$ 는 출생율 b와 개체군의 사망율 d만을 사용했음을 기억하자.

제한된 성장을 반영하기 위해 모델을 수정하여 구성한다.

3.7.1 $r(x(t))$의 감소

자원이 충분한 경우와 그렇지 못하여 자원 제한이 있는 두 가지 형태로 존재한다고 가정한다. 모델 (3.7) $x(t) = x_0 e^{r(t-t_0)}$의 순 성장률 r 은 의 개체군 $x(t)$의 크기에 따라 달라진다. 즉, 이제는 r은 상수가 아니라 $x(t)$에 종속되는 변수가 된다. d는 일정하고, 출생율 b는 r이 시간 t에서 개체군 $x(t)$에 따라 달라지므로 관련된 함수 $b = r(x(t))$ 이다.

• $r(x)$의 감소: 크기 $x = 0$일 때 사용 가능한 최대 가능한 자원량을 a_0라 한다. 어떤 종의 개체군 경우 $r(x)$ 가 $x > 0$ 일 때 x가 증가함에 따라 사용가능한 자원이 감소할 것이다. 사용되는 자원의 비율은 c_0라 하면, 가장 간단한 감소함수는 선형함수 $r(x) = a_0 - c_0 x$ 라 쓸 수 있다. x는 시간 t의 함수다.

1인당 순성장률은 다음 조건을 만족해야 한다. 자원이 충분한 경우와 그렇지 못한 경우로 나누어 생각해보자:

• 자원이 충분치 않을 때 최대 인구 a_0를 가진후 인구는 감소한다. 개체당 순 성장률은 음수여야 한다. 선형으로 감소의 유형 $b(x) = a_0 - c_0 x(t)$으로 가정한다. 모델(3.5)에서 $b(x)$ 모델은

$$\begin{aligned}\frac{dx}{dt} &= b(x(t))x(t) = x(t)(a_0 - c_0 x(t)) - dx(t) \\ &= x(t)[(a_0 - d) - c_0 x(t)] \\ &=: rx(t)[1 - \frac{x(t)}{K}]\end{aligned} \tag{3.14}$$

가 된다. 여기서 성장률 $r = (a_0 - d)$은 **고유 증가율(intrinsic growth rate)** 이라 하고, $K = \frac{a_0 - d}{c_0}$는 환경(자원)이 얼마나 많은 개체군들이 생존가능할 수 있는가를 나타내는 **수용용량(능력) (carrying capacity)**이라 한다. 수용능력 K에 대한 표현식은 매개변수가 가용 자원과 소비율에 의존한다는 것을 의미한다. K는 a_0와 함께 증가하고 소비율 c_0가 증가함에 따라 감소한다. 방정식 (3.14) 을 **로지스틱 방정식(Logistic equation)** 이라 부른다.

3.7.2 충분한 자원 제공 예: 개체군 모델((population Model)

• 자원이 충분히 제공될 때 인구는 증가한다. 자원이 많을수록 개체당 증가률은 더 높아진다. 그러면 $x(t)$ 는 증가함수여야 한다. 일반적으로는 개체군(population)을 시간 t에서 $p(t)$라 표기한다. 하지만 이전 3.4 절과 기호를 통일하기 위해 $p(t) = x(t)$로 쓰겠다. $x(t)$를 시간 t에서의 인구수(population)라 한다. 이제는 방정식 (3.5)에서 인구 증가율을 나타내는 비례상수 r이 앞 3.4절

에서 설명한 것처럼 더 이상 일정하지 않다. 인구가 증가하여 최대치 D이 된다고 하면, 시간이 지남에 따라 비례함수 r 은 감소한다. 3.4 절의 감소함수 $r(x)$ 경우와 유사하게 r에 대한 모델로 비례함수 r 은 선형모델 $r = k(D - x)$, $k > 0$ 로 고려한다.

3.4절의 방정식 (3.5)에 r를 대입하면

$$\frac{dx}{dt} = k(D - x)x \tag{3.15}$$

이거나

$$\frac{dx}{x(D - x)} = kdt \tag{3.16}$$

로 표현할 수 있다. 초기조건을 $x(t_0) = x_0$으로 가정한다. (모델 (3.15)은 네덜란드 수학자 생물학자 베르허스트(Pierre-Francois Verhulst, 1804-1849)에 의해 처음 소개되었으며 **로지스틱 증가**모델이라고 부른다.)

방정식 (3.16)은 부분분수로 나누어, $\frac{1}{x(D-x)} = \frac{1}{D}(\frac{1}{x} + \frac{1}{D-x})$, 적분하여 정리하면

$$\ln x - \ln|D - x| = kDt + c_0 \tag{3.17}$$

이다. 임의의 상수 c_0는 $x < D$일 때 초기조건 $t = 0, x = x_0$을 적용하면

$$c_0 = \ln\frac{x_0}{D - x_0} - kDt_0$$

이 된다. 이 c_0를 방정식(3.17)에 대입하고 정리하면

$$\ln\frac{x}{D - x} - \ln\frac{x_0}{D - x_0} = kD(t - t_0) \Rightarrow \ln\frac{x(D - x_0)}{x_0(D - x)} = kD(t - t_0)$$
$$\frac{x(D - x_0)}{x_0(D - x)} = e^{kD(t-t_0)} \Rightarrow x_0(D - x)e^{kD(t-t_0)} = x(D - x_0)$$

이다. 이 방정식의 양변을 정리하면 인구 함수 $x(t)$는

$$x(t) = \frac{x_0De^{kD(t-t_0)}}{(D - x_0) + x_0e^{kD(t-t_0)}}$$

혹은

$$x(t) = \frac{Dx_0}{[x_0 + (D - x_0)e^{-kD(t-t_0)}]} \tag{3.18}$$

이다. 시간이 흐름에 따라 $x(t)$를 추정하기 위해, 오랜시간이 경과 하면($t \to \infty$), 방정식 (3.18) 에서 $x(t)$ 가 극한 값 D 에 가까이 간다(그림 3.4 참고). 관계식 (3.18)를 사용하여 엑셀을 사용하여, 표 3.1의 빈칸을 채워보기 바란다. 실제 데이터와 얼마나 차이가 있는가?

또한, 방정식 (3.15)의 이계도함수는

$$\frac{d^2x}{dt^2} = (kD - 2kx)\frac{dx}{dt} = k(D - 2x)\frac{dx}{dt}$$

이다. 만약 $x = D/2$ 이면 $\frac{d^2x}{dt^2} = 0$이다. 이는 그림 3.4에서 처럼 인구함수 x가 인구 D의 절반인 $x = D/2$에 도달 할 때까지 변화율은 가장 빠르게 증가하고, 이후는 완만하게 증가하기 시작함을 의미한다. 로지스틱 모델에서 최대 성장에 도달한 경우, $x = D/2$ 를 추정 할 수 있다.

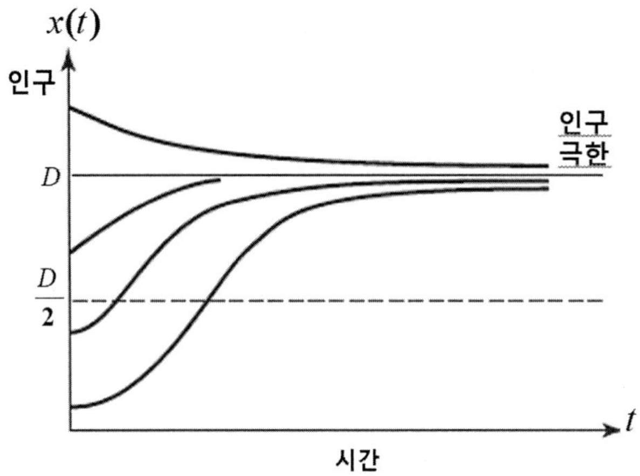

그림 3.4: 로지스틱 그래프

- $x < D/2$의 경우, $(D - 2x) > 0$, $\frac{dx}{dt} > 0$이고 $\frac{d^2x}{dt^2} > 0$이다. 증가하면서 아래로 볼록한 그래프다.
- $x > D, D/2 < x < D$이면 $(D - 2x) < 0$, $\frac{dx}{dt} > 0$이고 $\frac{d^2x}{dt^2} < 0$ 이다. 증가하면서 위로 볼록한 그래프다.
- $x > D$의 경우, $(D - 2x) < 0, dx/dt < 0$이고 $\frac{d^2x}{dt^2} > 0$이다. 감소하면서 아래로 볼록한 그래프다.

이러한 곡선을 **로지스틱 곡선(logistic curve)**이라고 한다. 제한된 성장방정식 (3.17)의 그래프는 3.4와 같은 유형이다.

3.7.3 예 제: 세포는 어떻게 증가하는가?

개체군을 세포라 한다면, 세포분열의 관점에서 살펴보면 세포분열은 각각의 세포수가 r개의 세포로 동시에 분열이 일어난다고 하자. 첫 세대에 x_0개의 세포들이 있다고 가정하자. 그러면 n 번째 세대에서 세포들의 수는

$$x_n = r^n x_0 = x_0 e^{\ln r^n}, \quad n = 0, 1, 2, \cdots$$

인 지수증가 함수다.

그러나 모델 (3.14)에서 살펴보았 듯이 현실에서 새로운 현상은 세포수들은, 생화학적인 결핍이나, 영양의 결핍, 산소의 부족, Hp의 변화, 혹은 억제제 생산등에 의한 밀집 효과로 증가가 제한될 수 있다. 그러므로 세포의 분열은 개체 하나만의 문제가 아니다. 세포는 영양이나 산소, 억제제등에 대항한 싸움등을 통해 서로 상호작용한다.

시간 t 에서 주어진 면적내의 개체군(세포)들을 $x(t)$라 하자. 각 개체군(세포) $x(t)$은 다른 개체군(세포) $x(t)$ 와 서로 상호작용을 할 수 있으므로 $x^2(t)$일 가능성이 있다. 이는 개체군의 성장이 억제될 수 있으므로 지수성장 미분방정식 (3.5)에 항 $ax^2(t), a > 0$를 더하면 다음과 같은 방정식이 된다:

$$\frac{dx}{dt} = rx(t) - ax^2(t) = rx(t)[1 - \frac{x(t)}{K}]. \tag{3.19}$$

여기서 개체군 $x(t)$는 감소의 변화(성장의 억제)를 나타내므로 $-ax^2(t)$으로 쓸 수 있고, $K = r/a$이다. 이 방정식은 식(3.14)와 같은 유형이다. 이 미분방정식은 비선형이기는 하지만 우변을 부분분수로 나누어 풀 수 있다. 방정식 (3.14) 와, (3.19) 을 0에서 t까지 적분하면 해는

$$\begin{aligned}\int_0^t dt &= \int_0^t \frac{1}{rx - ax^2}\frac{dx}{dt}dt \\ &= \int_{x(0)}^{x(t)} \frac{dx}{rx - ax^2}\end{aligned}$$

부분분수로 나누어 적분하면

$$\int \frac{dx}{rx - (r/K)x^2} = \frac{1}{r}\int\left(\frac{1}{x} - \frac{a}{ax - r}\right)dx = \frac{1}{r}ln\left(\frac{x}{ax - r}\right)$$

이는

$$t = \frac{1}{r}ln\left(\frac{x(t)\{ax(0) - r\}}{\{ax(t) - r\}x(0)}\right)$$

그러므로

$$x(t)\{ax(0) - r\} = \{ax(t) - r\}x(0)e^{rt}.$$

위 식에 초기조건 $x(0) = x_0$과 $a = \frac{1}{K}$을 대입하여 정리하면, 해 $x(t)$는

$$x(t) = \frac{Kx_0}{x_0 + (K - x_0)e^{-rt}} \tag{3.20}$$

이다.

결론적으로 이 해에 대한 수학적인 해석은

1. 방정식(3.5)와 (3.14)로 부터

   - $t \to \infty$임에 따라 $x(t) \to K$;
   - $x_0 < K$이면 $x(t)$는 증가;
   - $x_0 > K$이면 $x(t)$는 감소;
   - $x_0 = K$이면 $x_0 = K$이다.

2. 이는

   - x가 작은 크기 x_e에 대해 $(x_e < K)$, 개체군은 근사적으로 지수적으로 증가한다.
   - x_e가 K보다 위에 있으면 $(x_e > K)$, 개체군은 근사적으로 지수적으로 감소한다.
   - x_e가 K 근방에 있으면, 증가하거나 감소가 느리게 된다.

이 식 (3.20)으로부터 위의 결론 1,2은 (3.14)에 대한 해의 동태에 관한 질적 설명으로 매개변수들이 해의 동태에 영향을 어떻게 미치는지 설명한 것이다. 문제를 풀지 않고 방정식에 대한 해의 동태를 알 수 있다. 자연적으로 질문이 있을 수 있는데, 해의 질적정보를 얻는 방법은 해를 분명하게 구하는것이 아니라 직접적으로 해석하는데, 이것을 **질적 분석(qualitative analysis)**이라 한다.

방정식 (3.14)을 관찰하면, 다음의 수학적 결론 $(i) - (iii)$을 도출할 수 있다:

(i). $x = 0$과 $x = K$인 모든 해는 $x_0 = 0$과 $x_0 = K$에 각각 대응한다. 이는 평형해다. **평형해(equilibrium)** 는 $\dfrac{dx}{dt} = f(x)$ 에서 $f(\bar{x}) = 0$ 를 만족시키는 해 $\bar{x}$ 근방에서 변화가 없는 상태를 말한다.

(ii). $0 < x(t) < K, \frac{dx}{dt} > 0$일 때, $x(t)$ 는 증가하나 직선 $x = K$를 가로 지르지 못한다. 이 경우에, $0 < x_\infty \le K$ 이고 $\lim_{t\to\infty} x'(t) = 0$인 $\lim_{t\to\infty} x(t) \to x_\infty$ 이 존재하고 이는 $x_\infty = K$ 이다.

(iii). $x(t) > K, \frac{dx}{dt} < 0$일 때, $x(t)$는 감소하나 직선 $x = K$ 를 가로 지르지는 못한다. 이 경우 (iii) 과 유사하게 $\lim_{t\to\infty} x(t) = K$ 이다.

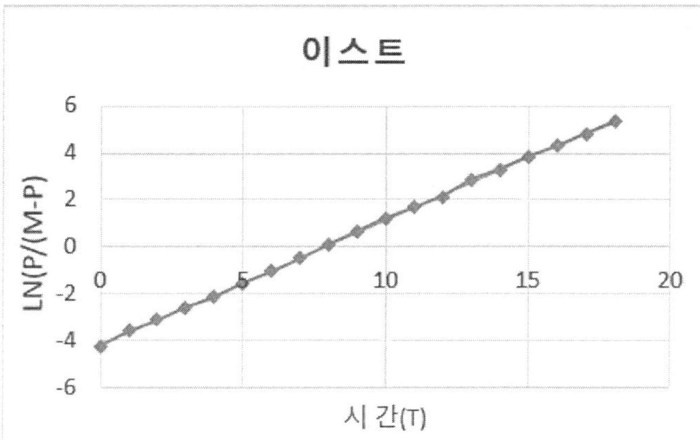

그림 3.5: 시간 t에 대한 $\ln[p/(M-p)]$의 그래프

위로 부터 더구나 2계도함수를 사용하면 그래프의 볼록과 오목을 설명할 수 있다. 2계 도함수

$$\frac{d^2x}{dt^2} = \frac{d}{dx}\left[rx\left(1-\frac{x}{K}\right)\right]\frac{dx}{dt} = r^2x\left(1-\frac{x}{K}\right)\left(1-\frac{2x}{K}\right) \tag{3.21}$$

이다.

(iv). $x(t) > K$(또한 $2x > K$), 이면 $\dfrac{d^2x}{dt^2} > 0$ 이고 $x(t)$ 는 위로 오목하다.

(v). $x(t) > K$에 대해 $0 < x(t) < K/2$(또한 $0 < x(t) < K$), $\dfrac{d^2x}{dt^2} > 0$ 이면, 위로 오목이고, $K/2 < x(t) < K$, $\dfrac{d^2x}{dt^2} < 0$ 이면, 아래로 오목하다. $x(t)$가 $x = K/2$ 를 통과하면 해는 오목성이 변하고 변곡점을 가진다.

3.7.4 성장에 제한이 있는 모델을 검증한다: 이스트를 사용한 검증

이스트양의 증가에 관한 데이터가 표 3.4와 같다고 한다. 이와 같은 데이터는 관찰을 하여 나온 결과다. 하지만 계속하여 관찰을 하여 생물량을 측정하는 것은 시간과 경비가 많이 들수 있다. 이러한 문제를 해결하는데 수학적 모델을 적용할 수 있다. 일부의 데이터를 활용하여 수학적으로 이스트양을 추정할 수 있다.

모델 (3.18)에 실제 데이터를 사용하여 검증한다. 여기서 검증할 데이터는 표 3.4의 이스트 데이터를 사용하고자 한다. 식 (3.17)은 시간 t 에 대해 $\ln[P/(M-p)](=Y)$의 직선인 그래프는 3.5 이다.

이는 시간 t에 대해 기울기가 kM인 그래프가 된다. 효모이스트 배양에서 이스트 성장에 대해 표 3.4 에 제시된 데이터를 사용하여 이 모델을 검증한다. t에 대한 $\ln[P/(M-p)]$ 의 그래프는 제한된 개체량 M에 대한 추정값이 필요하다. 표 3.4 의 데이터를 보면 개체군은 661.8 을 초과하지 않는다.

따라서 $M \approx 665$로 가정하면 t에 대한 $\ln[P/(665-P)]$ 의 그래프는 대략 직선이다 (그림 3.5 참조). 시간 $t = 0$일 때 $\ln[p/(665-p)] = -4.22$ 이고 $t = 15$일 때 $\ln[p/(665-p)](=Y) = 3.85$으로 $Y = 0.54t - 4.22$이다. 이스트의 성장에 대한 로지스틱 성장을 한다고 가정을 한다. 방

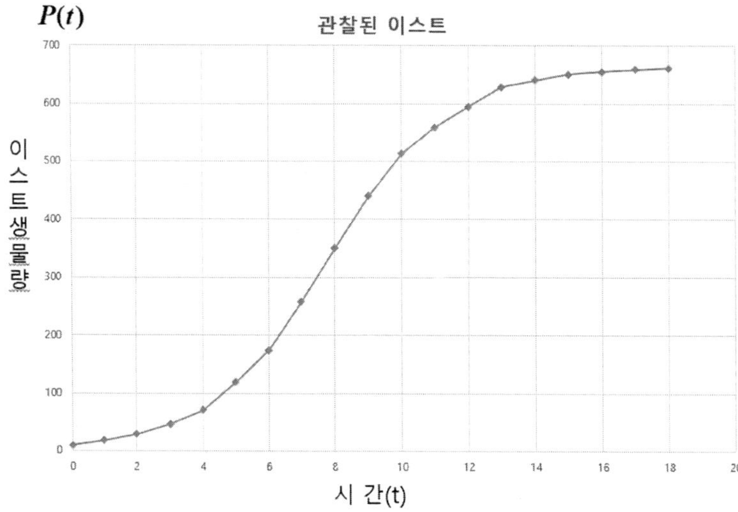

그림 3.6: 배양한 이스트의 시간에 따른 생물량

정식 (3.17)은

$$\ln \frac{P}{M-P} = kMt + c.$$

그리고 그림 3.5의 그래프에서 기울기를 $kM \approx 0.54$를 추정할 수 있다. 그래서 $M \approx 665$ 에 대한 추정으로 부터 $k \approx 0.000812$이다. 로지스틱 방정식 (3.18)은 편리함을 위해 종종 다른 형태로 표현하는 것이 편리하다. 이를 위해, t^* 는 인구함수 $p(t)$가 제한값의 절반 $M/2$에 도달하는 시간을 나타낸다고 하자. 즉, $P(t^*) = M/2$이다. 방정식 (3.18)로 부터

$$t^* = t_0 - \frac{1}{kM} \ln \frac{P_0}{M-P_0}.$$

표 3.4: 효모이스트의 생물량(biomass)의 증가,(출처: [2])

시간 t	관찰한 효묘 생물량 p_t	추정 이스트량 $p(t) = \frac{665}{1+73.8e^{-0.54t}}$	시간 t	관찰한 효묘 생물량 p_t	추정 이스트량 $p(t) = \frac{665}{1+73.8e^{-0.54t}}$
0	9.6	8.9	1	18.3	15.1
2	29.0	25.5	3	47.2	42.6
4	71.1	69.9	5	119.1	111.6
6	174.6	170.9	7	257.3	247.7
8	350.7	335.6	9	441.0	423.0
10	513.3	498.8	11	559.7	556.8
12	594.8	597.4	13	629.4	623.8
14	640.8	640.4	15	651.1	650.4
16	655.9	656.4	17	659.6	660.0
18	661.8	662.1			

이 방정식에서 t_0을 방정식 (3.17)에 대입하면

$$x(t) = \frac{M}{1 - e^{-kM(t-t^*)}} \tag{3.22}$$

이다. 방정식 (3.17)과 그림 3.5 의 그래프를 사용하여 표 3.1에 제시된 배양한 이스트 데이터에서 t^*를 추정 할 수 있다.

$$t^* = -\frac{c}{kM} \approx \frac{4.2}{0.54} \approx 7.78$$

이다. 관계식(3.22)에 $M = 665,\ k = 0.000812,\ t^* = 7.78$을 대입한 이스트의 증가 방정식 $p(t)$

$$p(t) = \frac{665}{1 + e^{kMt^*}e^{-kMt}} = \frac{665}{1 + 73.8e^{-0.55t}} \tag{3.23}$$

이다.

로지스틱 모델은 공간이 제한된 환경에서 이스트가 증가하는 것으로 매우 단순한 성장력을 가진 이스트 개체군 데이타와 비교적 잘 맞는것으로 알려져 있다. 표 3.1은 로지스틱 방정식 (3.23)에 대한 계산 결과, 원래의 관찰한 데이터와 추정 이스트량이 거의 매우 잘 일치함을 알 수 있다. 곡선의 그래프는 그림 3.6이다. 로지스틱 방정식은 1920년 Pearl과 Reed에 의해 공식화되었다.

3.7.5 성장에 제한이 있는 모델을 검증한다: 인구모델 사용 검증

이스트양의 증가의 경우와 마찬가지로 주어진 데이터가 표 3.5와 같다고 한다. 이와 같은 데이터는 관찰을 하여 나온 결과다. 하지만 계속하여 관찰을 하여 생물량을 측정하는 것은 시간과 경비가 많이 들수 있다. 이러한 문제를 해결하는데 수학적 모델을 적용할 수 있다. 일부의 데이터를 활용하여 수학적으로 장래 인구를 예측할 수 있다.

위 모델를 통해 인구모델(3.5)를 검증해보자. 모델(3.5)에서 비례상수인 r에 대해 선형모델 $k = r(M-x),\ r > 0$ 를 적용한 모델

$$\frac{dx}{dt} = k(M-x)x \doteq kx(1-\frac{x}{M}) \tag{3.24}$$

에서 $k > 0$은 **자연 성장률(intrinsic growth rate)** 이라 하며 M을 **수용용량(carrying capacity)**이라 한다. 따라서 $x(0) = x_0$이면 (3.24)의 해는

$$x(t) = \frac{Mx_0}{x_0 + (M-x_0)e^{-kt}} \tag{3.25}$$

이고, 이는 방정식 (3.18)이다. 한국의 인구증가 관련 식 (3.24)은 로지스틱 곡선을 따르며, 형태는 모델 (3.25)에 적용 할 수 있다. 표 3.5에서 $M = 5300$만명으로 가정하고, 이에 대한 모델을 (3.4)에서 다룬 우리나라 인구 데이터로 다시 돌아와 살펴본다(지수 모델 3.4.3 절). 단위가 크기 때문에 계산의 편리함을 위해 단위를 만(명)으로하고, 주어진 데이터 표 3.5에서 2018년도 5163 만명이므로 최대값 $M = 5300$ 를 초과하지 못한다고 가정한다. 초기 값 $t = 0$을 1971년 일 때 $P_0 = 3288$만명이고, 자연증가율 k 을 $t = 30$년인 2001년에 대한 $P(30) = 4735$ 만명 사용하여 구한다.

$$P(30) = \frac{3288 \times 5300}{3288 + (5300 - 3288)e^{-30k}} = 4735 \tag{3.26}$$

이다. 이를 계산을 하면 $k = 0.054$가 된다. 따라서 2021년의 인구는

$$P(50) = \frac{3288 \times 5300}{3288 + (5300 - 3288)e^{-50\times 0.054}} = 5090$$

이다. 2021년부터 한국의 인구는 감소하였으나 이 모델에 의하면 거의 1%의 오차가 있다.

2051년의 인구는

$$P(80) = \frac{3288 \times 5200}{3288 + (5300 - 3288)e^{-80\times 0.0593}} = 5257$$

표 3.5: 대한민국 인구 선세스, (단위:만)출처:kostat

년도(t)	실제인구 $x(t)$	로지스틱 방정식으로 계산한 인구(예측 인구):[만]	상대적인 오차 비율[%] $= \frac{\lvert 예측인구 - 실제인구 \rvert}{실제인구} \times 100$
1961	2577		0
1963	2726		5.78
1965	2870		5.28
1967	3013		4.98
1969	3154		4.68
1971	3288	3288	4.25
1973	3410		3.71
1975	3528		3.46
1977	3641		3.20
1979	3753		3.08
1981	3872	3907	3.17
1983	3991	4105	3.07
1985	4081	4165	2.26
1987	4162	4259	1.98
1989	4245	4303	1.99
1991	4330	4388	2.00
1993	4419		2.06
1995	4509		2.04
1997	4595		1.91
1999	4662		1.46
2001	4735		1.57
2003	4785		1.06
2005	4829		0.92
2010	4799		-0.62
2015	5107		6.42
2016	5127		0.39
2017	5142		0.29
2018	5163		0.41
2019	5178		0.31
2020	5183		0.08
2021	5174	5090	-0.17
2022	5169		-0.10

명 이나 표 3.5를 보면 2021년을 기점으로 인구가 감소하는 나라다. 따라서 우리나라의 경우 이 방법을 사용하는 예측은 적절하지 않다. 하지만 그래프 3.7를 보면 1960년대 이후의 그래프는 완만한 증가로 로지스틱 그래프 유형을 따른다는 것을 볼 수 있다. 여기서 M의 값을 지정하지 않으면 M과 k을 구하기 위해서는 두 개의 방정식을 필요로 한다. t를 사용하여 M과 k 을 구한다. 1970, 1980, 1990, $\cdots$ 을 구해보고 표 3.5 의 예상 인구가 얼마나 될까.

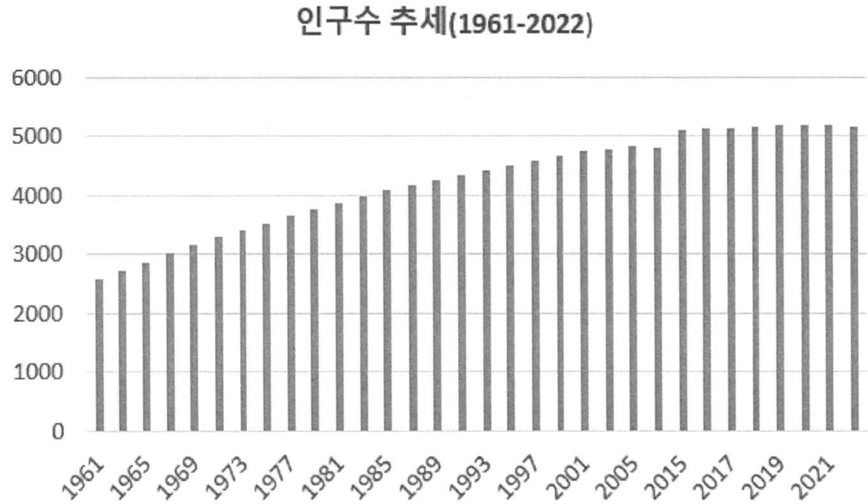

그림 3.7: 년도별 국내 인구수

더구나 우리나라의 인구는 자연적인 현상이나 자원에 의한 인구증가외에도 다른 커다란 요인들로 인해 이러한 로지스틱 방정식을 적용하기가 어려울 것으로 여겨진다.

제 3.8 절 3장 연습문제

1. 우리나라 식탁에는 일반적으로 국이 포함되는 식탁이다. 겨울에 뜨거운 국물은 몸을 따뜻하게 덮혀주는 역할을 하기 때문에 특히 어르신들이 좋아하신다. 집에서 식탁 위에 놓은 뜨거운 국물 한 그릇의 온도가 어떻게 되는가? 국물은 시간이 흐름에 따라 식어가는 것이므로 시간의 함수에 따른 일반적인 온도 곡선은 어떻게 될까?

2. 사람이 돌아가신 경우에 돌아가신 시간을 알지 못하는경우들이 있을 수 있다. 검시관들이 여러가지 요인들을 통해 사망시간을 알아낸다. 하지만 여기서는 어떤 분이 사망하셨을때

사망 시간을 구해보자.

3. 용봉이와 용희가 커피를 마시고자 커피집에 가서 용희는 일반적인 커피를 용봉이는 카푸치 커피를 주문하였다. 일반적인 커피는 주로 머그컵을 사용하고 카푸치 커피는 그림 3.8과 같은 커피잔에 커피를 주었다. 이 가게는 왜 이처럼 컵이 다른 컵에 커피를 주었을까? 이렇게 컵을 다른 잔에 커피 주는 커피를 판매하는 가게가 상당수가 있다(참고: 3.8, 두 종류의 커피를 위해 두 종류의 컵을 사용하였다.)

그림 3.8: 커피 한잔

4. 우리나라 식탁에는 일반적으로 국이 포함되는 식탁이다. 겨울에 뜨거운 국물은 몸을 따뜻하게 덮혀주는 역할을 하기 때문에 특히 어르신들이 좋아하신다. 집에서 식탁 위에 놓은 뜨거운 국물 한 그릇의 온도가 어떻게 되는가? 국물은 시간이 흐름에 따라 식어가는 것이므로 시간의 함수에 따른 일반적인 온도 곡선은 어떻게 될까?

5. 사람이 돌아가신 경우에 돌아가신 시간을 알지 못하는경우들이 있을 수 있다. 검시관들이 여러가지 요인들을 통해 사망시간을 알아낸다. 하지만 여기서는 어떤 분이 사망하셨을때 사망 시간을 구해보자.

표 3.6: 년도별 출생아 수와 출산율, 자료:kosis

년도	2000	2001	2002	2003	2004	2005	2006
출생아 수(명)	640,089	559,934	496,911	495,036	476,958	438,707	451,759
합계출산율	1.480	1.309	1.178	1.191	1.164	1.085	1.132
년도	2007	2008	2009	2010	2011	2012	2013
출생아 수(명)	496,822	465,892	444,849	470,171	471,265	484,550	436,455
합계출산율	1.259	1.192	1.149	1.226	1.244	1.297	1.187
년도	2014	2015	2016	2017	2018	2019	2020
출생아 수(명)	435,435	438,420	406,243	357,771	326,822	302,676	272,337
합계출산율	1.205	1.239	1.172	1.052	0.977	0.918	0.837
년도	2021	2022	2023				
출생아 수(명)	260,562	249,186					
합계출산율	0.808	0.778					

6. 표 3.5의 빈칸 “로지스틱 방정식으로 계산한 인구(예측 인구)"의 각 열을 채워보자.

7. 일기예보에 의하면 겨울의 평균 온도는 1월에 $-6 \sim 7°C$정도라고 한다. 그런데 집에 들어가서 난방을 시작하고 얼마나 기다리면 따뜻해질까?

8. 무더운 여름날 차가운 냉커피를 구매후 시원하지 않아 마시기 싫어하지 않으려면 어느정도 시간내에 마시는것이 좋을까?

9. 전세계적으로 많은 사람들이 살고 있는데 우리나라는 얼마정도의 인구가 살기에 적절할하고 안정정적으로 살 수 있을까요?

10. 우리나라 인구 문제는 모두 인지 하고 있듯이 심각한 상황으로 가고 있다. 그런데 우리나라는 왜 이런한 상황에 처하게 되었을까. 우리나라의 신생아 출생율은 매우 심각해지고 있다고 한다. 표 3.6와 같은 현상이 계속된다면, 장래 우리나라의 학교의 중고등학교의 학생수와 학교수는 어떻게 변할까? 위 자료를 통해 신생아의 출생수를 예측을 해야 하는데 어떻게 할 수 있을지를 생각해보자. 인구는 현재의 인구에서 사망자 수와 출생자수를 알아야 인구를 예측할 수 있다. 따라서 장래 인구수를 예측하려면 무엇을 알아야 할까? 출생과 사

망자수가 필요하다.

기본적으로, 인구의 변화는 출생자수의 변화에서 사망자수의 변화를 뺀다. 먼저 년도별 출생아 수를 알아보고, 장래 출생아 수가 어떻게 되는지 알아보자. 출생아 수를 알기 위해서는 그동안 우리나라 출생아 수의 데이터를 알고 장래 어느정도의 출생아 수가 있을지를 예측할 수 있다. 마찬가지로 년도별 사망자 수를 알아보고, 장래 사망자 수가 어떻게 되는지 알아보자. 다음은 국내 통계사이트 KOSIS에 있는 데이터를 가져온것이다.

자료를 통해 신생아의 출생수를 예측을 해야 하는데 어떻게 할 수 있을지를 생각해보자. 출산율(fertility rate)이란 한 여성이 가임기간(15 ~ 49세)에 낳을 것으로 기대되는 평균 출생아 수를 말한다. 출생률(Birth Rates) 은 특정 국가 등의 지역에서 1년 동안 태어난 인구를 전체 인구로 나눈 것을 말한다. 다른 말로는 출생아의 비라고 하고 일반적으로 특정 연도의 비율을 나타낸다.

제 3.9 절 3장 참고문헌

1. J. C. Sprott, *Nonlinear Dynamics Psychol Life Sci*. 2005 Jan;9(1):23-36.

2. R. Pearl and Reed, "The Growth of Populations,*The Quarterly Review of Biology* , 1976, Vol. 51, 50th Anniversary Special Issue, 1926-1976 (1976), pp. 6-24.

3. Morice, C.P., Kennedy, J.J., Rayner, Winn, J.P., Hogan, E., Killick, R.E., Dunn, R.J.H., Osborn, T.J., Jones, P.D., and Simpson, I.R., 2021:*An updated assessment of near-surface temperature change from 1850: the HadCRUT5 dataset*. Journal of Geophysical Research, 126, e2019JD032361, https://doi.org/10.1029/2019JD032361.

4. R. Pearl, *The Growth of Population*, Quart. Rev. Biol. Vol. 2 (4), 532-548 (1927).

5. *Climate Change 2021: The Physical Science Basis. Contribution of Working Group I to the Sixth Assessment Report of the Intergovernmental Panel on Climate Chang*, Cambridge University Press, Cambridge, United Kingdom and New York, NY, USA, In press, doi:10.1017/9781009157896.

6. Raina S. Robeva James R. Kirkwood etc,*An Invitation to Biomathematics*, Academic press, 2008.

7. D.S. Jones, B.D. Sleeman, D. S. Jones, *Differential Equations and Mathematical Biology*, by Chapman and Hall/CRC, 2003.

8. 2020 한국인 영양소 섭취기준 활용(2020 Dietary Reference Intakes for Koreans : Application), 보건복지부(https://www.mohw.go.kr/), 한국영양학회,발간등록번호 :11-1352000-003193-01.

9. 한국원자력환경공단, https://www.korad.or.kr/webzine/202103/sub2-3.jsp

10. https://youtu.be/LF78rK91qGg?si=yfMylNCzAYC1qpVS.

11. https://kosis.kr.

12. Our World in Data https://ourworldindata.org.

13. https://m.blog.naver.com/PostView.naver?isHttpsRedirect=true & blogId=thegreencard&logNo=140848682.

14. http://www.climate.go.kr/home/10wiki/index.php/

제 4 장

차분(계차) 방정식(Difference Equations)

변화와 관련된 모델을 구성할 때 어떤 변화는 이산 시간(계정에 이자를 입금하는 것과 같이)으로 일어나는 반면, 또 다른 경우에는 변화가 연속적으로 일어나는 것이다(따뜻한 날의 차가운 탄산 음료 캔의 온도 변화처럼).

3장에서는 수학적으로 어떤 현상에 관한 모델을 수립하는 방법에서 많이 활용되는 수학적인 도구중 하나는 미분방정식을 활용하였다. 여기서는 단순한 차분방정식을 살펴본다. 관계를 모델링을 하는 방법들중 한가지 방법으로 차분(계차)방정식을 적용할 수 있다. 즉, 이산시간(기간) t에 따라 x가 변화하는 관계를 설명하는 수학적 도구로 차분(계차)방정식이 있다. 두 가지 방법 모두 거동(behavior)을 설명하고 예측하기 위해 변화를 연구하는 강력한 방법론이다

일반적으로 학부과정에서는 미분방정식은 개설을 하지만 차분방정식까지 다루는 경우가 많지는 않다.

일반적으로 변화하는 관계를 그래프로 그려보고, 패턴을 관찰하고, 수학적 언어로 변화를 근사적으로 설명한다. 관찰된 변화를 근사하여 관계식을 세우는데 근사적으로

$$\text{변화} = \Delta x_t = \text{어떤 함수} f$$

식으로 표현한다. 현재 우리가 알고 있는 것을 바탕으로 관찰된 변화를 적용 미래를 예측하도록

한다. 이는

$$\text{미래 값} = \text{현재 값} - \text{변화 값}$$

로 일정 기간 동안 데이터를 수집하고 해당 데이터를 그래프로 그리고 변화의 추세나 패턴을 구별하거나 포착하여 모델을 수립하는 경우가 많다.

단위시간 혹은 단위기간이나 한 달에 한번과 같은 특정 기간(시점)에서 관련된 어떤 값 x 를 고려한다. 이 경우 t 시간(기간)이 지난 후 x값 표현은 x_t 혹은 $x(t)$와 같은 기호를 사용한다. 이는 시간 t에 대한 관계 x_t 는 연속이 아니라 이산점들의 집합이다. 방정식은 기간(기간)에 따라 x_t가 변화하는 현상을 설명한다.

이 장에서 변수가 정수 시간 t에 관한 함수로 표현되는 모델에 대해 살펴본다.

각 시간/기간이 진행되는 단계에 따른 변화를 가정한다. 연속한 두 항의 차 $\Delta x_t = x_{t+1} - x_t$를 **차분 혹은 계차(difference)**라 하며, 모델은 **차분(계차)방정식(difference equation)**이라 한다.

모델링의 주요 목적중 하나는 현재의 현상을 바탕으로 미래를 예측하는 것이다. 예를 들어, 경제 모델은 미래의 경제 추세를 예측하여 정책 결정의 기초를 제공하는 데 사용될 수 있다. 차분방정식에도 선형과 비선형차분방정식이 있는데, 먼저 선형차분방정식에 대해 공부를 하고 차분방정식에 관한 모델을 살펴본다. 다음 절의 선형차분방정식에 대한 내용은 [ ]의 번역판에서 가져온 내용임을 밝힌다.

제 4.1 절　선형 차분방정식(Linear difference equations)

각 단계 t에서 변수가 일정한 비율(또는 백분율) a로 증가하다는 가정에 해당하는 계차방정식은

$$x_{n+1} = ax_n$$

와 같은 모델이다. 이 계차방정식에 대한 해는

$$x_n = a^n x_0$$

이다. n를 $n+1$로 변경하면 $x_{n+1} = ax_n$과 $x_n = a^n x_0$의 두 방정식은 사실 동치다. 이 식의 첫 번째는 차분방정식이고 두 번째 방정식은 그 차분방정식의 해다.

해의 움직임(즉, n이 증가함에 따라 x_n이 변화되는 형태)은 상수 a에 따라 달라지며 이는 증가되거나 감소가 되는 원인으로 생각할 수 있다. $a > 1$ 인 경우, x_n에 a를 곱 하면 $x_{n+1} > x_n$

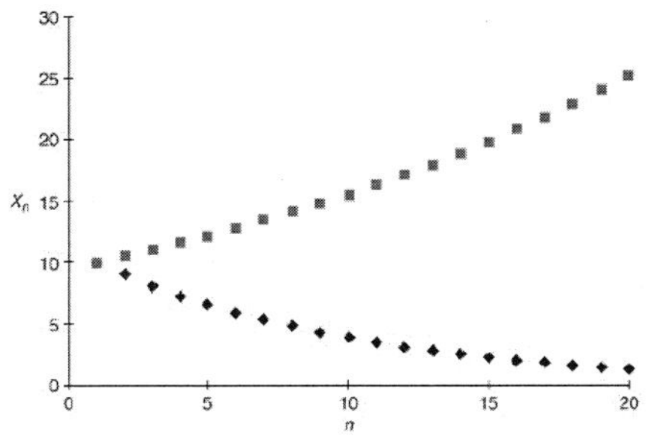

그림 4.1: $a > 1$ 와 $0 < a < 1$의 그래프

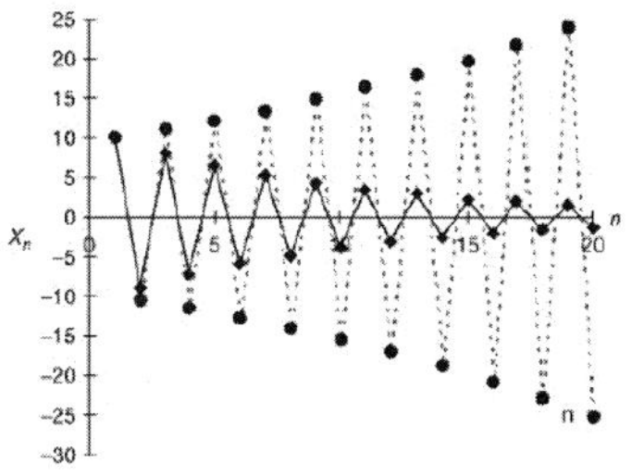

그림 4.2: $a < -1$의 그래프

및 x_n 값이 a만큼 증가한다. $0 < a < 1$ 인 경우, a 를 곱하면 감소하는 해를 구할 수 있으므로 $x_{n+1} < x_n$ 및 x_n 값은 계속해서 감소한다(그림 4.1 에서와 같이 0 으로 수렴). a의 값이 음수 값인 경우는 그림 ??와 같이 $a < -1$ 인 경우 진폭이 증가하는 반면 진동은 진폭이 감소하는 반면 진동은 발생한다.

4.1.1 1계 선형 차분방정식(First-order linear difference equations)

다음은 일계선형상수계수 차분방정식의 경우다. 차분방정식에서 $b \neq 0$이면 비동차이고 x_{n+1}가 하나의 항 x_n 으로 이루어진 관계식은 **일계차분방정식(first-order linear difference equation)**이다.

$$x_{n+1} = ax_n + b = f(x_n) \tag{4.1}$$

$n = 0$인 경우, 초기값 x_0에서 시작하여

$$x_1 = ax_0 + b$$

과

$$x_2 = ax_1 + b = a(ax_0 + b) + b = a^2 x_0 + (a + 1)b$$

가 되고

$$x_3 = ax_2 + b = a(a^2 x_0 + (a + 1)b) + b = a^2 x_0 + (a^2 + a + 1)b$$

가 된다. 이와 같은 방법으로 계속하면

$$x_n = a^n x_0 + (a^{n-1} + \cdots + a^2 + a + 1)b = a^n x_0 + (a^n - 1)b/(a - 1)$$

이다.

합은 기하급수이고, $t \geq 1$일 때의 해 x_{t+1}는 다음과 같이 표현할 수 있다: $a = 1$과 $a \neq 1$인 경우에 해는 다음과 같이 표현할 수 있다:

$$x_{t+1} = \begin{cases} x_0 a^{t+1} + b\dfrac{1 - a^{t+1}}{1 - a}, & a \neq 1, \\ x_0 + (t+1)b, & a = 1. \end{cases} \tag{4.2}$$

이는 초항이 x_0이고 공비가 a인 등비수열 x_n인 모든 n 에 대하여 방정식(4.1)을 만족하는 차분방정식을 점화식이라 할 수 있다.

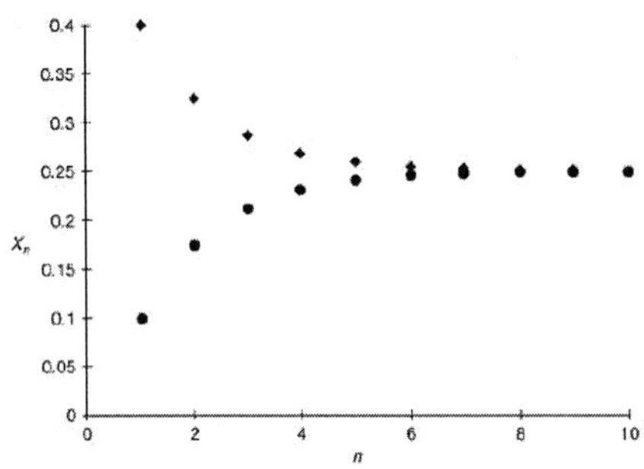

그림 4.3: $a < -1$의 그래프

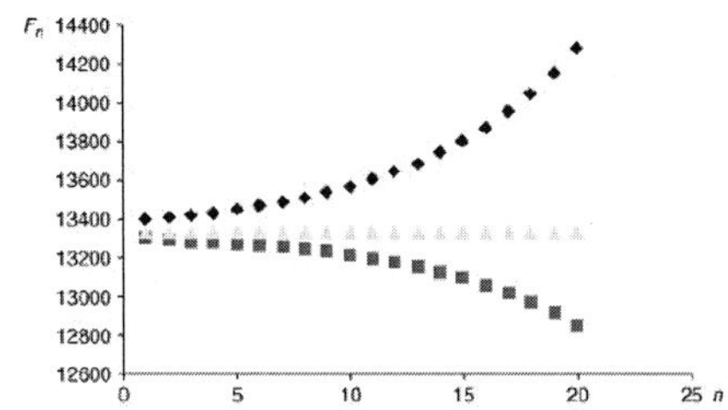

그림 4.4: $a > -1$의 그래프

$a = 1$이면 $x_2 = x_0 + 2b,\ x_3 = x_0 + 3b$이므로, 이 경우 해는 $x_n = x_0 + nb$ 이다. $a \neq 1$ 의 경우, $|a| < 1$이외에, x_n 의 움직임은 방정식 $x_{n+1} = ax_n$은 a의 값에 따라 다르다. x_n은 값 $b/(1-a)$에 접근하는 반면 (그림 4.3 참조), $|a| > 1$인 경우는 $|x_n|$은 증가 하거나 감소한다.

평형점이란 계차방정식 $f_{n+1} = f(x_n)$에서 $\bar{x} = f(\bar{x})$ 를 만족하는 $\bar{x}$를 의미한다. 일부 불연속 모델에서는 n이 증가함에 따라 x_n 값이 극한으로 평형값에 접근하고 있다. (그림 4.3 참고). 이 경우 x_{n+1}과 x_n의 극한이 같게 되어

$$x_{n+1} = x_n = L$$

가 된다. 그러므로 L 의 값은 차분방정식의 모든 x_n 항에 극한 L 로 수렴하므로 L 에 대한 결과 방정식의 극한을 구한다. 예를 들어,

$$x_{n+1} = (5x_n - 1)/(x_n + 3)$$

인 경우 L 은 방정식 $L = (5L-1)/(L+3)$을 만족한다. 따라서 $L = 1$ 이다. 일차선형 차분방정식 $x_{n+1} = ax_n + b$의 경우 x_n 값이 극한이 L이면 방정식은 $L = aL + b$이므로 평형값은 $L = b/(1-a)$이다 ($a = 1$ 의 경우를 다루지 않는 경우). 물론 초기값을 $x_0 = L$ 로 시작하면 $x_n = L$가 된다.

4.1.2　동차형 2계선형차분방정식

상수계수를 가진 $x_{t+2} = g(x_{t+1}, x_t)$인 동차 2계선형 차분방정식의 풀이 방법을 살펴본다. 동차 2계선형 차분방정식,

$$x_{t+2} + ax_{t+1} + bx_t = 0 \tag{4.3}$$

을 고려하자. 여기서 a와 b는 상수다. 두 개의 일차독립인 해 x^1과 x^2를 구하기 위해, 해가 $x_t = \lambda^t$와 $\lambda \neq 0$의 형태를 가진다고 가정하자. 그러면

$$\lambda^{t+2} + a\lambda^{t+1} + b\lambda^t = 0,$$

$$\lambda^t(\lambda^2 + a\lambda + b) = 0\text{이다.}$$

여기서 $\lambda \neq 0$일 때, 방정식 $\lambda^2 + a\lambda + b = 0$을 **특성방정식(characteristic equation)** 이라고 부르고 $\lambda^2 + a\lambda + b$는 차분방정식 (4.3)의 **특성다항식(characteristic polynomial)**이라 부른다. 특성방정식의 두 해 λ_1과 λ_2를 **고유치(값)(eigenvalues)**라 부른다. 고유치 모두는 영이 아니다.

해의 유형은 고유값에 의존하고 세가지의 서로 다른 경우로 나눈다. 이 2계방정식 (4.3)의 $b \neq 0$이다.

- **경우 1:** 고유치가 실수이고 서로 다른 $\lambda_1 \neq \lambda_2$ 라고 가정하자. 그러면 두개의 일차독립인 해는 $x^1 = \lambda_1^t$, $x^2 = \lambda_2^t$이고, 일반해는

$$x_t = c_1\lambda_1^t + c_2\lambda_2^t\text{이다.}$$

- **경우 2:** 고유치가 실수이고 $\lambda_1 = \lambda_2$ 라고 가정하자. 그러면 두개의 일차독립인 해는 $x^1 = \lambda_1^t$, $x^2 = t\lambda_1^t$이다(두번째 해는 첫번째 해에 t를 곱하여 구한다). x^2 가 해가 되고 x^1 과 x^2는 일차독립이다. 일반해는

$$x_t = c_1\lambda_1^t + c_2 t\lambda_1^t\text{이다.}$$

- **경우 3:** 고유치 λ_i가 켤레복소수, $\lambda_{1,2} = A \pm iB = r(\cos\phi \pm i\sin\phi) = re^{\pm i\phi}$이다. $r = \sqrt{A^2 + B^2}$, $\phi = \arctan(B/A)$라고 가정하자. 그러면 해는

$$x_t = k_1(A + Bi)^t + k_2(A - Bi)^t = k_1 r^t e^{it\phi} + k_2 r^t e^{-it\phi}$$

혹은

$$x_t = c_1 r^t \cos(t\phi) + c_2 r^t \sin(t\phi)\text{으로 표현할 수 있다.}$$

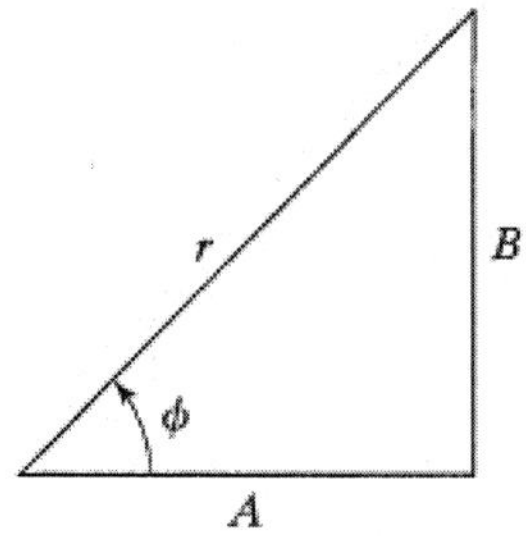

그림 4.5: r, A과 B사이의 관계

여기서, $c_1 = k_1 + k_2$이고 $c_2 = i(k_1 - k_2)$이다. 일차독립인 두 해는 두개의 실함수 $x^1 = r^t\cos(t\phi)$과 $x^2 = r^t\sin(t\phi)$로 표현할 수 있다(그림 4.5참조).

각각의 경우에, 해 x^1과 x^2가 일차독립임을 보여야 한다. 일차독립에 관한 또 다른 검토방법은 카소라티안값으로 잘 알려진 방법을 사용한다. 카소라티안 방법은 미분방정식에서 론스키안(Wronskian)방법과 유사한 역할을 한다. 두개의 해 $x^1(t)$ 와 $x^2(t)$ 의 **카소라티안(Casoratian)**은

$$C(t) = C(x^1(t), x^2(t)) = det\begin{pmatrix} x^1(t) & x^2(t) \\ x^1(t+1) & x^2(t+1) \end{pmatrix}$$
$$= x^1(t)x^2(t+1) - x^2(t)x^1(t+1)$$

이다. 여기서 $C(t) = C(x^1(t), x^2(t)) \neq 0$ 이면, $x^1(t)$와 $x^2(t)$가 일차독립이다.

4.1.3 2계 비동차 선형차분방정식

2계비동차 선형차분방정식 $x_{t+2} + ax_{t+1} + bx_t = c_t$에서 일반해를 구하는 방법을 논의한다. 일반해는 2개의 임의의 상수를 포함한다. 이들 2개의 상수들은 2개의 초기조건들, x_0, x_1이 주어지면 유일하게 결정된다. 그 방법은 다음과 같은 단계로 구한다.

(a) 동차차분방정식 ($c_t \equiv 0$)의 일반해는 2계 비동차 선형계차방정식의 k개의 임의의 상수를 포함한 2 개의 일차독립인 해이다($\sum_{i=1}^{2}\alpha_i x^i = 0$일 때 $i = 1, 2$ 에 대하여 $\alpha_i = 0$ 이면 2 개의 해 x^1, x^2가 **일차독립(linearly independent)** 임을 상기하자). 일반해를 x_h로 표기한다.

그러면

$$x_h = c_1x^1 + c_2x^2 = \sum_{i=1}^{2} c_i x^i \text{ 이다.}$$

여기서 c_1, c_2는 상수이고 x^1, x^2는 동차방정식의 2개의 일차독립인 해이다(주의: x^i 는 i 번째 해를 의미하고 x 의 지수승 i가 아니다). 선형동차차분방정식에서 해의 일차결합은 또한 하나의 해가 된다. 이러한 특성을 **중첩원리(superposition principle)** 라 한다. 일반해를 구하기 위한 핵심은 2개의 해가 일차독립인 해임을 증명하는 것이다.

(b) 비동차 차분방정식($c_t \neq 0$)에 대해 먼저 임의의 상수가 없는 특수해를 구한다. 특수해는 x_p로 표기한다.

(c) 비동차선형차분방정식의 일반해 x_t는 동차차분방정식의 일반해 x_h 과 비동차차분방정식의 특수해 x_p 의 합

$$x_t = x_h + x_p = \sum_{i=1}^{2} c_i x^i + x_p$$

이 일반해이다. 초기조건 x_0, x_1가 정해지면 상수 c_1, c_2 는 유일하게 결정된다.

제 4.2 절 개체군의 변화는 어떻게 설명할 수 있는가?

어떤 지역의 사람이 100(명)당 1년에 약 4명의 출생아가 있다고 가정하면 출생율 $b = 4/100 = 0.04$가 된다. 이 경우에 단위는 시간인 년(year)을 선택했다. 인구문제의 경우에도 차분방정식 모델이 적용될 수 있다. 인간이 80년을 산다고 가정한다면, 이러한 경우 사망율은 $d = 1/80$이 된다.

예를 들어, 어떤 한 도시의 인구가 매년 1000명씩 증가한다고 가정해보자. $P(n)$는 시간 n에 조사된 인구의 크기라 한다. n 년(year) 후의 인구 P_n를 예측하기 위해, 이 도시의 인구증가에 대한 각각의 모델은

$$(n+1)\text{연도 인구} = n\text{년도 증가분} + n\text{년도 인구}$$

로 , $\Delta P(t)$는 연속이 되는 2(년)간의 인구크기의 차이 또는 인구변화라 하면,

$$\Delta P(t) = P_{n+1} - P_n = 1000.$$

표 4.1: 단순한 모델에 대한 인구의 증가

년도	인구
0	1000
1	(1.01)1000=1010
2	$(1.01)^2 1000 \approx 1020$
3	$(1.01)^3 1000 \approx 1030$
4	$(1.01)^4 1000 \approx 1041$
⋮	⋮

또한 연속형인 3장에서 인구문제와 유사하게, 일정한 기간 $\Delta p(t)$의 인구변화가 순변화(출생−사망)만 있고 유입과 유출이 없다면, $\Delta P(t) = bP - dP = (b-d)P$이므로

$$P_{n+1} = P_n + \Delta P = P_n + (b-d)P_n = (1+b-d)P_n = aP_n, a = (1+b-d)$$

가 된다. 만일 사망율은 $d = 0.03$이고 출생율이 $b = 0.04$라면, 이 모델은 인구가 매년 1% 씩 증가한다고 할 수 있으면, 이 모델은 다음과 같다.

$$P_{n+1} = P_n + (0.04 - 0.03)P_n = (1.01)P_n.$$

표 4.1은 출생과 사망만이 있다고 가정 한다면 일정한 기간에 순 증가률 (출생−사망)이 2% 이다. 그리고 100 명의 사람이 다른지역으로 이사를 하는 지역이라면 그 도시의 인구는

$$P_{n+1} = (1.02)P_n - \alpha = (1.02)P_n - 100, \alpha = 100$$

가 된다. 이는 차분방정식의 간단한 예다.

인구변화에 유입이나 유출이 있다면, 유입하는 인구 δ와 유출하는 인구 α가 있는 지역이라고 하면

$$P_{n+1} = (b-d)p_n + \delta - \alpha$$

인 인구의 크기가 될 것이다.

4.2.1 현실에 모델을 검증한다

3장의 표 3.5의 데이터를 사용하여 인구변화에 유입이나 유출이 없는경우 실제 검증을 해보길 권한다. 이는 연습문제로 남긴다.

제 4.3 절 여행을 위해 적금을 어떻게 해야 할까?

은행 적금과 관련한 계좌의 이자를 수학적 모델링으로 이미 많이 알고 있다. 학생을 가르치는 아르바이트를 하면서 약간의 돈을 번 경험이 있을수 있을것이다. 그렇다면 여행비 마련을 위해 계획을 하여볼까. 이와 대한 문제를 살펴본다.

4.3.1 문제를 정의(Problem Identification)한다.

• 문제: 용희는 고등학교까지는 여러사정으로 여행을 할 여유가 없었다. 하지만 대학은 방학기간이 길고 견문을 넓히고, 다른 나라의 문화를 알고 이해를 하고 싶고, 다양한 경험를 하고 싶었다. 그래서 대학에 들어간 후, 친구들과 함께 해외 여행을 하려고 한다. 그런데 부모의도움으로 여행을 하고 싶지는 않다. 그렇다면 아르바이트라도 해서 돈을 모으려고 한다. 지금부터 얼마의 금액을 예치해야 할지 친구들과 함께 논의해 보자.

4.3.2 가정을 한다

친구들과 함께 다음과 같은 내용들을 미리 나눠보면 여행경비를 예상할 수 있을것이다.

- 어느지역을 여행지로 선택할 것인가?
- 여행기간을 몇 일로 할것인가
- 여행을 하는 방법은 배낭여행인지 여행사에 모든 여행일정을 맡길것인지 등등을 정한다.
- 배낭여행을 한다면 숙소는 어떤 종류를 할것인지를 정해본다.

위와 같은 내용을 정한 다음 여행경비로 얼마를 사용할지 정한다고 하자. 매달 은행에 예치하는 금액을 x로 가정하고 예치 기간은 n 개월 로 은행이율은 은행에 알아보면 대략 년 3%정도 된다고 가정한다. (각자 이는 실제 은행에서 알아볼 수 있다.)

4.3.3 수학화(Mathematizing)를 한다

은행의 예금은 단리와 복리로 계산된다. 매달 일정한 금액을 예치하는 이산형 지불하는 방식으므로 이산형인 차분방정식으로 다음과 같은 모델로 표현한다.

$$x_{n+1} = (1 + \frac{3}{100})x_n, n = 0, 1, 2, 3, \cdots$$

4.3.4 수학적인 풀이를 한다

여행경비 400만원을 마련하려면 매달 얼마씩 예치하는것이 합리적인지 계산을 한다. 초기 예금이 50,000원 이고 이자가 연 복리로 계산을 하면 3년후의 금액은 얼마나 되는지 계산을 해보자. $x_0 = 50,000$원이고 36개월 예금을 하면

$$
\begin{aligned}
x_1 &= (1 + \frac{3}{100})x_0 \\
x_2 &= (1 + \frac{3}{100})x_1 = (1 + \frac{3}{100})^2 x_0 \\
&\vdots \\
x_{36} &= (1 + \frac{3}{100})^{36} x_0
\end{aligned}
$$

이다. 매달 $50,000$일 때 적금을하는 경우, 적금을 해야하는 기간은 $4,000,000 = (1.3)^n 50,000$을 계산하면 $n = 148.25$이 나온다. 따라서 $50,000$원씩 적금을 한다면 시간이 많이 필요하다. 만일 5년인 60개월을 적금을 넣는다고 하면 얼마씩 넣어야할까? 각자 계산을 해보자.

예금액을 늘리거나 예금하고자하는 개월수를 줄이면 위 모델의 결과가 어떻게 될까?

4.3.5 현실에 모델을 검증한다

친구들과 상의를 해서 실제 계획을 세워보고 모델링 적절한지 검증을 해본다.

제 4.4 절 교사의 월급만으로 풍요롭게 살 수 있겠는가?

대학을 졸업후 직장에 성실하게 다니면 안정적으로 풍요롭게 살수 있을것으로 희망이는 생각했다. 하지만 교사가 된후 첫 월급을 받고 사회는 생각했던 것과 다름을 깨달았다. 부의 삼각형이란 책 내용중에 "경제적 자유를 이루고 나아가 풍요롭게 살고 싶다면 구체적인 계획이 있어야 한다. 미래에 나의 자산이 얼마가 될지 계산할 줄 알면 목표가 뚜렷해져서 동기부여가 잘 된다. 사람은 대체로 본능에 충실하기 때문에 감으로 판단하고 다른 사람에게 잘 휩쓸리며 근시안적이다. 이럴 때 숫자로 증명된 데이터가 있다면 본능을 극복하는 데 큰 도움이 된다."고 하여 희망이도 실천을 하려고 하였다.

그림 4.6: 고민중인 김희망

4.4.1 문제를 정의(Problem Identification)한다.

• 문제: 교사경력이 10년차 김희망씨는 요즘 들어 외식비, 아이들 학원비 등 생활비 지출이 부쩍 늘어난다는 생각이 들었다. 절약하며 일정 금액을 꾸준히 저축하고 있지만, 최근 물가 상승률을 감안 할 때, 문득 저축만으로 언젠가는 여유로운 삶을 살 수 있을지 걱정이 되었다. 교사월급이외의 수익을 얻기 위해 무엇이라도 시작해야 할지 고민이다. 또한 교사일을 하는중에 휴직을하여 자신을 충전할수 있는 기단을 가질수 있을지도 궁금했다. 김희망씨는 언젠가 여유로운 생활이 될 수 있을까?

4.4.2 가정을 한다

각 가정은 가정에서 지출되는 고정적인 지출부분이 있다. 더구나 지출은 아니지만, 대부분의 경우는 매년 물가 상승이 있다. 나의 목표 금액 A 과 목표 기간을 N년으로 설정한다. 초기 자산은 c_0로, 초기 월급이 S_0라 한다.
일반적으로 물가 상승률은 3% ~ 4%으로라 가정한다. 월급 상승률은 일반적으로 3%이지만 월급의 호봉이 증가하기 때문에 상승률을 5% 라 가정한다. 예적금 이자율은 3% ~ 4%일 것이라 가정한다. 예적금 이외의 수익으로 투자 상품을 고려한다고 가정한다.
목표 금액을 목표기간 내에 도달 하기 위한 예적금(x)과 투자(y)의 비율을 $x : y$라 하고, N년도의 나의 목표자산은 c_N 이다. 예적금 이외의 가능한 안전한 투자로 투자 수익률 B%라 한다. 월급에서 매달 지출하는 비율은 b%라 하고 비상금은 E 로 일정하게 유지한다. 매달 월급에서 남은 비율은 $(100 - b)$%으로, 이 금액을 예적금과 투자금액으로 나눈다.

4.4.3 수학화(Mathematizing)를 한다

초기 월급을 S_0라 한다. N년에 나의 월급은

$$S_N = S_{N-1}(1 + 0.05) = S_0(1.05)^{N-1}$$

이다. 예적금은

$$x_N = 12 \times S_N \times \frac{(100 - b)}{100} \times \frac{x}{x + y} \times \frac{104}{100}$$

이고, 투자는

$$y_N = 12 \times S_N \times \frac{(100 - b)}{100} \times \frac{y}{x + y} \times \frac{100 + B}{100}$$

이다. N년의 나의 자산은

$$c_N = x_N + y_N + c_{N-1} \times \frac{x}{x + y} \times \frac{104}{100} + c_{N-1} \times \frac{y}{x + y} \times \frac{100 + B}{100}$$

이다.

4.4.4 수학적인 풀이를 한다

목표 기간 $N = 10$년으로 잡았다. 초기 자산 $c_0 = 80,000,000$원, 초기 월급 $S_0 = 230$원이다. 투자 수익률은 6%라, 하고

$$\text{예적금 대 투자 비율} = x : y = 2 : 1$$

이라 한다. 각 개인이 월급에서 매달소비하는 비율은 43%이고 투자 비율은 57%이다. 매달소비하는 비율은 43%는 월세, 자동차 유지비, 통신비, 공과금, 식비, 생활비등등을 포함한다.그리고 비상금은 E 로 일정하게 유지한다. 그리고 초봉의 투자비율 57% 인 130만원이다. 월급 :

$$S_n = S_0(1.05)^{n-1} = 230(1.05)^{n-1}$$

표 4.2: 모델에 사용한 내용들

가정내용	금액
초기자산 (만원)	5000
초기월급 (만원)	230.00
매월 생활비	월급의 47%
예적금과 투자 비율	월급의 53%
은행 이자율	년 3.00%
월급상승률	매년5.00%
예적금	1
투자	2

예적금 :

$$x_n = 12 \times 230(1.05)^{n-1} \times \frac{43}{100} \times \frac{1}{3} \times \frac{104}{100}$$

투자 :

$$y_n = 12 \times 230(1.05)^{n-1} \times \frac{57}{100} \times \frac{2}{3} \times \frac{106}{100}$$

자산 :

$$S_n = x_n + y_n + c_{n-1} \times \frac{2}{3} \times \frac{104}{100} + c_{n-1} \times \frac{1}{3} \times \frac{106}{100}$$

이다.

4.4.5 현실에 모델을 검증한다

에를 들어 다음과 같이 가정을 해보자. 표 4.3으로 가정을 하고 예적금과 투자결과 자산은 다음과 같다. 먼저, 몇 년 동안에 목표 금액 도달 하고자 하는가, 그렇다면 무엇을 어떻게 수정 하고 싶은가? 목표 금액을 3억이라 한다. 여기서는 예적금대 투자 비율은 $x : y = 1 : 2$일 때의 10년 정도면 가능해 보인다. 다음으로 목표 금액 만원, 목표 기간(몇년) 안에 도달 하기 위한 $x : y$비율을 어떻게 할 것인가? 하지만 살다보면 다양한 일들이 생길수 있기때문에 꼭 이렇게 되지는 않을것이다. 인플레이션등으로 실제는 더 많거나 적을수도 있을것이다. 이는 스프레이 시트에 서 작성하면 어떤 항목을 변경하면 자산의 결과가 어떻게 달라질 것인지도 확인 할 수 있다.

표 4.3: 월급에 대한 예적금과 투자결과 자산

년도	년도별 월급(s_n)	년도별 예적금(x_n)	년도별 투자금(y_n)	년도별 자산(c_n)
2001	2,415,000.00	5,324,592.00	10,853,976.00	68,511,901.33
2002	2,535,750.00	5,590,821.60	11,396,674.80	89,610,111.81
2003	2,662,537.50	5,870,362.68	11,966,508.54	112,823,589.74
2004	2,795,664.38	6,163,880.81	12,564,833.97	138,321,719.91
2005	2,935,447.59	6,472,074.85	13,193,075.67	166,286,173.62
2006	3,082,219.97	6,795,678.60	13,852,729.45	196,911,752.09
2007	3,236,330.97	7,135,462.53	14,545,365.92	230,407,285.66
2008	3,398,147.52	7,492,235.65	15,272,634.22	266,996,592.67
2009	3,568,054.90	7,866,847.44	16,036,265.93	306,919,501.59
2010	3,746,457.64	8,260,189.81	16,838,079.22	350,432,940.72

4.4.6 해를 해석 및 검증한다

각자의 계획을 바탕으로 계획을 해보자. 그리고 다음의 경제 용어가 뉴스에 오르내리기 때문에 아는것이 필요하다고 생각한다.

(소비자물가지수(CPI), Consumer Price Index): 대표적인 인플레이션 지표로 소비자가 일상 소비생활에서 구입하는 상품과 서비스의 가격 변동을 조사함으로써 도시가계의 평균적인 생계비나 화폐의 구매력 변동을 측정하는 물가지수를 말한다. 특정 시점의 소비자 상품과 서비스 가격 수준을 기준 연도의 가격 수준과 비교하여 나타낸 지수
(물가상승률 (Inflation Rate)): 한 시점에서 다음 시점까지 소비자물가지수(CPI)가 얼마나 변했는지를 백분율로 나타낸 값을 의미한다.

♣♣ 이 문제는 수업에서 학생들이 과제물로 제출한 문제임을 밝힌다.♣♣

제 4.5 절 여름날 냉장고에서 나온 음료는 언제까지 마셔야 맛이 유지 될 수 있을까?

3장의 미분에서 이 뉴튼의 냉각/예열 법칙(Cooled/warming Law)의 문제를 다루었다. 이러한 모델을 적용하여 많은 문제가 이산형의 경우와 연속형의 경우 모두에서 풀이를 해 볼 수 있다. 더운 여름날에 차가운 물은 매우 맛이 좋을뿐 아니라, 매우 시워함과 기분을 상쾌하게 되는 선물이 되기도 한다. 하지만 냉장고의 음료를 사서 이동하는 동안 미지근해지거나 따뜻했던 음료가 식어 음료의 맛이 떨어지기도 한다.

4.5.1 문제를 정의(Problem Identification)한다.

용봉이는 운동후 집에 도착하여 가장 생각나는 것은 차가운 음료다. 특히, 더운 여름날 냉장고에서 음료를 꺼내서 마시는 것은 즐거움중 하나다. 그런데 시간이 지나면서 차가운 음료가 차가움이 덜해진다. 그렇다면 냉장고에서 음료를 꺼내서 여전히 차가운 상태로 마시려면 음료를 꺼낸후 얼마의 시간내에 마시는것이 맛이 좋겠는가?

4.5.2 가정을 한다

차가운 커피음료 캔을 꺼내 따뜻한 교실에 놓고 주기적으로 온도를 측정한다고 가정해 보자. 커피음료의 온도는 냉장고에서 꺼낸 처음에 섭씨 $2°C$이고, 실내 온도는 섭씨 $32°$라 가정한다. 커피음료의 부피가 방의 부피에 비해 작기 때문에 실내 온도는 일정하게 유지될 것으로 예상할 수 있다. 또한 커피음료 캔 전체가 동일한 온도라고 가정하여 캔 내부의 변화를 무시한다. 용기의 모양과 전도도 특성, 측정 사이의 시간 길이 등에 따라 달라지지만 여기서는 무시한다. 또한 주변환경의 온도는 일정하지 않을 수 있으며, 커피음료 캔 전체에 걸쳐 온도가 균일하지 않다는 점을 고려해야 할 수도 있으나 무시한다. 일반적으로 캔의 경우 캔 내부의 온도와 캔의 온도가 같다고 가정한다. 가간 간격은 분(min)이라 가정한다.

4.5.3 수학화(Mathematizing)를 한다

커피음료와 방의 온도 차이가 크면 시간당 온도 변화가 더 클 것으로 예상할 수 있다. 이는 단위 시간당 온도 변화는 온도 차이가 작을 때 더 작을 것으로 예상할 수 있다. t_n을 n시간의 커피음료의 온도를 나타내고, $n+1$시간의 커피음료 온도는 t_{n+1}이다. n시간에서의 물채의 온도차는 물체의 온도와 주변환경과의 온도차에 비례한다.

$$\Delta t_n = t_{n+1} - t_n = k(32 - t_n), \quad t_0 = 2.$$

여기서, k을 양의 비례상수라고 한다.

4.5.4 수학적인 풀이를 한다

실내 온도는 섭씨 32°에 대해서

$$t_{n+1} - t_n = k(32 - t_n)$$

을

$$t_{n+1} = t_n + k(32 - t_n)$$

로 변경을 한다. $n = 0$이면 커피음료는 $t_0 = 2°C$이므로,

$$t_{n+1} = t_n + k(32 - t_n)t_1 = t_0 + k(32 - t_0)$$

에서 $t_1 = c$라면 $k = \frac{c-2}{30}$이다. 따라서

$$t_n = t_{n-1} + \frac{c-2}{30}(32 - t_{n-1}) = 10$$

4.5.5 결과를 해석하고 현실에서 모델을 검증한다

실제로 냉장고의 차가운 음료의 온도를 기록하면서 문제를 해결해보자.

제 4.6 절 호수물을 깨끗하게 유지 할 수 있을까?

일반적으로 도시를 보면 시민들이 휴식을 할수 있는 공간인 공원과 그 공원 주변에 호수가 있는 것이 흔히 볼 수 있다. 그런데 주민들은 그 호수의 물이 잘 순환되어 깨끗한 물로 유지되기를 기대한다. 어떤 호수물은 오염도가 높아 보이는 호수가 있기도 하지만 보기에 맑은 호수들이 많이 있다. 따라서 호수의 오염도에 관해 살펴본다. 오염의 원인은 다양하다. 수질의 오염도를 나타내는 단위는 ppm과(mg/l)으로 용어는 BOD(생물학적 산소 요구량), COD(화학적 산소 요구량), DO(용존산소량)값으로 나타낸다.

4.6.1 문제를 정의(Problem Identification)한다.

• 문제: 대구의 수성못이나 광주의 쌍암호수공원은 인공적으로 조성된 호수공원이라 한다. 영희는 가끔 이러한 공원을 산책하는것을 좋아한다. 이러한 인공호수는 물의 흐름을 좋게하여 주민들이 사랑하는 호수공원이 되게 하려면 오염 되지 않게 관리가 잘 되는것 같다고 영희는 생각했다. 따라서 영희는 호수공원이 가능한 오염을 줄일 수 있기 위해서는 물의 흐름을 어떻게 하는지 궁금하였다. 더구나 호수의 상류에 오염 지역으로인해 매일 호수에 추가 오염이 존재한다면 어떻게 될까?

4.6.2 가정을 한다

- 수질의 오염도는 다양한 성분들(수소, 화학적 산소요구량, 부유 물질량, 용존산소량, 대장균 수, 총인, 총질소 등등)의 기준들이 있다. 더구나 이러한 성분들의 요구량 단위가 (pH, mg/l)와 같은 단위로 단위들이 서로 같지 않다.

- 이러한 불편함을 제거하기 위해, 여기서는 이러한 물질을 모두 포함하여 오염도라 하고 이에 대한 측정은 학교 수준을 넘어가므로 % 단위로 가정하여 설명한다. 또한 증발이나 강우나 강수등으로 호수 물의 량이 변화가 없다고 가정한다.

- 호수의 물의 양은 일정하게 유지되도록 한다고 가정한다.

- 이 호수를 깨끗하게 관리하기 위해 매일 깨끗한 물이 일정하게 호수로 흘러들어가고 기존 호수물이 일정하게 흘러 나간다고 가정한다.

- 안전한 수준은 오염도를 어느정도까지 허용을 할 것인가?

- 자연적으로 증발하는 물은 없다고 가정한다.

- 추가 오염이 있다고 가정할 수 있다.

- 호수공원의 물이 Am^3의 물이 있다고 가정할 수 있다.

- 호수의 오염정도는 $a\%$ 정도라 가정한다.

등등 호수가 오염이 되는데 기여하는 다양한 요인들이 있을것이다.

4.6.3 수학화(Mathematizing)를 한다

호수의 물은 깨끗한 물이 유입되고 기존에 있는 호수물이 유입된 양만큼 흘러보냄으로 가능한 호수의 물이 더이상 오염되지 않도록 한다. 매일 깨끗한 물이 호수로 흘러 들어오는 물을 $x\ m^3$, 호수에서 물이 흘러 나간 물의 양을 $y\ m^3$라 한다. 단위(시간, 일, 월)를 일(day)일이라 한다. P_n을 n일에 호수의 오염물질의 양이라 하면, 시간 $t = 0$일 t_0 일에 $a\%$가 오염물질이 있다고 하면 오염물질 양은

$$P_0 = a \times A\ m^3$$

이다. 매일 $y\ m^3$가 호수물이 흘러 나가는데, 이 물에 오염물질이 일부가 포함된다. $t = t_0$일에는 $a\%$가 오염물질이 있지만, 시간이 지남에 따라 호수물의 오염도는 점차 감소한다.
n일에 호수 $A\ m^3$에는 총 오염물질 $P_n\ m^3$이 포함되어 있다고 하면, 각 시간에 호수물 m^3당 $\frac{P_n}{A}\ m^3$의 오염물질이 포함되어 있고, 호수에서 매일 $y \times \frac{P_n}{A}\ m^3$ 의 오염물질이 유출된다. 따라서 $n+1$일의 오염물질 양 P_n에서 $\frac{y}{A}P_n$만큼씩 흘러보낸다. 즉,

$$P_{n+1} = P_n - \frac{y \times P_n}{A} = (1 - \frac{y}{A})P_n \tag{4.4}$$

이다. 이는

$$(n+1)\text{일의 오염 양} = n\text{일의 오염 양} - n\text{일 동안 유출량}$$

이다.

이제, 호수에 오염물질이 추가되는 모델을 고려 할 수 있다. n일 동안에 호수에 추가 되는 다른 오염물질 양이 $b\ m^3$ 이라면 $b\ m^3$을 더한다. 즉,

$$P_{n+1} = P_n - \frac{y \times P_n}{A} + b\ m^3 = (1 - \frac{y}{A})P_n + b\ m^3$$

이다.

4.6.4 수학적인 풀이를 한다

따라서 n일 동안에 호수의 오염물질 양은

$$\begin{aligned} P_1 &= (1 - \frac{y}{A})P_0 \\ P_2 = (1 - \frac{y}{A})P_1 &= (1 - \frac{y}{A})^2 P_0 \\ &\vdots \\ P_n &= (1 - \frac{y}{A})^n P_0 \end{aligned}$$

이다. 즉,

$$P_n = (1 - \frac{y}{A})^n P_0$$

을 의미한다. 또한 추가 되는 다른 오염물질 양이 $b\ m^3$ 이라면

$$P_{n+1} = (1 - \frac{y}{A})^n P_0 + b\ m^3$$

이다.

4.6.5 현실에 모델을 검증한다

호수공원의 물이 $100,000\ m^3$이 있고 그 물은 5%정도 오염이 되어 있다고 가정해 본다. 유입과 유출되는 물의 양을 $1000\ m^3$라 하자. 초기시간 t_0일에 호수의 초기 오염된 양은 $A = 100,000m^3$의 5%으로 오염의 양은

$$P_0 = 0.05 \times 100,000 = 5,000m^3$$

이다. P_n을 n일에 호수의 오염물질 양이라 하고, 매일 $1,000m^3$가 호수에서 호수 물이 흘러 나가는데 이 호수물의 일부는 오염물질이다. t_0일차에는 5%정도 오염양이지만 시간이 지남에 따라 오염물질은 점차 감소할 것이다. n일차 t_n 에 호수는 총 $100,000m^3$ 내에 오염물질 양 P_n을 포함하고 있으므로, 그 순간 호수 물 $1m^3$당 $P_n/100,000m^3$ 의 오염 물질이 포함되고, 오염 유출량은 1000ą£$(P_n/100,000m^3)$이다. 그러므로

$$P_{n+1} = P_n - \frac{1000 \times P_n}{100,000} = (1 - 0.01)P_n = (0.99)P_n$$

이다. 이는

$$P_n = (0.99)^n P_0 = (0.99)^n 5000$$

을 의미한다. 따라서 P_n는 오염도이므로 $k = (0.99)^n 5000$ 일 때 k을 어느 정도까지 해야 깨끗한 호수로 유지가 될 것인지를 정한다.

a = 5% 포함된 오염된 물 $A = 100,000m^3$, 깨끗한 유입 물 $x = 1000m^3$, 유출 물 $y = 1000m^3$이라 하자. n일에 P_n을 호수의 오염물질 양을 1000이하로 유지하려고 한다고 하자. P_n는 오염물징 양이므로 $1000 = (0.99)^n 5000$을 풀면 $n = \frac{\ln(0.2)}{\ln(0.99)} \approx 160.14$ 이다. 따라서 161일(day)이 걸린다.

또한, 매일 5 m^3의 비율로 이 호수에 오염물질이 계속 추가될 경우 모델 P_n과 해에 어떤 영향을 주는가?

$$P_{n+1} = P_n - 1000 \times \frac{P_n}{100,000} + 5 = (0.99)P_n + 5.$$

이는 일차선형차분방정식이고 이는 다음과 같다:

$$\begin{aligned} P_n &= (0.99)^n 5000 + 5[1 - (0.99)^n]/[1 - 0.99] \\ &= 500[9(0.99)^n + 1]. \end{aligned}$$

여기서 오염정도를 1000이하로 하려면, 시간이 얼마나 걸릴까? 위식에서 $9(0.99)^n + 1 = 2$일 때 $(0.99)^n = 1/9$ 또는 $n \ln(0.99) = -\ln 9$이다. 시간은 $n \approx 218.62$이다. 따라서 219일(day)이 걸린다.(♣ 이런 계산은 계산기등을 사용한다.)

제 4.7 절 유료 낚시터 사업은 수익이 있을까?

어른들의 취미는 등산이나 낚시들이 있다. 심지어 낚시잡지나 낚시애호가를 위한 방송까지 있을 정도다.

4.7.1 문제를 정의(Problem Identification)한다.

• 문제: 우리나라는 계곡이나 호수에서 낚시가 허용된 곳들이 있지만 유로낚시장소를 하는 낚시터들도 상당히 많이있다. 철이는 바다 낚시를 좋아한다. 하지만 날씨가 좋지 않다면 바다 낚시를 가기는 어렵다. 그래서 낚시터 사업을 할까 하는 생각을 해보았다. 만일 유료 낚시터를 운영하는 낚시터 사장은 호수에 물고기가 적절하게 있도록 낚시터에 주기적으로 물고기를 방류한다고 한다. 낚시터 운영으로 수익이 있으면서 낚시터에 물고기 자체로 적절하게 유지도록 할수 있을까?

4.7.2 가정을 한다

이 낚시터는 붕어낚시터라고 가정하자. 낚시터에 물고기가 적절하게 유지되려면 매년 물고기를 정규적으로 낚시터에 방류하는 물고기량과 물고기가 부하하여 증가하도록 해야 한다.

- 낚시터의 수온은 붕어가 사는데 온도가 적절하다고 가정한다.

- 낚시터의 크기와 붕어의 크기는 고려하지 않는다고 가정한다.
- 낚게된 물고기는 매년 얼마나 될까?
- 매년 물고기를 정규적으로 낚시터에 물고기를 방류를 해야 할까?
- 낚시터에서 수확이 없을때 매년 물고기의 수가 15%증가 한다고 가정한다.
- 어류 보호를 위해 낚시는 매년 물고기를 2000마리 만 낚시를 할 것을 제한 한다고 가정한다.
- 그밖의 낚시터를 유지관리하는데 소요되는 경비는 고려하지 않는다고 가정한다.

4.7.3 수학화(Mathematizing)와 수학적인 풀이를 한다

초기 현재 $t_0 = 0$일 때 $F_0 = 10,000$마리의 물고기가 있다고 가정한다. F_n이 지금부터 n년 동안 낚은 어류 개체수를 나타낸다고 한다. 낚시를 하지 않으면 매년 붕어의 개체수는 산란으로 15%증가 한다고 가정하였고, 년간 2000마리만 낚시를 할 것으로 제한 한다고 가정하였으므로, 이에 따른 모델은

$$F_n = (1.15)F_{n-1} - 2000$$

이다. F_n은 지금으로부터 n년 후의 물고기 수를 나타낸다. 매년 낚시터에 방류하는 물고기의 양은 a로 일정한 양이라 가정한다. n년 동안 낚시터에 방류한 물고기 수를 na이라 하고, n년 동안 낚시터에 있었던 전체 물고기의 수는 $F_0 + na$ 이다. 그리고 n 년 동안 낚시로 수확한 후 낚시터에 남은 물고기의 양 R_n은

$$R_n = (F_0 + na) - F_n \times (1.15) + 2000$$

이다. 따라서 R_n 물고기 개체수 규모를 다음 값으로 예측하면 시간이 얼마나 걸리겠는가?

$$9500,\ 8925,\ 8264,\ \cdots .$$

어류 개체수가 5000마리 정도로 감소하는데는 시간이 얼마나 걸리겠는가? 낚시터를 운영하는 사장님은 붕어의 개체수를 안정적으로 유지할수 있겠는가?

제 4.8 절 비선형 계차(차분)방정식 (Nonlinear Difference Equations)

계차(차분)방정식이 선형차분방정식이외에 비선형차분방정식이 있는데 표현은 단순해 보이지만 내용은 단순하지 않다. 그에 대한 중요한 예로는 다음과 같다:

$$x_{n+1} = ax_n(1 - x_n), n = 0, 1, 2, \cdots .$$

여기서 a는 상수이고 $0 < x_0 < 1$이다. 비선형 방정식의 해는 선형방정식보다 훨씬 더 다양한 변화를 나타낸다. 이것은 a의 특정 값에 대해서 발생하고 해의 움직임을 설명 할 수 있다. $0 < a < 1$의 경우 x_n는 그림 4.7에서와 같이 계속 0으로 감소한다. $1 < a < 3$의 경우는, x_n은 그림 4.8에서와 같이 한계 $1 - 1/a$로 증가하거나 감소한다

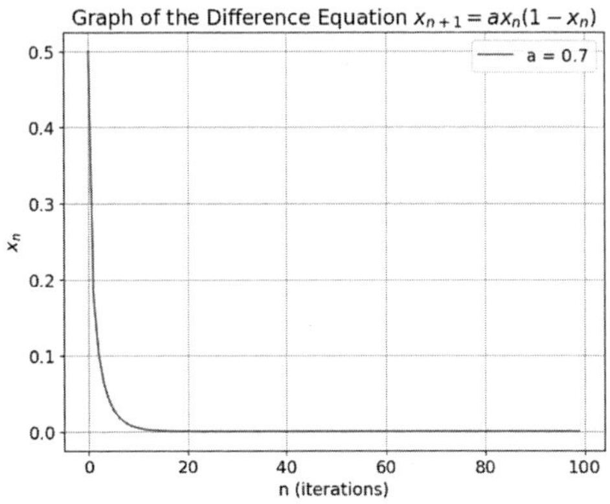

그림 4.7: $x_{n+1} = 0.7x_n(1 - x_n)$의 그래프

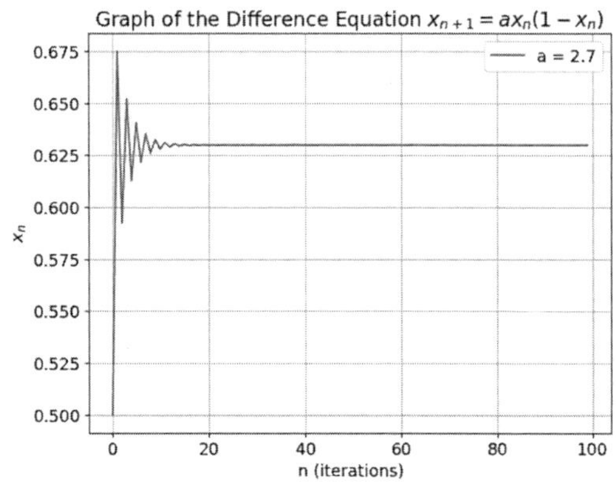

그림 4.8: $x_{n+1} = 2.7x_n(1 - x_n)$의 그래프

4.8.1 문제를 정의(Problem Identification)한다.

3장에서 연속형의 경우 미분방정식에 대한 이스트양의 증가에 관한 데이터가 표 4.4와 같다고 한다. 이와 같은 데이터는 관찰을 하여 나온 결과다. 하지만 계속하여 관찰을 하여 생물량을 측정하는 것은 시간과 경비가 많이 들수 있다. 이러한 문제를 해결하는데 수학적 모델을 적용할 수 있다. 일부의 데이터를 활용하여 수학적으로 이스트양을 예측할 수 있다.

4.8.2 가정(Assumptions)을 한다

이스트를 배양하는 장소와 영양을 일정하게 제공하지만 시간에 따라 제한된 장소와 영양의 결핍, 산소의 부족, Hp의 변화가 있을 수 있다고 가정 한다. 그렇기 때문에 이러한 점을 고려하여 이스트의 생물양은 증가한다고 한다.

4.8.3 수학화(추상화)를 한다

3장에서 성장에 제한이 있는 모델로 이스트 모델을 적용한 모델을 다루었다. 여기서는 비선형차분방정식으로도 이스트 문제에 대해 설명이 가능하다. 이스트의 데이터를 활용하여 17일 동안 이스트의 생물량의 변화를 살펴본다. 그림 4.9의 데이터 표 4.4의 두번째 열은 관찰에 의해 이스트의 생물량을 나타낸다. 세 번째 열에서 시간당 이스트 생물양의 변화는 자원이 더 제한됨에 따라 작아진다. 표 4.4를 기반으로, 우리는 수용능력을 665라고 추정한다.(실제로는, 그래프는 정확한 숫자가 예를 들어 664 또는 666이 아니라 665 임을 정확하게 나타내지 않는다). 그렇지만, p_n이 665에 가까워 질수록 변화는 상당히 느려진다(4.9 참고). p_n 이 665 에 가까워 질수록 $665 - p_n$ 가 작아지므로, p_n이 665 에 가까워 질수록 Δp_n 변화가 점점 작아지는 모델

$$\Delta p_n = p_{n+1} - p_n = k(665 - p_n)p_n$$

이 될 수 있다. 수학적으로는 이 가설 모델은 변화인 Δp_n이 $(665 - p_n)p_n$ 에 비례한다는 것을 나타낸다(4.10참고). 모델이 $(p_{n+1} - p_n)$ 대 $(665 - p_n)p_n$ 를 통해 어떠한 비례가 있는지 확인하고 다음 비례상수 k값을 추정한다(그림 4.10참조).

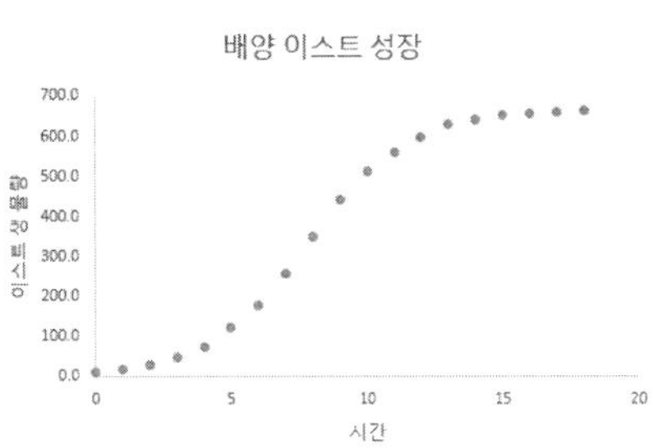

그림 4.9: 이스트 생물량이 제한된 개체군이 일정 수준에 접근

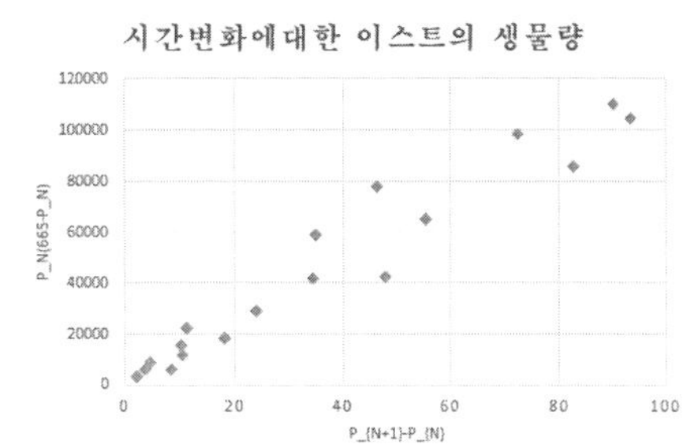

그림 4.10: 생물양 변화 Δp_n에 따른 이스트 생물양

표 4.4: 효모이스트의 생물량 증가

시간 n	관찰된 이스트의 생물량 (P_n)	생물양의 변화 $\Delta P = P_{n+1} - P_n$	예측된 이스트의 생물량 $p_{n+1} = P_n + 0.00082(665 - P_n)P_n$
0	9.6	8.7	9.6
1	18.3	10.7	14.8
2	29.0	18.2	22.6
3	47.2	23.9	34.5
4	71.1	48.0	52.4
5	119.1	55.5	78.7
6	174.6	82.7	116.6
7	257.3	93.4	169.0
8	350.7	90.3	237.8
9	441.0	72.3	321.1
10	513.3	46.4	411.6
11	559.7	35.1	497.1
12	594.8	34.6	565.6
13	629.4	11.4	611.7
14	640.8	10.3	638.4
15	651.1	4.8	652.3
16	655.9	3.7	659.1
17	659.6	2.2	662.3
18	661.8		663.8

시간에 대해 이스트 그래프에서, 이스트량의 증가는 한계치나 수용능력(carrying capacity)에 근접한 것으로 보인다.

4.8.4 수학적인 풀이를 하면서 표 4.4를 사용 검증한다

그림 4.10과 표 4.4를 살펴보면, 그래프는 원점을 통과하고 직선에 합리적으로 가깝다는 것을 알 수 있다. $p_{n+1} - p_n$과 $(665 - p_n)p_n$의 비율로, 데이터를 근사하는 직선의 기울기는 약 $k \approx 0.00082$ 로 추정되어 모델은

$$p_{n+1} - p_n = 0.00082(665 - p_n)p_n \tag{4.5}$$

이다.

방정식 (4.5)을 p_{n+1}에 대해 정리하면

$$p_{n+1} = p_n + 0.00082(665 - p_n)p_n \tag{4.6}$$

가 된다. 이 방정식의 우변은 p_n의 2차식이다. 이러한 방정식은 **비선형**으로 분류되며 일반적으로 선형방법으로서는 해결할 수 없다. 그래서 일반적으로 n에 대해 p_n으로 표현하는 수식을 바로 표현 할 수 없지만 $p_0 = 9.6$ 를 식 (4.6)에 대입하여 p_1을 계산할 수 있다:

$$p_1 = p_0 + 0.00082(665 - p_0)p_0 = 9.6 + 0.00082(665 - 9.6)9.6 = 14.76$$

이다.

비슷한 방식으로, $p_2 = 22.63$를 계산하기 위해 $p_1 = 14.76$를 방정식(4.6)에 대입 할 수 있다. 이런 식으로 반복하여 모델의 해인 이스트 양을 예측한다. 이러한 반복적인 계산은 한셀이나 엑셀과 같은 스프레이를 사용하여 계산을 하면 편리하다. 예측 및 관측치는 동일한 그래프에서 시간에 대해 함께 표시된다. 모델은 그래프 4.11에서 볼 수 있듯이 관측된 데이터의 경향성을 상당히 잘 설명된 것을 볼 수 있다. 방정식 (4.6)에 의해 이스트 양을 예측한다.

차분방정식 모델 (4.6)에 주어진 표 4.4를 사용하면 실험실에서 얻은 결과와 예측한 모델에서 계산한 결과가 거의 같음을 알 수 있다(표 4.4, 그래프 4.11 참조). 따라서 실제 데이터를 잘 설명하기 때문에 모델 (4.6)이 채택된다.

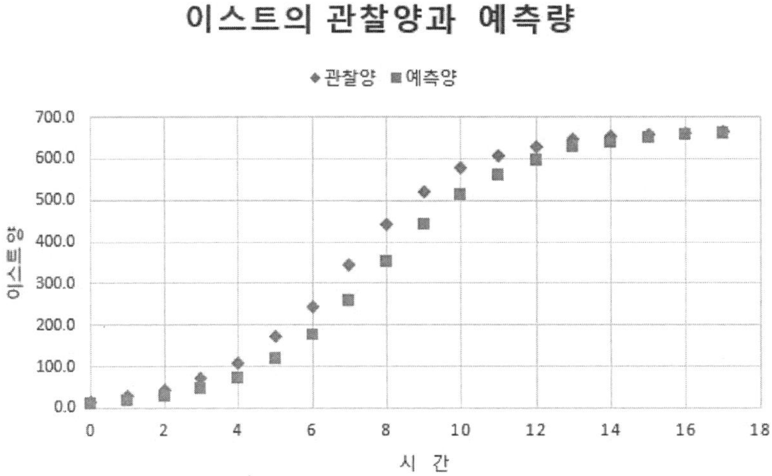

그림 4.11: 이스트의 관찰량과 예측량

제 4.9 절 4장 연습문제

1. 3장의 표 3.5의 데이터를 사용하여 인구변화에 유입이나 유출이 없는경우 차분방정식에 적용하거 검증을 해보자.

2. 3장의 표 3.5에있는 인구 데이터를 사용하여 차분방병식으로 빈칸을 채우고 인구변화를 살펴보자.

3. 성서에 의하면 인류는 대 홍수를 겪었다. 대 홍수 이후 전 세계 인류는 7억명이 넘는다고 한다. 인류의 평균 성장율은 얼마나 될까?

4. 10년 전 부모님은 20년 동안 월 이자 3%의 4백만원을 은행에 지불하고 4억를 대출하여 주택을 구입했다. 부모님이 36 번째상환을 완료했으며, 받은 유산으로 상환을 고려하고 있는데 모기지에 대해 얼마를 지불해야 하는지 알고 싶다. 또는 상환 기간에 따라 여러 가지 이자율 옵션으로 모기지 재융자를 고려할 수도 있다. 각 기간마다 지불해야 할 금액의 변화는 이자 금액만큼 증가하고 지불 금액만큼 감소한다:

$$\Delta r_n = r_{n+1} - r_n = 0.03r_n - 4000000$$

5. 용봉이는 교사일을 시작하면서 10년마다 여행과 휴식을 통해 다양한 경험을 쌓고 싶다는

생각이 든다. 그려려면 휴직을하는 동안의 1 년치의 생활비와 여행에 필요한 경비를 모은다면 휴직을 할수 있을것이다. 그러기 위해서는 용봉이는 이러한 꿈을 실현하기 위해 어떻게 해야 가능할까?

6. 경찰수사를 하는 과정에 가끔은 사람의 사망시간을 조사하는 하는 경우들이 있다. 검시관은 사체를 점검하여 사망시간을 추론한다 어떻게 가능한지 토의해보자.

제 4.10 절 4장 참고문헌

1. 부의 삼각형, 그릿 권은진 (지은이) 북스고, 2022.
2. Linda J.S. Allen, *An introduction to Mathematical Biology*, by Published by Pearson (July 19, 2006), 오춘영,강용한,장성각 공역. 교우사(오판근), 2014.
3. Stephen L. Campbell and Richard Haberman, (2008), *Introduction to differential equations with dynamical system*, Princeton University Press.
4. Edwards, Dilwyn, *Guide to Mathematical Modelling*, Palgrave Mathematical Guides; 2nd Ed.,2001.
5. 낙원계산기, https://keep-ones.me/#/paradise-calculator.
6. 소비자물가지수(CPI)
https://kosis.kr/statHtml/statHtml.do?orgId=101&tblId=DT1J22003&checkFlag=N.
7. Inflation) 물가상승률, Inflation Rate
https://www.index.go.kr/unity/potal/indicator/IndexInfo.do?clasCd=2&idxCd=4226&upCd=4
8. https://kosis.kr/index/index.do
9. https://www.kwater.or.kr/

제 5 장

미분방정식스템(Linear System of Differential Equations)

이 절은 평면의 중요한 개념을 설명하는 데 관심이 있으나 이 절에서는 선형시스템을 고려한다. 비선형 시스템의 위상평면은 6장에서 살펴본다. 연립미분방정식의 해 $x(t), y(t)$는 시간의 함수로 x, y평면을 도입한다. t에 대한 값은 평면의 한 점 x, y 에 해당하며, 주어진 초기 조건을 만족하는 미분방정식 $x(t), y(t)$의 해는 x, y 평면 그래프를 그린다. 이 매개변수화된 곡선(시간 t가 증가함에 따라 해가 곡선을 따라 이동하는 방향 표시와 함께)을 궤적 또는 궤도라고 한다. (해곡선이라는 용어도 가끔 사용된다.) 시간이 증가함에 따라 해의 방향 표시와 함께 x, y 평면에서 궤적(모든 초기 조건에 해당)의 집합을 위상 평면이라고 한다. 이 그래프를 위상 그래프라고 부르기도 한다.

제 5.1 절　고계 미분방정식에서 1계 시스템으로의 변환

n계 선형미분방정식과 미분방정식의 시스템과의 관계를 살펴본자. 일반적으로 고계 미분방정식을 일계시스템으로 표현을 하지만 역은 모든 시스템에 대해 성립하지 않는다.

n계 선형미분방정식

$$\frac{d^n x}{dt^n} + a_1 \frac{d^{n-1} x}{dt^{n-1}} + \cdots + a_{n-1} \frac{dx}{dt} + a_n x = g(t) \tag{5.1}$$

을 동치인 일계 선형시스템으로 표현할 수 있다. 다음과 같이 n개의 새로운 변수들을 $x_1, \ldots, x_n$이라 정의하자:

$$\begin{aligned} x_1 &= x, \\ x_2 &= \frac{dx}{dt}, \\ &\vdots \\ x_n &= \frac{d^{n-1}x}{dt^{n-1}} \end{aligned}$$

그러면,

$$\begin{aligned} \frac{dx_1}{dt} &= \frac{dx}{dt} = x_2, \\ \frac{dx_2}{dt} &= \frac{d^2x}{dt^2} = x_3, \\ &\vdots \\ \frac{dx_n}{dt} &= \frac{d^nx}{dt^n} = -a_1x_n - a_2x_{n-1} - \cdots - a_{n-1}x_2 - a_nx_1 + g(t) \text{이다.} \end{aligned}$$

여기서 마지막 방정식은 미분방정식 (5.1)형태이다. 이를 행렬을 사용하여 표시하며 일계 선형시스템은 다음과 같이 표현한다:

$$\frac{dX}{dt} = AX + G(t).$$

단, $X(t) = (x_1(t), x_2(t), \ldots, x_n)^t$,

$$A = \begin{pmatrix} 0 & 1 & 0 & \cdots & 0 \\ 0 & 0 & 1 & \cdots & 0 \\ \vdots & \vdots & \vdots & \cdots & \vdots \\ 0 & 0 & 0 & \ddots & 1 \\ -a_n & -a_{n-1} & -a_{n-2} & \cdots & -a_1 \end{pmatrix}$$

이고 $G(t) = (0, 0, 0, \ldots, g(t))^T$이다. 여기서 행렬 A를 **동반행렬(companion matrix)**이라 하며 미분방정식 (5.1)과 관련이 있다.

보기 **5.1.1** *다음 2계 미분방정식은 동치인 일계 선형시스템 형식 $dX/dt = AX + G(t)$으로 바꿀 수 있다:*

$$\frac{d^2x}{dt^2} + 4\frac{dx}{dt} + 3x = \sin(t).$$

행렬 A와 G는 다음을 만족한다:

$$A = \begin{pmatrix} 0 & 1 \\ -3 & -4 \end{pmatrix}, \quad G(t) = \begin{pmatrix} 0 \\ sin(t) \end{pmatrix}. \quad \blacksquare$$

고계 미분방정식은 때때로 1계 시스템으로 변환할 수 있다. 그러나 역은 모든 시스템에 대해 성립하지 않는다. 그 이유는 1계 시스템들은 고계 미분방정식들 보다 좀 더 일반적이기 때문이다. 다음 예제에서 어떤 문제들이 있는 것을 볼 것이다(1계 미분시스템은 고계 미분 방정식과 동치가 아니다.) 상수 계수들을 가진 1계시스템의 경우들을 고려해 보자:

$$\frac{dx}{dt} = a_{11}x + a_{12}y,$$
$$\frac{dy}{dt} = a_{21}x + a_{22}y.$$

행렬기호, $dX/dt = AX$에서, 단, $A = (a_{ij})$이고 $X = (x, y)^T$ 이다. dy/dt을 t로 미분하면,

$$\frac{d^2y}{dt^2} = a_{21}\frac{dx}{dt} + a_{22}\frac{dy}{dt} \text{ 이다.}$$

만일 $a_{21} = 0$이면 위의 변환방법은 성립하지 않고, dx/dt를 t로 미분한다(여기서는 $a_{12} \neq 0$ 임을 필요로 한다). $a_{21} \neq 0$이라 가정하자. 그러면 $dx/dt = a_{11}x + a_{12}y$와 $a_{21}x = dy/dt - a_{22}y$을 y에 관한 2계 미분방정식에 대입하면 y 의 2 계 미분방정식은

$$\frac{d^2y}{dt^2} - (a_{11} + a_{22})\frac{dy}{dt} + (a_{11}a_{22} - a_{12}a_{21})y = 0$$

이 된다.

dy/dt의 계수는 $-Tr(A)$이고, y의 계수는 $det(A)$라는 점에 주목하자. y에 관한 미분방정식의 특성방정식은 다음과 같다:

$$\lambda^2 - (a_{11} + a_{22})\lambda + a_{11}a_{22} - a_{12}a_{22} = \lambda^2 - Tr(A)\lambda + det(A) = 0.$$

계수 a_{ij}는 상수이므로 y의 해는 특성방정식의 근을 구함으로 얻을 수 있다. y를 구하면 x의 해는 원래의 시스템으로 부터 얻을 수 있다.

제 5.2 절 일계선형시스템

미분방정식시스템은 동차선형시스템과 비동차시스템으로 나눌수 있다. 비동차선형시스템은 다음과 같은 형식을 가진다:

$$\frac{dX}{dt} = A(t)X(t) + G(t).$$

계수행렬 $A(t)$의 원소와 벡터 $G(t)$의 원소들은 초기값 t_0을 포함하는 구간에서 연속이므로 초기치문제(IVP)에 대해 유일한 해가 존재한다(참고문헌: 미분방정식 책). 비동차시스템에서 일반해는 동차시스템의 일반해와 비동차시스템의 특수해의 합으로 표현한다:

$$X(t) = X_h(t) + X_p(t).$$

동차시스템의 일반해는 n개의 일차독립인 해 $\phi_i(t), \imath = 1, 2, \ldots, n$로 구성한다. 해가 존재하는 구간의 모든 t에 대해 일차독립 $\det(\Phi) \neq 0$이기 때문에 해의 **기본행렬(fundamental matrix)**은 $\Phi(t) = (\phi_1(t), \ldots, \phi_n(t))$ 이고, $\Phi(t)$의 열 벡터는 $\phi_i(t)$이다(론스키안과 비교해 보자.). 따라서, 해가 존재하는 구간의 모든 t에 대해 역행렬 $\Phi^{-1}(t)$가 존재한다. 선형 비동차시스템에 대해 IVP의 유일한 해는 다음과 같은 형식으로 표현할 수 있다:

$$X(t) = \Phi(t)\Phi^{-1}(t_0)X_0 + \Phi(t)\int_{t_0}^{t} \Phi^{-1}(s)G(s)ds.$$

여기서 $X(t_0) = X_0$이다. 이 결과에 관한 증명은 미분방정식 책에서 볼 수 있다. $X(t)$와 초기값문제 1계 선형미분방정식으로 풀이한 $x(t)$의 유일한 해를 비교해 보자.

5.2.1 상수계수들

상수계수 일계선형동차시스템에서 해를 구하기 위해 적용할 수 있는 방법들이 많이있다. 이 시스템의 유형은 다음장에서 미분방정식의 비선형 자율시스템을 연구하는데 특히 중요하다.

$$\frac{dX}{dt} = AX \tag{5.2}$$

라 하자. 여기서, $A = (a_{ij})$는 실수 a_{ij}로 구성된 상수행렬이다. 먼저, 해 $X = \mathbf{0}$는 미분방정식의 고정점임을 주목하자. 해를 **평형점(equilibrium)**, **안정상태(steady state)** 또는 **임계점(critical point)**이라 한다. (5.2) 의 가장 간단한 시스템을 상수방정식으로 줄이면 $A = (a)$ 는 1×1 행렬인 미분방정식은

$$\frac{dx}{dt} = ax\text{이다.} \tag{5.3}$$

방정식 (5.3)의 일반해는 $x(t) = ce^{at}$이다. 초기조건이 $x(0) = x_0$이면 $x(t) = x_0e^{at}$이다(서론에서 이미 보인것처럼). $a < 0$이면 $\lim_{t\to\infty} x(t) = 0$이지만 $a > 0$이면 극한은 무한이다($\pm\infty$는 x_0의 부호에 달려있다.).

행렬 A의 차수가 1보다 클 때, (5.2)의 일반해는 행렬 A의 지수항으로 표현 될 수 있다. 일반해는 다음과 같다:

$$X(t) = Ce^{At}.$$

여기서 e^{At}는 $n \times n$행렬이고 C는 $n \times 1$벡터이다. 행렬 $\Phi(t) = e^{At}$는 $n \times n$인 항등행렬 $\Phi(0) = I$인 특성을 가진 기본행렬이다 (Φ의 열은 미분방정식의 n개 일차독립인 해들이다.). 지수행렬 e^{At}는 다음과 같이 정의한다:

$$e^{At} = 1 + At + A^2\frac{t^2}{2!} + A^3\frac{t^3}{3!} + \cdots = \Sigma_{k=0}^{\infty} A^k \frac{t^k}{k!}.$$

단, 이 급수는 모든 t에 대해 수렴한다. 지수행렬을 계산하기 위한 방법들이 많이있다. 만일 A의 원소들이 알려진 실수값이면 e^{At}를 계산하는데 컴퓨터 대수시스템이나 수치방법을 사용할 수 있다. 다음 예제는 지수행렬 e^{At}의 정의로부터 바로 계산할 수 있다.

보기 **5.2.1** *다음 행렬 A를 대각행렬이라 가정하자.*

$$A = \begin{pmatrix} a_{11} & 0 \\ 0 & a_{22} \end{pmatrix}.$$

그러면 $A^k = \begin{pmatrix} a_{11}^k & 0 \\ 0 & a_{22}^k \end{pmatrix}$ *이고*

$$e^{At} = \begin{pmatrix} \Sigma_{k=0}^{\infty} \frac{(a_{11}t)^k}{k!} & 0 \\ 0 & \Sigma_{k=0}^{\infty} \frac{(a_{22}t)^k}{k!} \end{pmatrix} = \begin{pmatrix} e^{a_{11}t} & 0 \\ 0 & e^{a_{22}t} \end{pmatrix} \text{이다.}$$

시스템 $dX/dt = AX$의 해는

$$X(t) = e^{At}X_0 = x_0 e^{a_{11}t}\begin{pmatrix} 1 \\ 0 \end{pmatrix} + y_0 e^{a_{22}t}\begin{pmatrix} 0 \\ 1 \end{pmatrix} = \begin{pmatrix} x_0 e^{a_{11}t} \\ y_0 e^{a_{22}t} \end{pmatrix}$$

이다. 여기서, $X_0 = (x_0, y_0)^T$ 이다. ■

보기 **5.2.2** *행렬* $A = \begin{pmatrix} 0 & 1 \\ 0 & 2 \end{pmatrix}$*라고 가정하자. 그러면,* $A^k = \begin{pmatrix} 0 & 2^{k-1} \\ 0 & 2^k \end{pmatrix}$ *이고,*

$$e^{At} = \begin{pmatrix} 1 & \frac{1}{2}\Sigma_{k=1}^{\infty} \frac{(2t)^k}{k!} \\ 0 & \Sigma_{k=0}^{\infty} \frac{(2t)^k}{k!} \end{pmatrix} = \begin{pmatrix} 1 & \frac{1}{2}e^{2t} - \frac{1}{2} \\ 0 & e^{2t} \end{pmatrix}$$

이다. 다시 말해, 선형시스템 $dX/dt = AX$의 해는

$$X(t) = e^{At}X_0 = \begin{pmatrix} x_0 + \frac{1}{2}y_0[e^{2t} - 1] \\ y_0 e^{2t} \end{pmatrix}$$

이다. ■

행렬 지수계산을 위해 파이썬(Python)를 이용할 수 있다. 예제 5.2.2의 행렬에 대한 명령어는 다음과 같다.

```
import sympy as sp
matrix_sp = sp.Matrix([[0, 1],
                       [0, 2]])
sp.pprint(matrix_sp)
```

$$A = \begin{bmatrix} 0 & 1 \\ 0 & 2 \end{bmatrix}$$

#2 × 2 행렬 정의하고, 마지막 열은 # 행렬을 출력한 코드다.

```
import sympy as sp

t = sp.symbols('t')
A = sp.Matrix([[0, 1],
               [0, 2]])
exp_At = sp.exp(A*t)

exp_At
```

의 결과는

$$exp^{At} = \begin{bmatrix} 1 & \frac{1}{2}e^{2t} - \frac{1}{2} \\ 0 & e^{2t} \end{bmatrix}$$

이다. 위 두열은 # 변수 t와 행렬 A 정의하고, 그 다음 열은 # 행렬의 지수 함수 $e^{(At)}$를 계산한 코드다. e^{At}를 계산하는 대신 $dX/dt = AX$의 일반해를 계산하기 위한 직접적인 방법은, 고계 상수계수 미분방정식에서 해를 구하기 위해 사용했던 방법과 같은 방법이다. 기본행렬 $\Phi(t)$을 구하기 위해 n개의 일차독립인 해 $\phi_1(t), \phi_2(t), \ldots, \phi_n(t)$ 을 구한다. $X = e^{\lambda t}V$라고 하자. λ는 A의 고유값이고 V는 λ에 대응되는 고유벡터로 $AV = \lambda V$가 된다. 2×2 행렬 A의 경우에 일반해로 나타내는 형식을 요약한다. 고유값은 특성방정식 $\det(A - \lambda I) = 0$의 해이다. $A = (a_{ij})$이면 특성다

항식은 다음과 같은 형식이다:

$$\lambda^2 - (a_{11} + a_{22})\lambda + (a_{11}a_{22} - a_{12}a_{21}).$$

여기서 다항식의 계수는 행렬 A의 대각선 원소의 합(trace)인 음의 값과 행렬식이다. 즉,

$$\lambda^2 - Tr(A)\lambda + det(A) = 0\text{이다.}$$

해로 나타내는 형태는 다음과 같은 세가지 경우로 요약한다.

1. A의 고유값 $\lambda_i,\ i = 1,2$은 실수이고, $\lambda_i,\ i = 1,2$에 대응되는 두개의 일차독립 고유벡터 $V_i,\ i = 1,2$ 가 존재한다. $dX/dt = AX$의 일반해는 다음과 같은 형태를 가진다:

$$X(t) = c_1V_1e^{\lambda_1 t} + c_2V_2e^{\lambda_2 t}.$$

2. A의 고유값 $\lambda_i,\ i = 1,2$가 실수인 중근($\lambda_1 = \lambda_2$)으로 일차독립인 고유벡터 V_1 이 존재한다. $dX/dt = AX$에 대한 일반해는 다음과 같은 형태를 가진다:

$$X(t) = c_1V_1e^{\lambda_1 t} + c_2[V_1te^{\lambda_1 t} + Pe^{\lambda_2 t}]$$

   여기서 방정식 $(A - \lambda_1 I)P = V_1$에서 P를 구할 수 있다(벡터 P는 일반화된 고유벡터이다.).

3. A의 고유값 $\lambda_i,\ i = 1,2$는 켤레복소수 $\lambda_{1,2} = a \pm ib,\ b \neq 0$ 이다. $dX/dt = AX$에서 일반해는 다음과 같은 형태를 가진다:

$$X(t) = \begin{pmatrix}\alpha_1\\ \alpha_2\end{pmatrix} e^{at}\sin(bt) + \begin{pmatrix}\alpha_3\\ \alpha_4\end{pmatrix} e^{at}\cos(bt).$$

실제로 해는 오직 두개의 독립인 임의의 상수 c_1, c_2만을 포함한다. 4개의 상수 $\alpha_i,\ i = 1,2,3,4$는 관련된 고유값과 고유벡터에 종속되고 미분방정식에 대입하여 구할 수 있다.

제 5.3 절 위상평면 분석

2차원 선형 시스템에 대한 해의 동태는 위상평면, 즉, $x - y$평면에서 연구한다. $X = (x, y)^T$ 이고 $A = (a_{ij})$인 $dX/dt = AX$는 다음과 같이 쓸 수 있다:

$$\begin{aligned} \frac{dx}{dt} &= a_{11}x + a_{12}y, \\ \frac{dy}{dt} &= a_{21}x + a_{22}y. \end{aligned} \tag{5.4}$$

원점 $x = 0$와 $y = 0$은 시스템 (5.4)의 평형해이다. $det(A) \neq 0$이라고 가정하자. 그러면 원점은 유일한 평형해인 **고립 평형해(isolated equilibrium)** 이다.

선형방정식계 (5.4)에 대한 해는 행렬 A의 고유값과는 구별되고, 이것은 결국 A의 대각원소의 합과 행렬식에 따른다. 원점은 마디(node), 안장점(saddle), 나선(spiral), 중심(center)으로 분류한다. 더구나 원점은 안정 또는 불안정으로 분류한다. 선형시스템에서는 안정 또는 불안정을 정의함으로써 시작한다. 안정과 점근적인 안정을 구별한다.

A의 고유값이 음수이거나 음의 실수부를 가진다면 원점을 **점근적인 안정**(asymp totically stable)이라고 한다. A의 고윳값이 양수가 아니거나 양수가 아닌 실수부를 가진다면, 원점을 **안정(stable)**이라고 한다. A의 적어도 하나의 고윳값이 양수이거나 양의 실수부를 가진다면, 원점을 **불안정(unstable)**이라 한다. 원점이 점근적인 안정 $\lim_{t\to\infty}(x(t), y(t)) = (0, 0)$이면 해는 원점으로 접근한다. 이러한 정의를 기초로 일단 고윳값을 알면 원점의 안정성을 결정하는 것은 쉽다. 더구나 고윳값의 계산 없이도 안정성은 A의 특성방정식에서 Routh-Hurwitz 판정법을 적용함으로써 결정할 수 있다:

$$\lambda^2 - Tr(A)\lambda + \det(A) = 0.$$

두 가지의 값이 특성방정식의 계수이기 때문에 점근적인 안정성은 단지 대각원소의 합과 행렬식에 의해 결정된다. Routh-Hurwitz 판정법에 따라 고윳값이 복소평면의 좌측평면에 있을 필요충분조건은 계수들이 양수이다.

따름 정리 **5.3.1** *$dX/dt = AX$에서 A는 상수 2×2 행렬이고 $det(A) \neq 0$라 가정하자. 원점이 점근적인 안정일 필요충분조건은*

$$Tr(A) < 0 \quad \text{이고} \quad det(A) > 0\text{이다.}$$

원점이 안정이 되는 동치조건은 $Tr(A) \le 0$이고 $\det(A) > 0$이다. 원점이 불안정일 필요충분조건은 $Tr(A) > 0$ 이거나 $\det(A) < 0$ 이다. ◄

일반적인 선형 연립미분방정식은 원점에서 4가지 유형(마디, 안장점, 나선 또는 중심)중 한 가지로 분류할 수 있는 특별한 판정법을 소개한다. 원점을 안정 또는 불안정으로 분류하기 위해 이전의 결과를 적용한다. 이 분류체계는 원점이 고정점 또는 선형시스템의 평형해 $\det(A) \neq 0$라는 사실에 기초한다. 행렬 A는 0인 고윳값은 가지지 않는다. 분류체계는 고윳값이 실수인지 복소수인지를 결정하며 실수 고윳값은 양수인지 음수인지 그리고 복소수 고윳값은 음의 실수부를 가지는지 아닌지를 결정한다. 미분방정식의 질적 이론에 관해서는 많은 참고문헌을 참고 할 수 있다.

♣ **실수 고윳값:**

실수 고윳값 λ_1, λ_2의 경우에, 대응되는 고유벡터 V_1과 V_2의 방향은 해가 원점으로 가까이 가거나 원점에서 멀어지는 방향을 따른다. 예를 들어, λ_1이 양수이면 해는 V_1을 따라 이동할 것이고 원점으로 부터 멀어진다. λ_2가 음수이면 해는 원점을 향하여 V_2을 따라 이동할 것이다. 일반적으로, 해가 움직이는 방향은 V_1과 V_2의 일차결합의 방향으로 이동한다. 원점은 마디나 또는 안장점으로 분류한다.

1. **마디(결절점)(node)**: 두 고윳값이 같은 부호를 가지고 같거나 다르다, $\lambda_1 \le \lambda_2 < 0$ 또는 $0 < \lambda_1 \le \lambda_2$ 이다. 더구나 원점은 고유함(proper)과 비고유 (improper)함으로 분류할 수 있다. 마디는 고윳값들이 같고 2개의 일차독립인 고유벡터가 존재할 때 고유하다고 하며, 그렇지 않으면 비고유하다고 한다. 고유한 마디는 별모양 점 또는 별모양 해라고 한다. 후자의 이름에 대한 이유는 그림 5.1를 보면 알 수 있다(모든 방향에서 해가 원점으로 접근한다.). 퇴화마디(degenerate node)의 용어는 또한 행렬 A의 두 고윳값이 같을 때 마디로 사용했다(Gulick, 1992). 그림 5.1에서 위쪽의 왼쪽 모서리에서 불완전 마디는 서로 다른 두 고윳값을 가진다. 이것은 퇴화마디가 아니다. 그러나 위쪽 왼쪽 모서리에서 마디의 오른쪽에 있는 서로 다른 두 마디는 퇴화된 마디이다(고윳값은 같다.) 만약 오직 한개의 독립인 고유벡터가 존재한다면 역학은 중심이고 두 개의 독립인 고유벡터가 존재하면 역학은 위쪽 오른쪽 모서리에 그려진다(별모양 해).

2. **안장점(saddle)**: 고윳값 λ_1, λ_2는 서로 다른 부호 $\lambda_1\lambda_2 < 0$을 가진다(즉, $\lambda_1 < 0 < \lambda_2$).

♣ **복소수 고윳값:**

복소수 고윳값 $\lambda_{1,2} = a \pm ib, b \neq 0$의 경우 선형시스템 $dX/dt = AX$에서 해는 $\cos(bt)$ 와 $\sin(bt)$인 원소를 포함하기 때문에 평형점 근방에서 해는 나선이다. 실수부 $a < 0$이면 $e^{at}\cos(bt)$ 또는 $e^{at}\sin(bt)$을 가진 해는 원점으로 향하고 안으로 들어오는 나선이다. 그러나 실수부 $a > 0$ 이면 해는 원점으로부터 멀어지고 외부로 나가는 나선이다. 끝으로 실수부 $a = 0$이면 해는 원점을 둘러쌓는 닫힌곡선이다. $a \neq 0$일 때 원점은 나선(또는 초점)이고, $a = 0$일 때, 원점이 중심으로 분류한다.

3. **나선(spiral) 또는 초점(focus)**: 고윳값이 0이 아닌 실수부를 가진다($a \neq 0$).

4. **중심(center)**: 고윳값들은 순허수($a = 0$), $\lambda_{1,2} = \pm ib$이다.

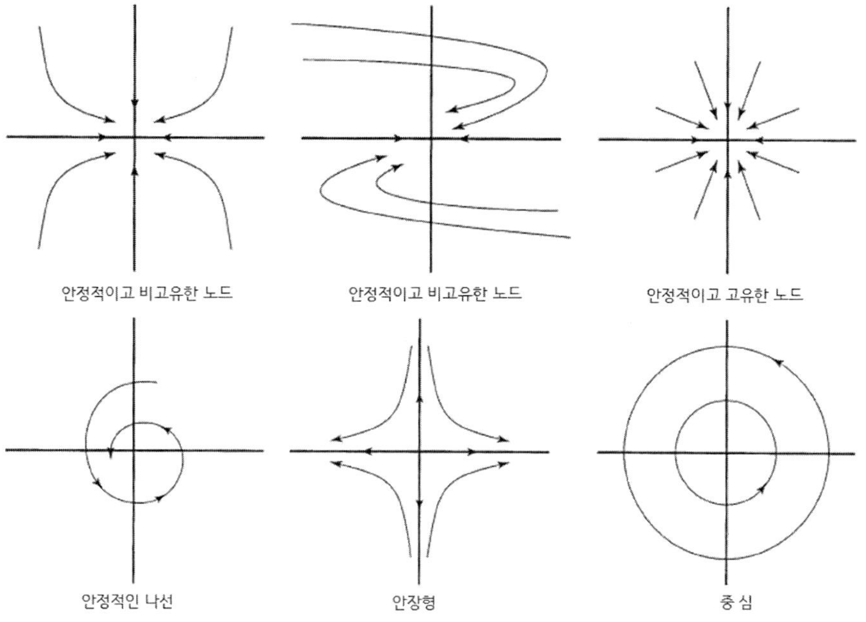

그림 5.1: 비고유한 마디와 고유한 마디, 나선, 안장점, 중심 그래프.

마디 또는 나선은 고윳값의 실수부가 각각 음수나 양수에 따라 점근적인 안정 또는 불안정으로 분류 할 수 있다. 안장점은 항상 불안정이고, 중심는 점근적인 안정도 불안정도 아니다. 중심는 때때로 **중립적으로 안정(neutrally stable)**하다 라고 한다(이것은 안정이지만 점근적인 안정은 아니다.).

보기 **5.3.2** *행렬 $A = \begin{pmatrix} 0 & -1 \\ 1 & 0 \end{pmatrix}$라 하자. A의 고윳값은 $\pm i$ 이므로 원점은 중심이다. $dX/dt = AX$에서 해는 $dx/dt = -y$ 와 $dy/dt = x$로 놓으면 바로 구할 수 있다. 그래서,*

$$\frac{dy}{dx} = \frac{dy/dt}{dx/dt} = -\frac{x}{y} \text{ 이다.}$$

변수분리를하여 적분을 하면,

$$\frac{y^2}{2} + \frac{x^2}{2} = c$$

이다. 위 방정식은 원점이 중심인 원이다. 해는 원점 주위의 원주상에서 시계반대 방향으로 움직인다.■

보기 **5.3.3** 행렬 $A = \begin{pmatrix} 0 & 1 \\ 1 & 0 \end{pmatrix}$이라 하자. A의 고윳값은 ± 1이므로 원점은 안장점이다. 시스템 $dX/dt = AX$를 $dy/dx = y/x$처럼 쓸 수 있다. 변수분리를 하여 적분을 하면,

$$\frac{y^2}{2} - \frac{x^2}{2} = c \text{이다.}$$

위 방정식은 원점이 중심인 쌍곡선이다. 그림 5.2을 참고 하여라.■

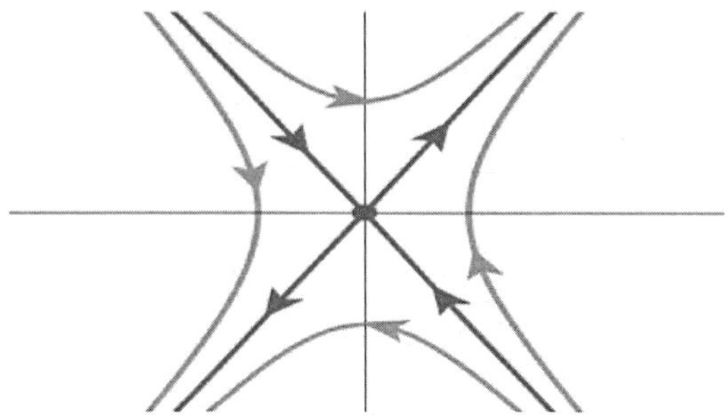

그림 5.2: 예제 5.3.3의 해에 대한 위상평면의 그래프. 원점은 안장점이다.

보기 **5.3.4** 행렬 $A = \begin{pmatrix} 1 & 0 \\ 0 & 3 \end{pmatrix}$이라 하자. A의 고윳값은 1과 3이다. 원점은 불안정 마디이다. 해는 $dx/dt = x$와 $dy/dt = 3y$을 적분함으로 구할 수 있다. 그러므로 $x(t) = x_0 e^t$ 와 $y(t) = y_0 e^{3t}$ 이다. 위상평면에서 해는 다음과 같은 방정식을 가진다:

$$X(t) = x_0 e^t \begin{pmatrix} 1 \\ 0 \end{pmatrix} + y_0 e^{3t} \begin{pmatrix} 0 \\ 1 \end{pmatrix}. \quad \blacksquare$$

분류체계는 A의 행렬식과 대각원소의 합의 부호와 특성방정식의 판별식이 관련있다.

$$\tau = Tr(A) \quad \text{이고} \quad \delta = \det(A)$$

라 하자. 특성다항식의 근과 고윳값에 대해 다시 살펴보자. $\lambda^2 - Tr(A)\lambda + \det(A) = \lambda^2 - \tau\lambda + \delta$은 다음을 만족한다:

$$\lambda_{1,2} = \frac{\tau \pm \sqrt{\tau^2 - 4\delta}}{2}.$$

판별식을 γ로 표기하고 다음과 같이 정의한다.

$$\gamma = \tau^2 - 4\delta.$$

다음 분류체계는 판별식 γ의 부호에 따라 즉, 고윳값이 실수인지 혹은 공액복소수인지에 따라 역학(dynamics)을 분류한다. 비고유한(improper) 결절점과 고유한(proper) 결절점(마디)은 구별하지 못한다.

◊ **고윳값이 실수($\gamma \geq 0$)인 경우:**

- $\tau > 0$ 이고 $\delta > 0(\lambda_{1,2} > 0)$ 이면 불안정인 마디이다.
- $\delta > 0(\lambda_1 < 0 < \lambda_2)$ 이면 안장점 마디이다.
- $\tau < 0$ 이고 $\delta > 0(\lambda_{1,2} < 0)$ 이면 안정인 마디이다.

◊ **고윳값이 켤레복소수 $a \pm ib$ ($\gamma < 0$)인 경우:**

- $\tau > 0(a > 0)$ 이면 불안정인 나선이다.
- $\tau = 0(a = 0)$ 이면 중립적인 중심이다.
- $\tau < 0(a < 0)$ 이면 안정적인 나선 또는 안정적인 초점(focus)이다.

분류체계는 그림 5.3에 있는 $\tau - \delta$ 평면에 설명되어 있다. 점근적인 안정성은 $\tau < 0$와 $\delta > 0$가 필요하다(대각원소의 합은 음이고 행렬식은 양수이다. 따름정리 5.3.1 참고).

보기 **5.3.5** *다음 시스템은 평형점이 안정적인 나선이 되도록 a의 조건을 결정하여라.*

$$\frac{dx}{dt} = y, \ \frac{dy}{dt} = -x + ay.$$

행렬은 $A = \begin{pmatrix} 0 & 1 \\ -1 & a \end{pmatrix}$ *이다. 평형점이 안정인 나선이기 위해서는 판별식과 대각원소의 합 τ는 음수여야 한다.* $Tr(A) = \tau = a < 0$, $\det A = \delta = 1$ *이다. 그래서* $\gamma = \tau^2 - 4\delta = a^2 - 4 < 0$ *이다. 두 부등식이 안정인 나선이기 위한 조건은* $-2 < a < 0$ *이다.* ■

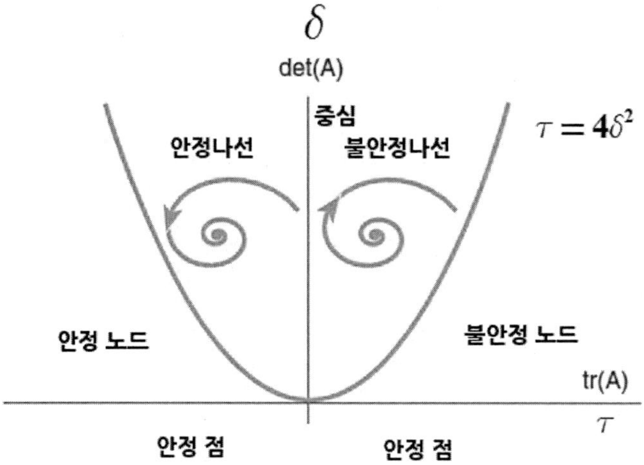

그림 5.3: $\tau - \delta$평면에서의 안정 그래프

제 5.4 절 예제: 약물동태학 모델

약을 복용하는 것에 관한 모델은 구성하였다. 약을 복용하면 위장(GI)으로 전달된다. 약은 지연이 없이 위장계의 약의 농도에 비례하는 비율로 혈관으로 흡수되고 혈중 약물농도에는 독립적이다. 약은 대사작용을 하고 농도에 비례하는 비율로 혈액으로부터 맑아진다. 위장계와 혈액으로 분리하여 모델을 세운다. $x(t)$를 위장에서 약물 농도라 하고 $y(t)$를 혈중 농도라 하자. 또한 $d(t)$는 약의 복용량이라 하자. 그림 5.4는 두 구획을 모델로 구성한다.

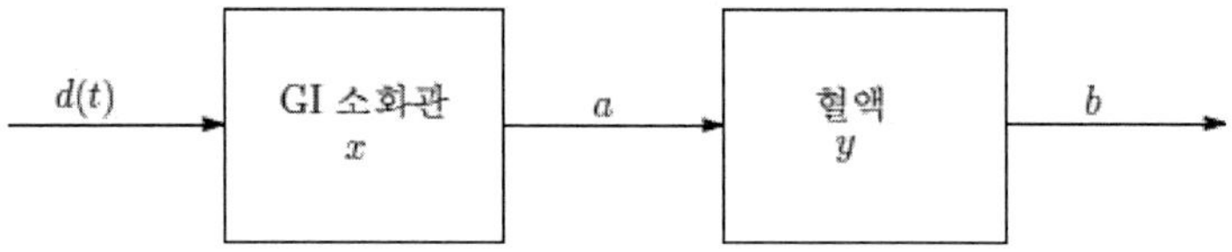

그림 5.4: GI(위장계)와 혈액에서의 약의농도 구획 다이어그램.

두 구획을 선형비동차미분방정식계로 모델을 세울 수 있다:

$$\frac{dx}{dt} = -ax + d(t),$$
$$\frac{dy}{dt} = ax - by, \quad a, b > 0, a \neq b.$$

이 시스템은 선형이기 때문에, 이 모델에서 일반해는 다음과 같다:

$$X(t) = e^{At}X_0 + e^{At}\int_0^t e^{-As}G(s)ds.$$

여기서, $G(s) = (d(s), 0)^T$ 이고 $A = \begin{pmatrix} -a & 0 \\ a & -b \end{pmatrix}$이다. A가 두 개의 음수인 고유값 $-a$와 $-b$를 가지기 때문에, $\lim_{t\to\infty} e^{At}X_0 = \mathbf{0}$이다. 동차해는 일시적인 해임을 나타낸다. 그러므로

$$\lim_{t\to\infty} X(t) = \lim_{t\to\infty} e^{At}\int_0^t e^{-As}G(s)ds\text{이다.}$$

여기서, e^{At}는

$$\begin{pmatrix} e^{-at} & 0 \\ a\dfrac{e^{-bt}-e^{-at}}{a-b} & e^{-bt} \end{pmatrix}$$

와 같다. 이 시스템을 풀기 위한 다른 방법은 먼저 일계비동차방정식의 x에 대한 해를 구한 후 x를 사용하여 y를 구한다.

연속적으로 소화관 안으로 약물을 방출한다고 하자. 즉, $d(t)$가 상수라고 가정한다. $d(t) = 1$이고 초기값 $x(0) = 0 = y(0)$라고 하자. 시스템의 해는

$$x(t) = \frac{1}{a}(1 - e^{-at})$$
$$y(t) = \frac{1}{b} + \frac{e^{-at}}{a-b} - \frac{ae^{-bt}}{b(a-b)}$$

이다. 그러면

$$\lim_{t\to\infty} x(t) = \frac{1}{a}, \quad \lim_{t\to\infty} y(t) = \frac{1}{b}\text{이다.}$$

특별한 구획에서 약물의 반감기를 추정할 수 있다. 예를 들어, 소화관에서, $dx/dt = -ax$, $x(t) = x_0e^{-at}$일 때, 반감기는 $x(t) = x_0/2$일때 t의 값이다. 따라서 그 반감기는 $t = \ln(2)/a$이다. 매 시간마다 시간을 측정하고 소화관에서 특별한 약물의 반감기는 1/2시간이고, 혈액에서는 5시간이라고 가정하면

$$a = 2\ln(2), \quad b = \frac{\ln(2)}{5}\text{이다.}$$

약물동태 모델에 대한 해는 그림 5.5이다.

약물의 주입이 주기적일 경우를 고려하자. 이것은 의사의 처방전 약이 종종 정해진 시간 구간으로 복용하기 때문에 합리적인 상황이다. 약을 6시간마다 복용하는 것으로 처방되었다고 가정

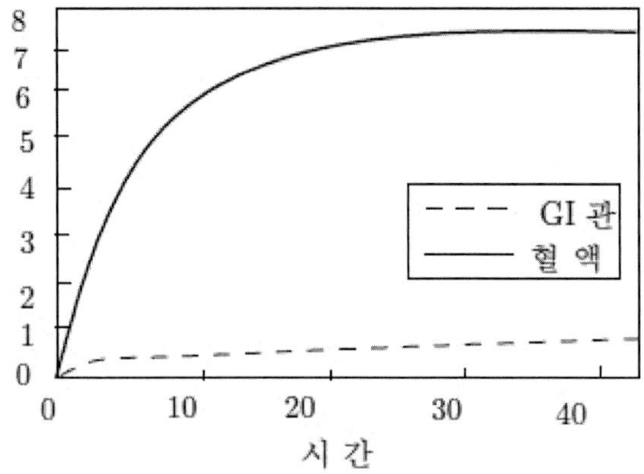

그림 5.5: 약물동태 모델의 GI(위장계)와 혈액에서의 약의 농도.

하자. 그러면 약물의 투여에 대한 가정을 다음과 같이 정의하는 것이 타당하다:

$$d(t) = \begin{cases} 2, & 0 \le t \le 1/2, \\ 0, & 1/2 < t < 6. \end{cases}$$

여기서 $d(t+6) = d(t)$이다. 약물을 6시간마다 복용하고 반감기 기간이 지나면서 소화관안으로 방출된다. 주기적인 약물 투여가 있는 경우에 중요하고 흥미있는 질문이 있다. 예를 들어, 만약 복용하는 일이 바뀌거나 주기가 바뀌었다면(예를 들어, 12시간마다), 약물 농도의 최댓값 또는 최솟값은 시간이 지나면서 어떻게 되는가? 효과적인 약물을 위해서 어떤 최소 농도를 유지하는 것이 필요하다. 더구나 약물의 부작용을 최소화하기 위해 최대농도를 초과하지 않아야 한다. 이러한 질문들은 연습문제로 남겨둔다.

♣♣ 5.1 ~ 5.4 *절의 내용은 Allen 책 [ ]의 내용 임을 밝힌다.*♣♣

제 5.5 절 예제 : 로미오와 줄리엣은 서로 사랑할 수 있을까?

미분 방정식은 시간이 지남에 따라 시스템이 어떻게 변화하는지를 설명하는데 활용되는 유용한 도구다. 인간의 감정 역시 변화가 많다. 문학작품의 내용에는 인간의 감정에 관한 소설중에 사랑의 내용을 다루는 경우가 많다. 문학작품의 내용을 수학적 모델링으로 표현하여 감정의 변화를 설명 할수 있다. 대부분의 사람들은 로미오와 줄리엣에 관한 소설이나 영화를 통해 대부분 내용을 잘 알고 있을 것이다.

어떤 사람들은 비틀즈의 노래 제목인 "All you need is Love" 처럼 사랑은 인간이 필요로하는 전부라고 주장하기도 한다. 또한 소설에서도 사랑은 인류의 영원한 주제다. Strogatz(1988)는 로미오와 줄리엣의 사랑 관계를 역학(dynamic)을 사용하여 로미오와 줄리엣 같은 로맨스 소설의 내용을 수학적 모델을 적용 그들의 감정변화를 소개하였다. 여기서는 두 사람의 감정변화를 연립미분방정식을 적용하여 살펴본다.

작품의 배경은 이탈리아의 베로나(Verona) 공국. 이곳의 명성 높은 귀족가 몬테규 가문(Montague)과 캐퓰릿 가문(Capulet)은 서로 대립하고 시기하고 미워한다. 두 집안 모두 권력이 있는 도시 귀족 집안이라 이들 집안에 고용된 하인들도 많은데, 이들은 서로 길거리에서 보기라도 하면 으르렁거리는 일이 흔하다. 로미오는 사촌 벤볼리오와 그의 친구 '머큐쇼(Mercutio)'와 함께 캐퓰렛 가문의 무도회에 몰래 숨어들고, 거기서 캐퓰릿 가문의 외동딸 '줄리엣 캐퓰릿(Juliet Capulet)' 을 보고 첫눈에 반한다. 그날 밤 로미오는 담장을 넘어 캐퓰렛 집의 저택에 몰래 숨어들어 발코니에서 사랑을 속삭인 뒤 서로 결혼할 것을 약속한다.

5.5.1 문제를 정의 한다: 로미오와 줄리엣

• 문제: 수연이는 겨울 방학은 날씨도 춥고 집안에서 따뜻한 차를 마시며 소설책을 읽거나 영화를 보는 일이 행복한 일들 중 하나다. 다양한 장르의 소설을 읽는데, 소설의 주제가 사랑을 다루는 소설이 많았다. 수연이는 작가들이 소설 주인공들의 감정의 변화와 갈등을 잘 풀어내는 어떻게 그러한 해결방법을 생각해낼 수 있을까 하는 생각이 들기도 하였다. 감정의 변화를 들어내놓은 소설중 하나가 로미오와 줄리엣이라 생각한다. 이 소설를 활용하여 로미오와 줄리엣은 서로의 감정이 어떻게 변화가 수학적으로 설명될 수 있을까? 궁금하였다.

5.5.2 가정을 한다.

로미오와 줄리엣에 대한 감정을 다음과 같이 가정한다.

- $R(t)$: 시간 t에서 줄리엣에 대한 로미오의 감정(사랑이나 증오)
- $J(t)$: 시간 t에서 로미오에 대한 줄리엣의 감정(사랑이나 증오)
- $R(t), J(t) > 0$은 사랑, 열정, 매력을 의미한다.

- $R(t), J(t) < 0$ 은 싫어함을 의미한다
- $R(t) = J(t) = 0$은 무관심을 의미한다

첫째, 로미오와 줄리엣은 모르기 때문에 서로에 대해 무관심하다고 가정한다.

5.5.3 수학화를 한다

• **가정 (1)** 로미오와 줄리엣은 차례로 서로에 대해 잘 모르기 때문에 무관심하다. 따라서 두 사람의 감정에는 변화가 없는 감정이 일정할 때에는 방정식

$$\begin{cases} \dfrac{dR}{dt} = 0, \\ \dfrac{dJ}{dt} = 0 \end{cases} \tag{5.5}$$

이다. 이 첫번째 방정식은 $J(t) = R(t) = c$임을 의미한다. $R = J = c$ 은 어느 정도의 일정한 관심만을 의미한다고 할수 있다. 해는 $R = J = c$으로 로미오와 줄리엣은 차례로 서로에 대해 무관심 상태를 유지하게 된다.

R과 J의 양의 값은 사랑, 열정, 매력등을 의미하고, 음의 값은 싫어함이나 증오등을 의미한다. $R = J = 0$ 은 무관심을 말한다.

• **가정 (2)** 로미오는 줄리엣에 대한 좋은 감정을 갖게되고 줄리엣은 로미오를 모르기 때문에 무관심하다.
셰익스피어의 "로미오와 줄리엣"에서 로미오는 줄리엣에 대한 애정을 표현하는 구절과 줄리엣이 로미오에 대한 애정을 표현하는 내용들이 있다. 먼저 로미오가 처음으로 캐플릿 파티에서 줄리엣를 본 이후

> *"오, 그녀는 횃불을 밝게 타오르게 하는 법을 가르쳐 주네! 그녀는 에티오페의 귀에 있는 값비싼 보석처럼 밤의 뺨에 매달려 있는 듯하구나"*

라고 말하는 것은 로미오가 줄리엣를 좋아한다고 볼 수 있다. 즉 로미오의 감정의 변화는 줄리엣에 대한 좋아하는 감정있다.

로미오는 현재 줄리엣에 대한 좋아하는 감정에만 의존한다고 할 때의 모델은:

$$\frac{dR}{dt} = aJ$$

이라 할 수 있다. 이때 이 모델을 (5.6)으로 쓴다.

$$\begin{cases} \dfrac{dR}{dt} = aJ, \\ \dfrac{dJ}{dt} = 0 \end{cases} \tag{5.6}$$

이라 한다. 위 모델 (5.6)은 $a > 0$일 때 로미오는 줄리엣에 대한 좋아하는 감정이 시간에 따라 선형으로 커지지만 줄리엣의 감정은 일정하다.

또한, 줄리엣의 경우 감정을 베란다에서 다음처럼 표현을한다.

> *그대의 이름만이 내 원수예요. 몬태규 가문이 아니어도, 그대는 그대일 뿐. 몬태규가 무엇이지? 손도, 발도, 팔도, 얼굴도 아닌, 몸의 그 어떤 부분도 아닌 것을*
>
> *오, 제발 다른 이름이 되어 주세요! 이름이란 무엇일까? 장미는 다른 이름으로 불려도 그 달콤한 향기에는 변화가 없을 것을*
>
> *로미오 역시 로미오라 불리지 않더라도 본래의 미덕은 그대로 간직하겠지 로미오, 그대의 이름을 버리세요 그대의 몸과는 아무 상관없는 그 이름 대신에 이 몸을 고스란히 가지세요.*

줄리엣의 감정 변화는 로미오에 대한 줄리엣의 감정에만 달려있다. 따라서 이에 대한 모델은

$$\begin{cases} \dfrac{dR}{dt} = 0, \\ \dfrac{dJ}{dt} = bR \end{cases} \tag{5.7}$$

이라 한다. 위 모델 (5.7)은 $b > 0$일 때는 줄리엣은 로미오에 대한 좋은 감정이 시간에 따라 선형으로 커지지만 로미오의 감정은 일정하다.

• **가정 (3)** 일반적으로, 시간에 따라 사람의 감정이 변한다. 시간이 흐르면서 로미오의 감정과 줄리엣의 감정이 서로에 대해 어떻게 변하는지 설명하는 모델을 살펴본다(비교적 단순한). 이에대한 모델은

$$\begin{cases} \dfrac{dR}{dt} = aJ, \\ \dfrac{dJ}{dt} = bR \end{cases} \tag{5.8}$$

이다.

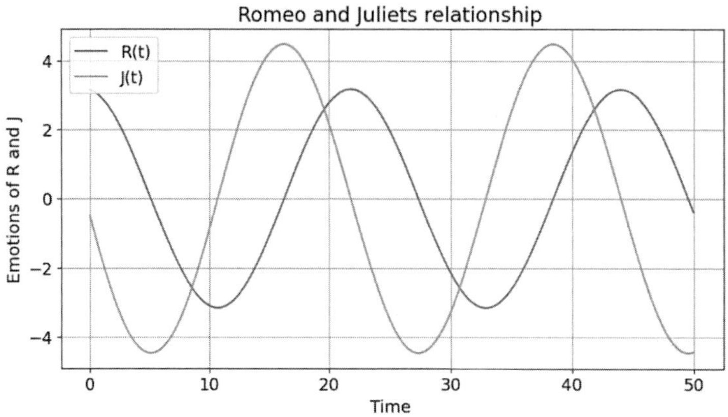

그림 5.6: $a > 0, b < 0$인 경우의 로미오와 줄리엣의 감정변화.

5.5.4 수학적인 풀이를 한다.

주어진 연립 미분방정식 (5.8)은

$$\begin{pmatrix} \frac{dR}{dt} \\ \frac{dJ}{dt} \end{pmatrix} = \begin{pmatrix} 0 & a \\ b & 0 \end{pmatrix} \begin{pmatrix} R \\ J \end{pmatrix} \tag{5.9}$$

로 쓸 수 있다.

예를 들면, 매개변수 $a = 0.2$와 $b = 0.1$인 실수인 양수이면, 시간이 상당히 흐르면 줄리엣과 로미오 모두 지수적으로 증가한다. 이 방정식을 풀면 고유치 $\pm\sqrt{ab}$는 실근이다.

$$\begin{pmatrix} R(t) \\ J(t) \end{pmatrix} = C_1 e^{\sqrt{ab}t} \begin{pmatrix} 1 \\ \sqrt{\frac{b}{a}} \end{pmatrix} + C_2 e^{-\sqrt{ab}t} \begin{pmatrix} -1 \\ \sqrt{\frac{a}{b}} \end{pmatrix} \tag{5.10}$$

다음으로 a와 b가 하나는 음수이고 하나는 양수라 한다. 고유치가 순 허수로 $\lambda_{1,2}$이다. 그러면, 이 행렬의 고유치는 $\lambda_{1,2} = \pm\sqrt{ab}i$이고 해를 구하면

$$R(t) = c_1 e^{\lambda_1(t)} + c_2 e^{\lambda_2(t)} = A\cos\sqrt{ab}t + B\sin\sqrt{ab}t, A = c_1 + c_2, B = (c_1 - c_2)i$$

$$J(t) = c_3 e^{\lambda_1(t)} + c_4 e^{\lambda_2(t)} = A\cos\sqrt{ab}t - B\sin\sqrt{ab}t, A = c_3 + c_4, B = (c_3 - c_4)i$$

이다. 또 다른 예로, 모델에서 $a = 0.2, b = -0.4$이고 $R(0) = 3.14, J(0) = -0.5$인 예를 살펴본다. 로미오와 줄리엣의 감정변화 구간을 $[-5, 5]$라 한다면, 그들의 감정 변화 방정식 (5.8)이고, 이들의 감정의 변화는 그래프 5.6에서 볼 수 있는것처럼 계속 오락가락한다. 이 그래프를 보면 줄리엣의 감정 기복이 로미오보다는 더 큼을 의미한다. 사람의 감정은 좋아하는 감정이 커졌다가 싫어해지고 다시 좋아하는 순환이 계속됨을 볼 수 있다.

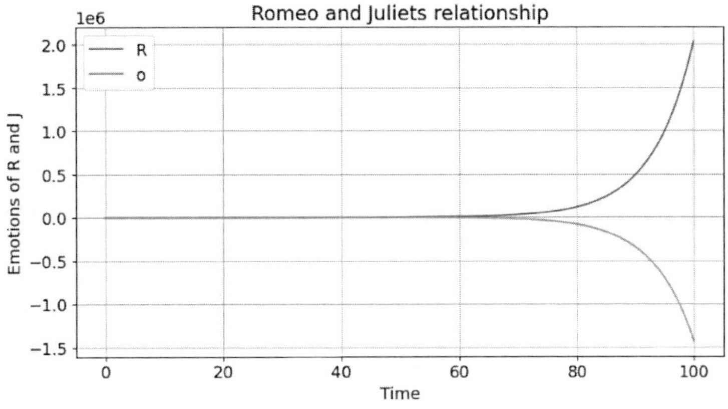

그림 5.7: $a < 0, b < 0$ 인 경우의 로미오와 줄리엣의 감정변화.

모델 (5.10)으로 부터, 고유치가 순 복소수이기 때문에 이는 고정점이 사이클(cycle)이나 나선(spiral)이다. $\lambda_{1,2}$ 의 실수부는 0이므로 $J(t) = R(t) = 0$에서의 정상상태는 중립적으로 안정(neutrally stable)이고 이는 중심(center)를 나타낸다. 이는 사랑하는 사람의 감정은 끊임없이 계속 오락가락함을 의미한다. 정상상태의 안정성이나 장기적 거동에 대해 혹은 주어진 초기 감정에 대한 로미오와 줄리엣은 무슨 말을 할 수 있을까? 고정점의 안정성을 확인하기 위해 시스템의 고유값을 고려할 수 있다.

마지막으로로, 모델에서 $a = -0.2, b = -0.1$이고 $R(0) = 10, J(0) = 5$인 예를 살펴보면 일정한 시간이 지나면 로미오는 좋은 감정이 커지지만 줄리엣은 감정이 음으로 감소한다(그림 5.7 참조).

이 모델에서는 자신의 감정에 영향이 없는 4개의 부분그룹에 대해,

(a) $a > 0, b > 0$ (서로 열렬히 사랑하거나 증오)

(b) $a > 0, b < 0$ (연속적인 감정의 순환)

(c) $a < 0, b > 0$ (연속적인 감정의 순환)

(d) $a < 0, b < 0$ (짝사랑)

이 행렬의 고유치는 $\lambda_{1,2} = \pm\sqrt{bc}i$이고 해는

$$J(t) = c_1 e^{\lambda_1 t} + c_2 e^{\lambda_2 t} = C \cos t\sqrt{ab} + D \sin t\sqrt{ab}$$

이다. 고유치가 순 복소수이기 때문에 이는 고정점이 순환(cycle)이나 나선(spiral)이다. $\lambda_{1,2}$ 의 실수부는 0 이므로 $J(t) = R(t) = 0$에서의 정상상태는 중립 적으로 안정(neutrally stable)이고 이

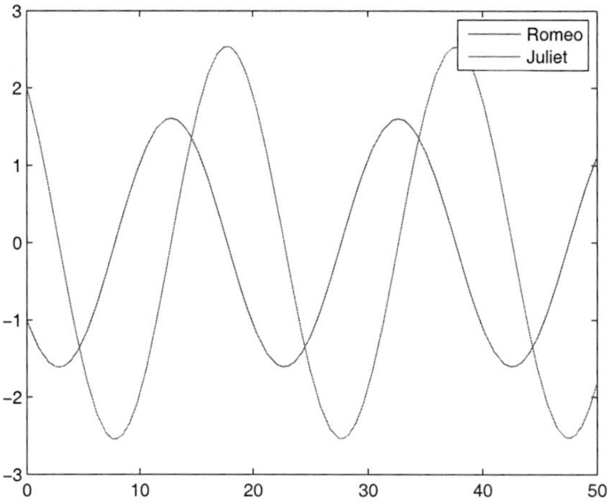

그림 5.8: 유모가 관찰한 로미오와 줄리엣의 감정변화.

는 중심(center)를 나타낸다(참고 5.3절의 위상평면). 이는 사랑하 는 사람의 감정은 끊임없이 계속 오락가락함을 의미한다.

소설속에서 줄리엣의 유모가 한달에 한번씩 그들의 관계가 어떻게 되어가는지를 관찰한 기록한 표 5.1이 다음과 같다고 하자:

표 5.1: 유모가 관찰한 로미오와 줄리엣의 감정변화

시간	**Romeo**	**Juliet**	시간	**Romeo**	**Juliet**
0	10.0000	0.0000	1	5.4030	4.2074
2	-4.1615	4.5465	3	-9.8999	0.7056
4	-6.5364	-3.7840	5	2.8366	-4.7946
6	9.6017	-1.3971	7	7.5390	3.2849
8	-1.4550	4.9468	9	-9.1113	2.0606
10	-1.4550	4.9468	11	0.0443	-5.0000
12	8.4385	-2.6829			

이 표 5.1는 로미오와 줄리엣의 서로에 관한 감정변화를 유모가 관찰한 표라한다면, 그래프 5.8에서도 로미오와 줄리엣의 감정이 계속 오르락 내리락한다.

• **가정 (4)** 일반적으로 사람들은 다양한 감정의 변화를 겪는다고 하자.
양의 값 a는 음의 값이 반대의 감정을 의미하면서, 로미오는 자신의 감정에 의해 권장되는 것을 의 미한다. 마찬가지로 b의 경우 양수 값 b 로미오는 줄리엣의 감정에 의해 좋아하는 감정이 커지거나 줄리엣의 감정에 낙담한다는 것을 의미할 것이다.

보다 일반적으로 로미오와 줄리엣을 좋아하지 않을 수 있다. 좋아하는 사람은 최소한 자신에 대해 약간은 알고 있으며, 감정의 변화를 스스로 살필 수 있을것이다. 즉 이 방정식은

$$\begin{cases} \dfrac{dR}{dt} = aR + bJ, \\ \dfrac{dJ}{dt} = cR + dJ \end{cases} \tag{5.11}$$

이다. a, d, b, c는 상수로 로맨틱 스타일을 의미한다.
a, d는 로미오와 줄리엣이 자신의 감정에 영향을 받는 양이고,
b, c는 로미오와 줄리엣이 상대방에게 매력을 느끼는 받는 양이다.
로미오와 줄리엣은 더 이상 자신의 감정에 귀를 기울이지 않고 파트너의 감정에만 귀를 기울인다. 그러나 그들은 정반대로 그렇게 한다. 로미오에게 이 모델은 줄리엣이 자신에 대한 감정이 높을 때($J > 0$), 줄리엣에 대한 로미오의 감정은 감소한다 . 만약 그들이 낮다면 (($J < 0$), 그러면 로미오의 감정이 커진다 . 줄리엣에게는 정반대다. 로미오의 감정이 강할 때(($R > 0$), 줄리엣의 감정은 증가하는 반면, 로미오의 감정은 약해질 때 (($R < 0$), 줄리엣의 감정은 감소한다. 이러한 모델에서 제한이 존재하는데,

(1) 사랑과 증오를 정량화하고 측정하는 것은 어렵고, (2) 사랑은 항상 일정하지(다양한 형태) 않다는 것이다. (3) 매개 변수는 시간과 상황에 따라 변할 수 있고, (4) 사랑과 증오에 대한 매개 변수는 다를 수 있다. 또한 이러한 방정식에는 항상 다른 변수가 있을 수 있다는 것이다. 이는 시간이 되면 풀이는 연습문제로 남긴다.

이 방정식은 선형이고 여전히 유일한 해는 $J(t) = R(t) = 0$이다. 그러나 매개변수와 초기조건의 값에 대해 달려있고 그 결과는 다양한 조건에 달려 있다.

모델 5.11에 대한 다양한 감정 상황에 대해서는 연습문제로 남긴다.

제 5.6 절 5장 연습문제

1. 로미오와 줄리엣의 아래 모델에 대해 풀이를 하고 해석을 해보자.

$$\begin{cases} \dfrac{dR}{dt} = aR + bJ, \\ \dfrac{dJ}{dt} = cR + dJ \end{cases} \tag{5.12}$$

   이다.

2. 5.4절에서 약물 농도의 최댓값 또는 최솟값은 시간이 지나면서 어떻게 되는가? 효과적인 약물을 위해서 최소 농도를 유지하는 것이 필요하다. 더구나 약물의 부작용을 최소화하기 위해 최대농도를 초과하지 않아야 한다.

제 5.7 절 5장 참고문헌

1. Linda J.S. Allen, (2007), *Introduction to Mathematical biology*, (2006) Pearson Education, Inc. 오춘영,강용한,장성각 공역. 교우사(오판근), 2014.

2. Stephen L. Campbell and Richard Haberman, (2008), *Introduction to differential equations with dynamical system*, Princeton University Press

3. D.S.Jones, M.J. Plank, and B.D.Sleeman *Differential Equations and mathematical Biology*, 2nd ed. crc press.

4. Daniiel. Kaplan and Leon Glass,(1991). *Understanding Nonlinear Dynamics.* Springer.

5. Mercutio and Rosaline, *Romeo and Juliet, a Dynamical Love Affair*.

6. Steven H. Strogatz, *Love Affairs and Differential Equations* Mathematics Magazine, 35, Vol. 61, No. 1, February 1988.

7. Daniiel. Kaplan and Leon Glass,(1991). *Understanding Nonlinear Dynamics.* Springer.

8. J.C. Sprott, *Dynamical models of love," Nonlinear Dynamics, Psychology, and Life Sciences*, Vol. 8, No. 3, pp. 303-313, July.

9. P. van den Driessche and James Watmough, *Reproduction numbers and sub-threshold endemic equilibria for compartmental models of disease transmission*, Mathematical Biosciences **180** (2002) pp.29–48.

10. O. Diekmann and J. A. P. Heesterbeek. *Mathematical Epidemiology of Infectious Diseases: Model Building, Analysis, and Interpretation*, Chicester: John Wiley and Sons, 2000.

11. https://fabiandablander.com/r/Linear-Love.html.

12. https://blogs.mathworks.com/loren/2018/04/27/of-love-music-shakespeare -and-dynamic-systems/

13. https://www.r-bloggers.com/2019/08/love-affairs-and-linear-differential -equations

제 6 장

비선형미분방정식 시스템(Nonlinear System of Differential Equation)

지난 코로나 이후 전염 질병에 대한 관심이 많아졌다. 이에 따라 비선형미분방정식을 해석적으로 해결이 가능하다면 수학내용을 적용한 해를 구해보려고 한다. 우리는 코로나로 인해 공기로 전파되는 전염병에 대해 전세계적으로 그 위험성을 알게 되었다. 전염성이 있는 질병을 수학이 어떻게 설명할 수 있는지 질병의 전염이 어떻게 전파되며 질병의 감소에 대한 설명을 한다. 질병 전파의 변화를 연속형인 미분방정식을 적용하여 이해한다.

일반적으로 비선형미분방정식의 많은 경우 해석적으로 잘 풀리지 않아 수치해석적으로 해를 구하는 경우가 많으나, 여기에서는 풀리는 경우만을 고려하였다.

제 6.1 절　전염병은 어떻게 전파되는가?/ SI 유형 질병 모델

전염성이 있는 질병이 발생을 하게 되면 일반적으로 아직 감염이 되지는 않았으나, 감염 가능성이 있는 사람을 감수성이 있는 사람(S)이라 한다. 감염된 사람은 감염자(I)라 하고, 감염이된 후 회복되는 사람을 회복한 사람으로 분류한다. 따라서 질병이 감수성이 있는 사람과 감염자만 있는 질병의 모델은 SI모델이라 한다.

6.1.1 문제를 정의(Problem Identification)한다.

학과 대표인 유경이는 학과 학생 전체가 일주일간의 수련회를 갔다. 수련회에서 특별한 사고 없이 수련회를 마치기를 희망했다. 그런데 수련원에 도착해보니 한 친구가 감기가 걸렸다고 한다. 수련원에서는 다양한 활동과 모둠별 토의 모임이 자주 있었다. 아직 감염은 되지 않았으나 감염이 될 가능성이 있는 감수성 그룹에 있는 사람들은 감염자와의 접촉에 따라 감염이 될 가능성이 있다. 아직은 매우 건강한 젊은 친구들이기에 감기로 인해 치명적인 일은 발생하지 않을거라 희망했다.

6.1.2 가정(Assumptions)을 한다

감기는 인플루엔자 바이러스가 사람들과의 접촉이나 공기 전파에 의해 퍼진다. $x(t)$는 감기에 걸린 사람의 수이고, 감기에 아직은 노출되지 않은 사람의 수를 $y(t)$라고 하자. 감기가 퍼지는 비율 dx/dt는 두 그룹의 사람들 사이의 만남이나 서로의 상호작용의 횟수에 비례한다고 가정하는 것은 합리적일 것이다. 만일 상호작용의 횟수가 $x(t)$와 $y(t)$에 같이 비례한다면, 즉 곱 $x(t) \cdot y(t)$에 비례한다. 따라서

$$dx/dt = kx(t)y(t)$$

이다. 여기서 k는 비례상수다. 수련회에 참석한 학과 학생 전체를 100명이고 감기에 걸린 학생이 1 명이라면 $x(t) + y(t) = 100$ 이다. 여기서 $y(t)$를 $x(t)$로 나타내어 대입하면

$$dx/dt = kx(t)(100 - x(t)), \quad x(0) = 1$$

인 초기값 미분방정식이 된다.

이 모델은 보다 일반적으로 모델를 수립하려면, 사람들 전체는 감수성이 있는 그룹 (S)과 감염된 그룹 (I)인 두 그룹으로 나뉘어 있다고 가정한다. 모델의 질병 흐름도(그림 6.1 (a) 참조)의 내용을 수학적으로 나타내며, 아직 감기에 걸리지 않은 그룹을 감수성이 있는(susceptible) 그룹(S)이라 하고 감기에 걸린 사람들의 그룹을 감염(infected)된 그룹(I)이라 한다.

6.1.3 수학화(Mathematizing)을 한다

수학적 모델을 구축하기 위해, Δt시간 동안 감수성이 있는 그룹의 변화는 $\Delta S = S(t + \Delta t) - S(t) = \alpha S(t)\Delta t$이다. $\Delta t \to 0$ 이면, 평균 변화율은 순간변화율 $\frac{dS}{dt} = \alpha S(t)$이 된다. 전염병 환

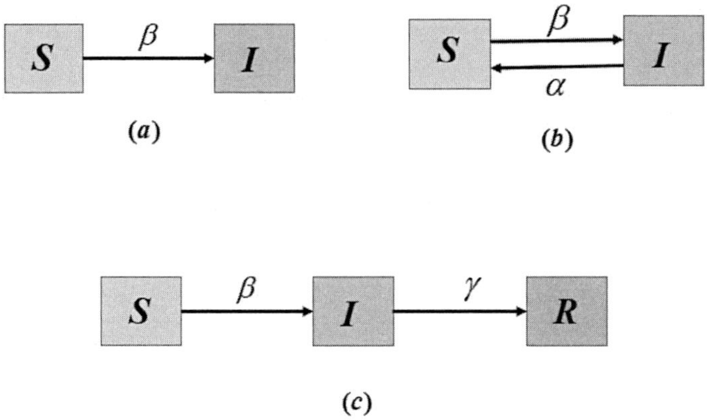

그림 6.1: 감염병 모델: (a) SI 유형 (b) SIS 유형 (c) SIR 유형.

자가 존재할 경우, 일정기간 Δt 후에 감수성이 있는 사람들의 수를 알고자 한다면,

$$S(t + \Delta t) = S(t) - \beta S(t)I(t)\Delta t \tag{6.1}$$

가 된다.

매개변수 β는 단위시간당 새로운 감염으로 이어지는 평균 감염 비율이다. β는 감수성이 있는(감염가능성이 있는) 사람들 전체(개체군)의 크기와 질병의 감염력에 따라 질병의 전염 강도 등에 달라진다. 관계식 (6.1)은 $S' = -\beta SI$으로 쓸수 있다. S 단위는 (1/사람)(1/시간)이다. 회복은 감염자 수에 비례하여 일정한 비율로 회복이 되 이 모델에서는 회복하는 그룹은 고려하지 않는다. 독감과 같은 질병의 경우 주변에 감염된 사람이 많을수록 감염될 가능성이 높아진다. 이것을 밀도의존적이라고도 한다. 따라서 접촉률은 주변 사람들의 밀도에 따라 달라진다(하지만, 질병의 종류에 따라 다를 수 있다).

인구 전체를 N이라 하면, $N = S + I$는 전체 개체군에 대해

$$\frac{dS}{dt} = -\beta I(t)S(t) = -\beta(N - S)S(t)$$

이다.

감염의 또 다른 형태는

$$S' = -c\frac{SI}{S + I}$$

이다. 이 방정식은 **표준발생율**이라 한다. 이 경우 c는 접촉수를 나타내며 감염확률을 나타낸다. 단위는 1/시간이다. 사람들 전체인 개체군 $S + I = N$이 일정하고, $\beta = c/N$이라 놓으면 다음과

같이 쓸 수 있다.

$$S' = -\frac{c}{N}SI = -\beta SI$$

이다. 즉, 표준발생은 서로작용(감수성이 있는 사람과 감염된 사람)에 의한 전염이 되는 일반적인 경우다. 일반적으로 출생과 사망이 있을때 물론 개체군은 일정하지 않지만 일부 상황에서 정당화 될 수 있는 근사치다. 감수성이 있는 사람과 감염된 사람들의 만남등 (SI) 으로 인해 감수성 그룹에 있는 사람들이 감염이 되어 감수성 그룹에서 감염그룹으로 이동하게 되고, 감염된 그룹은 새로운 감염자가 유입되는 것이다. 이에 대한 수학적 모델은 다음과 같다(그림 6.1(a) 참조.)

모델은 유입과 유출이 없는 감염의 경우로 회복단계가 없는 모델로, 즉 감염된 사람이 질병에서 회복될 수 없는 모델 (SI) 로 감염 가능성이 있는 그룹에서 감염자 그룹으로 얼마나 이동하는지 만을 알 수 있다.

이 모델은

$$\begin{aligned} \frac{dS}{dt} &= -\beta SI \\ \frac{dI}{dt} &= \beta SI \end{aligned} \tag{6.2}$$

이다.

그런데, 어떤 질병의 흐름은 감염자 그룹의 감염자가 회복하여 다시 감수성 그룹으로 유입되는 흐름이 있는데, 이러한 질병은 감기와 같은 질병이 해당된다. 이러한 종류의 질병은 회복 이후 면역이 되지 않고, 다시 감염이 될 수 있는 질병에 해당하는 경우다(그림 6.1 (b) 참조.) 회복률 (1/감염 기간) 은 일정하다. 감염기간(감염그룹에 머무르는 시간)의 평균값은 임상자료로부터 추정 할 수 있으며, 감염은 일정하게 분포되어 있다고 여긴다.

이처럼 감수성이 있는 그룹 (S)과 감염이 되어 있는 그룹 (I)의 모델 형태를 감염병 모델에서 **SI 모델** 이라 한다. 이 모델은 해석적으로 해를 구할 수 있다.

- **SI모델에서 유경이의 염려는 어떻게 되겠는가?**

이 모델에서 $\beta = 0.002$라 하고 초기조건 $I(0) = 1, S(0) = 99$일 때 모델 (6.2)의 그래프 6.2 의 좌측 그림이고, 초기조건을 $I(0) = 10, S(0) = 990$으로 변경하면, 그림 6.2의 우측 그래프로 직관적으로 감염의 흐름을 알 수 있다. 따라서 유경이의 염려와 달리 $\beta = 0.002$라 하고 초기조건 $I(0) = 1, S(0) = 99$일 때 그래프 6.2 의 좌측 그래프처럼 24 시간이 지나면 감염된 친구의 수가 감수성이 있는 친구수보다 많아지고 50시간 가까이 가면 대부분의 학생들이 감기에 걸린다. 따라서 수련회의 프로그램을 일찍 끝내는것이 학생들이 감기에 걸리는것을 방지 할 수 있을것이

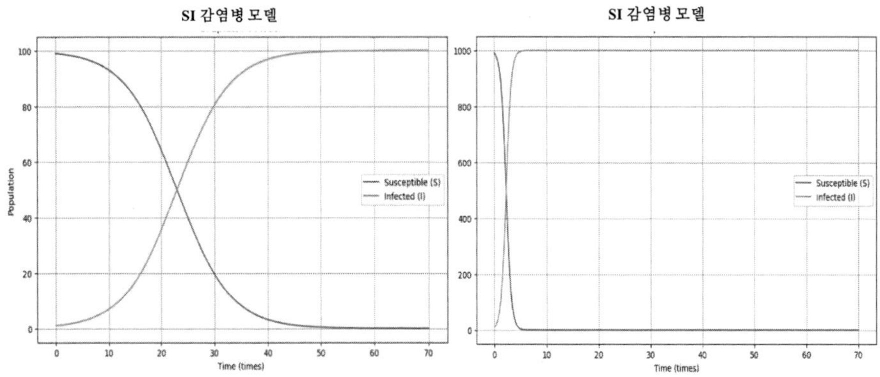

그림 6.2: 감염병 모델: 초기조건에 따른 SI그래프.

다. 하지만 학생들은 면역력이 좀더 강하기 때문에 전염력이 $\beta = 0.002$보다 낮다면 감기에 걸리는 시간이 늦쳐 질 수 있다.

다음은 SIS유형의 모델과 SIR유형의 모델이다. 여기서 모델링 순환을 적용하면 좋으나 실제 데이터 확보의 어려움으로 이러한 유형의 질병을 수학적으로 간략히 살펴보는것으로 끝내려고 한다.

제 6.2 절 SIS유형 질병 모델

이 모델 SIS모델은 감기 같은 질병은 감기로부터 회복되어 감염가능성이 있는 그룹으로 이동하게 되었으나, 또 다시 감기에 걸릴 수 있는 질병으로 이는 **SIS 모델**이고 수학적 모델을 수립 할 수 있다.

여기서는 α는 질병에 걸리는것과 관련된 매개변수이고 β는 질병으로부터 회복과 관련된 매개변수다. 회복된 사람들의 수는 감염이 되었던 사람들의 수에 비례한다. 감염 여부는 감염자와 감수성이 있는 사람들 간의 접촉 여부에 따라 달라지고(αSI), 감염자 수에 비례하여 일정한 속도로 회복된다(βI). 수학적 모델은 다음과 같다.

$$
\begin{aligned}
\frac{dS}{dt} &= \beta I - \alpha SI \\
\frac{dI}{dt} &= \alpha SI - \beta I.
\end{aligned} \tag{6.3}
$$

이러한 비선형미분방정식으로부터 어떠한 현상이 알 수 있는가? 사람 전체 인구는 $N = S + I$이라 한다. 방정식 (6.3)의 두 식을 더하면 $\frac{dS}{dt} + \frac{dI}{dt} = \frac{dN}{dt} = 0$ 이다. 사람 전체는 일정하다. 감염그룹의 개인들이 회복(βI) 이 될 때 감수성그룹으로 이동되고, 감염 ($-\beta SI$)이 되면 감염그룹으로 이동한다. 그리고 감염자 그룹에서는 개인들이 회복(βI)이 되어 감수성 그룹(S)으로 이동되고, 감염 ($+\alpha SI$)이 되면 감염그룹 (I)으로 유입된다.

6.2.1 수학적인 풀이를 한다

역학 모델링은 균질하게 잘 혼합(homogenous)된 사람들의 대규모 집단에 더 적합하다. 이의미는 어느지역에만 환가가 많고 어느지역은 적고 하는것이 아니라는 의미다. 주어진 문제에서 언급한 학과 학생들 수가 동일하고 서로 잘 어울려 지내는 학생들이라고 가정하면 (일정기간 동안 누구도 수련원에 들어 오거나, 수련원을 떠나거나, 태어나거나 사망자가 없음)이 학생들 수는 일정한 수로 N이 다. 즉, $S + I = N$이다. 따라서 $S = N - I$를 방정식 (6.3)에 대입하면,

$$\begin{aligned} \frac{dI}{dt} &= \alpha SI - \beta I \\ &= \alpha(N - I)I - \beta I \\ &= (\alpha N - \beta - \alpha I)I \end{aligned} \tag{6.4}$$

이 된다.

$\alpha N - b$는 상수이므로 상수 A로 치환하면, 위 식은

$$\frac{dI}{dt} = (A - \alpha I)I$$

이다. 이는 1계 베르누이 미분방정식이다. 따라서 쉽게 해를 구할 수 있다.

$$\frac{dI}{(A - \alpha I)I} = dt \tag{6.5}$$

가 된다.

부분분수를 사용하고, 양변을 적분하여 정리하면

$$\int \frac{1}{A}\left(\frac{\alpha}{A - \alpha I} + \frac{1}{I}\right)dI = \int dt$$

$$\frac{1}{A}[-\ln(A - \alpha I) + \ln I] = t + C$$

$$\frac{I}{A - \alpha I} = e^{At+AC} = Be^{At} \quad (B = e^{AC})$$

이다. I로 표현하면

$$I = \frac{ABe^{At}}{1 + \alpha Be^{At}}$$

이다.

이제 적분상수 B를 구한다. $t = 0$일 때, $I = I_0$이다. 이것을 대입하고 $A = \alpha N - \beta$ 이므로

$$\begin{aligned} I_0 &= \frac{AB(1)}{1 + \alpha B(1)}, \quad (e^0 = 1) \\ I_0 &= \frac{(\alpha N - \beta)B}{1 + \alpha B} \\ (1 + \alpha B)I_0 &= (\alpha N - \beta)B \\ B &= \frac{I_0}{(\alpha N - \beta) - \alpha I_0} \end{aligned}$$

이다.

방정식을 간단히 하면

$$\begin{aligned} I &= \frac{\frac{(\alpha N - \beta)I_0 e^{(\alpha N - \beta)t}}{(\alpha N - \beta) - aI_0}}{1 + \frac{aI_0 e^{(\alpha N - \beta)t}}{(\alpha N - \beta) - aI_0}} \\ &= \left[\frac{(\alpha N - \beta)I_0 e^{(\alpha N - \beta)t}}{(\alpha N - \beta) - aI_0}\right]\left[\frac{(\alpha N - \beta) - aI_0}{(\alpha N - \beta) + aI_0[e^{(\alpha N - \beta)t} - 1]}\right] \\ &= \frac{(\alpha N - \beta)I_0 e^{(\alpha N - \beta)t}}{(\alpha N - \beta) + aI_0[e^{(\alpha N - \beta)t} - 1]} \end{aligned} \tag{6.6}$$

이다.

$S = N - I$이므로, 앞에서 구한 I를 대입하여 S로 나타내면,

$$S = N - \frac{(\alpha N - \beta)I_0 e^{(\alpha N - \beta)t}}{(\alpha N - b) + aI_0[e^{(\alpha N - \beta)t} - 1]}$$

이다. 이것으로 (S, I)를 시간에 따른 방정식은 얻는다. 수학적인 풀이의 결과를 (감기) 의학적으로 해석을 하고 현실에 서 검증하여 결론이 적절한지를 알아야 한다. 결과인 S, N의 그룹에 관해 해석하기보다 직관적인 그래프로 다음절에서 해석을 살펴본다.

6.2.2 현실에 모델 검증(적용)한다

시간이 지남에 따라 감염환자가 시스템에서 어떻게 변화하는지 알려준다. 방정식(6.6)처럼, 비록 비선형미분방정식이라 할지라도 SI모델과 SIS모델은 해석적으로 풀이가 가능하여 해를 구할 수 있다. 그렇지만 매개변수와 초기조건을 제시하여 설명을 할 수 있도록 시각적으로 보기위해 파

이썬으로 그래프를 그려본다. 그림 6.3의 왼쪽 그래프는 $N = 1,000, I_0 = 10$ 및 $\alpha = 0.002, \beta = 0.7$이다. 오른쪽 그래프 에서 $\alpha = 0.002, \beta = 0.06$이고 $N = 99, I_0 = 1$이다. 이 모델에서는 회복을 하면 다시 감수성그룹으로 유입된다. 이러한 조건에서는 유경이의 염려는 여전하다. 감기에 걸렸던 회복되더라도 친구가 다시 감기에 걸릴 염려가 있다. 약 38 시간 이후는 감기에 걸린 친구가 더 많아지기 때문에 유경이의 염려는 여전하다.

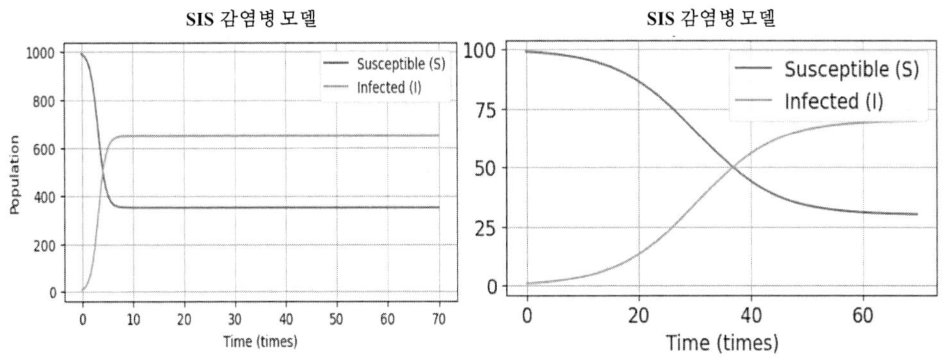

그림 6.3: 감염병 모델: 회복매개변수에 따른 SIS그래프.

6.2.3 모델을 채택한다

모델 (6.3)이 적절하다면, 모델을 채택한다.

다음은 CORONA19로 많이 알게 되었던 SIR 모델을 살펴본다.

제 6.3 절 SIR유형 질병 모델

이제 사망이나 격리를 통해 제거되는 것을 고려하여 더욱 현실적으로 확장한다.

- 제거되는 대상에는 격리되었거나 사망했거나 회복되어 면역이 있는 감염자가 포함된다.
- 면역이 있거나 회복된 제거 대상은 질병에 걸리지 않는 새로운 계층에 속한함을 의미 한다.

비선형시스템에 대해서는 Kermack-Mekendrick가 1927에 감염질병에 대한 SIR모델 을 개발하였다. 이 유형은 앞서 알아본 2가지 유형과 달리 질병으로부터 회복이 되면 다시 질병이 걸리지 않은 유형으로 (감수성이 있는 그룹과 감염된그룹, 그리고 회복된 그룹(사망자 포함)으로 분류한 흐름이다.(그림 6.1(c) 참조.) 회복/(사망)율 감염이 되었던 사람들의 수에 비례한다. 모델 (6.3)에서 감염 여부는 감염자와 감수성이 있는 사람들 간의 접촉 여부에 따라 달라지고(αSI), 감염자 수에 비례하여 일정한 속도로 회복된다(βI).

감염이 전파될 때 전체 인구 수 N을 고려하지 않고, 전염 가능성은 감염자와 감수성이 있는 사람들 간의 접촉의 상호작용만으로 결정된다. 감염그룹에서 회복(사망)율 γ은 감염된 사람들의 수에 비례한다. 따라서 모델 (6.2)의 $\frac{dI}{dt}$은 다음과 같은 모델이 된다:

$$\begin{aligned}\frac{dS}{dt} &= -\beta SI,\\ \frac{dI}{dt} &= \beta SI - \gamma I,\\ \frac{dR}{dt} &= \gamma I\end{aligned} \tag{6.7}$$

감염집단에서 제거(회복)된 개인들과 제거(회복)율에 대한 방정식은 (6.7)의 세번째 방정식이고 연립방정식 (6.7)을 **SIR 모델(model)**이라 한다. 여기서 매개변수 β는 단순히 감염율을 나타내며, 주어진 시간 단위당 감염이 발생할 확률을 의미한다. 전염이 감염자와 접촉자 사이의 비율에 의존한다. 상대적인 회복율로서 $\mu = \gamma/\beta$이다.

6.3.1 1. SIR의 해석적으로 해를 구한다

방정식 (6.7)에서 I를 소거하면

$$\frac{dS}{dR} = -\frac{S}{\mu}, \quad \mu = \gamma/\beta$$

을 얻는다. 적분을 하면

$$\ln S = -\frac{R}{\mu} + c$$

이므로

$$S = A\exp(-R/\mu), A = e^c$$

이다. $t = 0$에서

$$S = S_0\exp(-R/\mu)$$

이므로 $S = S_0 = A$ 이다. $I = N - S - R$이므로 $\frac{dR}{dt} = \gamma I$은

$$\frac{dR}{dt} = \gamma I = \gamma\{N - R - S_0 \exp(-R/\mu)\} \tag{6.8}$$

이다. $\exp(-R/\mu) = 1 - (R/\mu) + (R/\mu)^2/2! - (R/\mu)^3/3! + \cdots$ 이므로, 위의 방정식을 R^2항까지 전개하면,

$$\frac{dR}{dt} = \gamma\{N - R - S_0[1 - (R/\mu) + (R/\mu)^2/2!\}$$

혹은

$$\frac{dR}{dt} = \gamma\Big[N - S_0 + \Big(\frac{S_0}{\mu} - 1\Big)R - \frac{S_0}{2\mu^2}R^2\Big] \tag{6.9}$$

이다. 방정식 (6.9)을 풀면

$$R = \frac{\mu^2}{S_0}\Big\{\frac{S_0}{\mu} - 1 + \theta\tanh\Big(\frac{\gamma\theta}{2}t - \psi\Big)\Big\}, \tag{6.10}$$

여기서,

$$\theta = \Big\{\frac{2S_0}{\mu^2}(N - S_0) + \Big(\frac{S_0}{\mu} - 1\Big)^2\Big\}^{1/2}, \psi = \tanh^{-1}\frac{1}{\theta}\Big(\frac{S_0}{\mu} - 1\Big)$$

이다.

따라서 전염병 곡선은

$$\frac{dR}{dt} = \frac{\gamma\theta^2\mu^2}{2S_0}sech^2\Big(\frac{\gamma\theta t}{2} - \psi\Big) \tag{6.11}$$

이다. 이는 실제 많은 전염병의 경우 매일 보고되는 신규 확진자 수가 최대치까지 증가한 후 사라지는 것과 일치한다. 일반적으로 그래프에서 I는 대칭적인 종 모양의 곡선이다. R의 결과를 사용하면 S의 값이 나오고, 전체가 N이므로 I를 계산 할수 있다. 실제 해석적인 풀이결과의 식을 보면 너무 복잡하여 직관적으로 S,I,R의 값의 추세를 알기는 어렵다. 파이썬을 사용하여 그래프를 그려서 살펴본다.

6.3.2 2. 수치적으로 해를 구하고 해석한다

모델을 검증하는데에는 매개변수에 의한 영향등을 확인할 수 있다. 일반적으로 비선형모델은 해석적으로 풀는것은 쉽지 않을뿐 아니라 구한 해가 직관적으로 설명하는것고 쉽지는 않다. 따라서 이 모델은 질적(qualitative)으로 해석을 하는 것이 적절하다. Python을 사용하여 그래프를 그려서 해석을 해본다(참조: 그림 6.4, 그림 6.5, 그림 6.6).

주어진 문제는 학과 학생 100명이 수련회를 갔는데 1명의 감기환자가 있었고 회복된 친구가 생긴다고 가정을 하였다. 그래프 6.4의 조건을 사용 하여 시뮬레이션을 해보았다. 이 그래프를

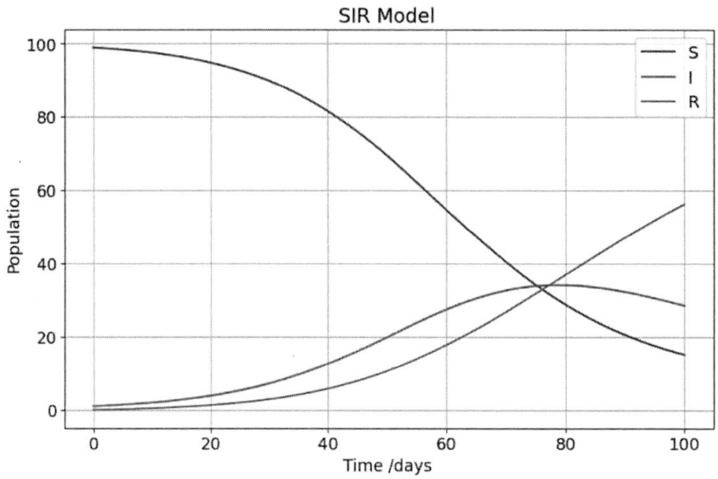

그림 6.4: $\beta = 0.001, \gamma = 0.03, N = 100, I(0) = 1, R(0) = 0$일 때 SIR 감염병 모델 그래프.

살펴보니 감염자가 매우 느리게 증가를 했다. 근사적으로 1주일 안에는 2명정도의 감기 환자가 있으니 1 명이 더 감염되었다고 할 수 있다. 따라서 학과 대표인 유경이는 크게 염려를 하지 않고 준비한 수련회의 프로그램을 모두 마치고 돌아와도 될 것 같다. 앞에 SI모델이나 SIS 모델에서는 회복이 되는 그룹이 없었고 학생들이 감기가 걸리는 상당수 학생이 있어다. 하지만 회복이 되는 SIR 모델은 환자가 발생하지만 회복이 되어 심각하게 감염자가 늘어나지는 않음을 보였다.

또 다른 예들을 살펴본다. 전체 사람이 1,000명이 있는 마을에서 전염병이 돌고 있다고 한다. 감염가능한 사람이 999 명이므로 감염자가 한 명뿐이라고 가정한다. 또한, 질병의 감염률은 0.001 이고 회복율은 0.03라고 가정한다.

$$N = \text{총 규모} = 1,000$$

$$S_0 = \text{초기 감염자 수} = 999\text{ÿí}$$

$$I_0 = \text{초기 감염자 수} = 1$$

$$\beta = \text{감염(접촉)율} = 0.0003$$

$$\gamma = \text{회복율} = 0.03$$

로 놓고 $t = 20$일 때의 각각의 값을 구하면, $S(20) = 831.3639271$, $I(20) = 150.26735882$, $R(20) = 1.83687141e + 01$이다. 그런데 해석적인 해는 (6.10)만을 구했다. 해석적으로 구한 R의 값과 수치적으로 구한 값을 비교할 수 있다. $t = 20$ 일 때 구한 R에 대입할 수 있다. 너무 번거로

워서 생략한다.

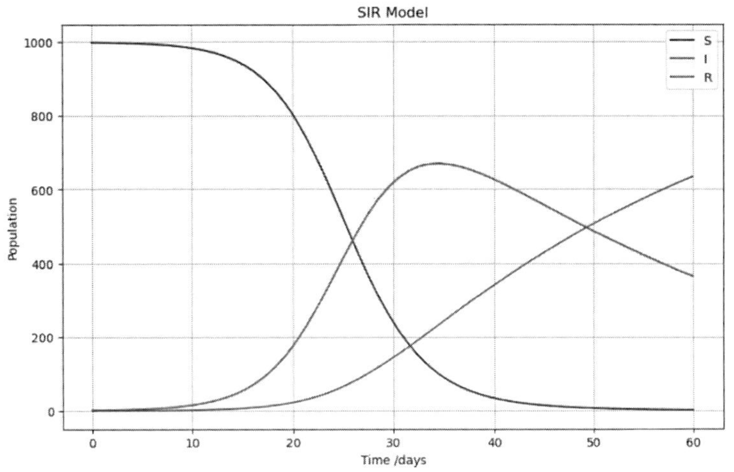

그림 6.5: $\beta = 0.001, \gamma = 0.0003, N = 1,000, I(0) = 1, R(0) = 0$일 때 SIR 감염병 모델 그래프.

또 다른 예를 살펴보자.

$$N = \text{총 규모} = 1,000$$

$$S_0 = \text{초기 감염자 수} = 999\text{ÿí}$$

$$I_0 = \text{초기 감염자 수} = 1$$

$$\beta = \text{감염(접촉)율} = 0.001$$

$$\gamma = \text{회복율} = 0.03$$

의 경우 그래프 6.5로 나타내지만 감염율에 따른 결과 회복된 사람들의 총 수는 감염률을 변경함으로써 영향을 받는다. 이 효과를 설명하기 위해 모든 초기 값을 변경하지 않고 감염률만을 $\beta =$ 0.001로 변경하면 $S(20) = 3.79677202e - 02, I(20) = 694.62881703, R(20) = 3.05333215e + 02$ 이다. 감염률 β 의 변화가 장기간에 걸쳐 각 그룹사람수에 미치는 영향을 보여주는 그래프다(그래프 6.5 와 6.6 의 비교). 여기서는 γ 만을 변경하거나 β, γ모두를 변경하였을 경우의 변화에 대해서는 살펴보지 않았으나 연습문제로 남긴다.

6.3.3 임계값(threshold) $\mathcal{R}_0$ 구하기

감염병의 유행인 팬데믹(pandemic)의 조건은 무엇일까? 감염자 수가 늘어나면 전염병이 된다.

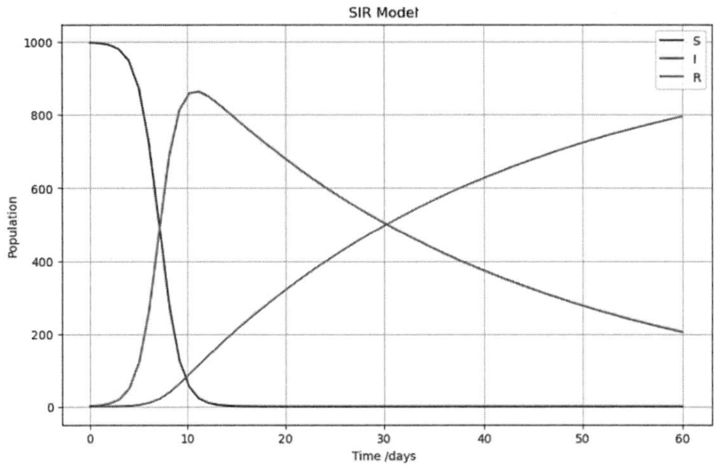

그림 6.6: $\beta = 0.001, \gamma = 0.03, N = 1,000, I(0) = 1, R(0) = 0$일 때 SIR 감염병 모델 그래프.

사람들은 감기가 계속 확산이 될것인지 아니면 감기환자들이 줄어들 것인지에 관심이 있을것이다. 이는 임계값을 통해 추론을 할 수 있다.

임계값을 $\mathcal{R}_0$으로 표기하고 1보다 크면 전염이 증가하고 1보다 작으면 감소함을 의미한다. 먼저, 모델의 임계값을 구하기 위해 SIS모델 (6.3)의 두 방정식을 f_1, f_2라 놓는다:

$$\begin{aligned} S' &= \beta I - aSI = f_1(S, I) \\ I' &= \alpha SI - \beta I = f_2(S, I) \end{aligned} \tag{6.12}$$

이고 두 그룹은 (S, I)이다. 이 시스템의 야코비안 행렬은

$$J = \begin{pmatrix} \frac{\partial f_1}{\partial S} & \frac{\partial f_1}{\partial I} \\ \frac{\partial f_2}{\partial S} & \frac{\partial f_2}{\partial I} \end{pmatrix} = \begin{pmatrix} -\alpha I & \beta - \alpha S \\ \alpha I & \alpha S - \beta \end{pmatrix}$$

이다. 질병에 감염된 사람이 없는 경우는 $(S, I) = (N, 0)$이다. 이는 모든 사람이 감수성이 있고 감염된 사람이 없음을 의미한다. 이러한 점을 평형점이라 한다. 시스템 (6.12)의 평형점 $(N, 0)$에서의 야코비안 행렬은

$$J|_{(N,0)} = \begin{pmatrix} 0 & \beta - \alpha N \\ 0 & \alpha N - \beta \end{pmatrix}$$

이다. 이 행렬의 고윳값은

$$\lambda = 0, \ \alpha N - \beta$$

이다.

고유치중 하나 $\lambda = 0$에서는 시간이 흘러도 어떠하든 감기환자는 발생하지 않기 때문에 현실적으로 이 고유값은 의미가 없다. 그래서 감기환자가 어느정도에서 안정이 될것인지, 즉 증가하거나 감소할지를 알기 위해, 고유값을 사용하는데 고유값($\lambda = \alpha N - \beta$) 의 부호에 의해 결정된다. 특히, $\alpha N - \beta < 0$이면 질병이 없는 평형점은 안정이다. 이러한 판단은 고유치의 부호에 의해 판단할수 있는데, 두 고유치가 양수가 아니기 때문이다. 반면 $\alpha N - \beta > 0$ 이면, 양의 고유값이 존재하고 질병이 없는 평형점은 불안정하여 환자가 늘거나 줄어들 수 있다. 즉,

$$\alpha N - \beta < 0 \tag{6.13}$$

이면 안정점을 갖는다. 그러나, $\alpha N < \beta$이면 안정적인 상태다. 이 식을 b로 나누고,

$$\frac{\alpha N}{\beta} < 1$$

이면 안정이다. 인구 전체를 $N \approx 1$ 놓는다. $\mathcal{R}_0$ 을 임계값이라 한다. 즉, 임계값 $\mathcal{R}_0$을 $\mathcal{R}_0 = \frac{\alpha}{\beta}$로 정의를 할 수 있다.

$\mathcal{R}_0 < 1$이면 안정이고, 반면에 $\mathcal{R}_0 > 1$이면 불안정이다.

$\mathcal{R}_0 > 1$이면 질병이 사람들에게 확산하게 되고,

$\mathcal{R}_0 < 1$이면 질병은 점차 사라진다고 한다.

또 다른 모델 (6.7) 에서 감염자 수가 늘어나는 방정식은, $\frac{dI}{dt}$이고 $\frac{dI}{dt} > 0$이면 $I(t)$가 증가 함수이므로 감염자 수가 늘어난다. 따라서 $\beta SI - \gamma I > 0$ 이면 감염자가 늘어난다. 이는

$$\beta SI > \gamma I$$

이다. 따라서 $\frac{\beta SI}{\gamma} > I$이다. 전염병이 시작될 때 거의 모든 사람이 감염될 수 있다. 따라서 $S \approx 1$이라고 할 수 있다. $S = 1$로 대입하면 다음과 같은 부등식이 유도된다:

$$\frac{\beta}{\gamma} = \mathcal{R}_0 > 1.$$

$\beta = \tau \cdot \bar{c}$이고 $d = \gamma^{-1}$ 이므로, 우리는 방정식 (6.14)에 주어진 $\mathcal{R}_0$ 에 대한 표현식과 같다는 것을 알 수 있다.

일반적으로 임계값을 구하는 몇가지 방법이 있는데, 여기서 $\mathcal{R}_0$를 고려한다. $\mathcal{R}_0$ 는 **기본 재생산수(The Basic Reproduction Number)**라 하고, 이는 취약한(감수성이 있는) 인구에서 단일(일

반적인) 감염으로 인해 발생하는 예상되는 2 차 감염 사례수로 정의된다.

$$\mathcal{R}_0 \propto \left(\frac{\text{감염자수}}{\text{접촉자수}}\right) \cdot \left(\frac{\text{접촉자수}}{\text{시간}}\right) \cdot \left(\frac{\text{시간}}{\text{감염자수}}\right) \tag{6.14}$$

보다 일반적으로 가장 잘 알려진 $\mathcal{R}_0$의 설명은 Anderson & May(1991)의 $\mathcal{R}_0$ 이다. 즉,

$$\mathcal{R}_0 = \tau \cdot \bar{c} \cdot d$$

로 τ는 전이 확률이고, $\bar{c}$는 접촉수이고 d는 감염으로 보내는 평균시간이다.

모델 (6.7)은 유입과 유출이 없는 유형으로 많이 볼 수 있는 모델이다. 그래서 여기서는 SIR 모델을 약간 조정하여 일정한 출생률 π과 사망률 μ이 있다고 가정한다. 출생률과 사망률은 각 그룹의 사람 수에 비례한다. 이 경우 제거된 그룹(bI)은 사망자가 아니라 면역이다. 모델은

$$\begin{aligned}\frac{dS}{dt} &= \pi - \alpha SI - \mu S\\ \frac{dI}{dt} &= \alpha SI - \beta I - \mu I\\ \frac{dR}{dt} &= \beta I - \mu R\end{aligned} \tag{6.15}$$

로 쓸수 있다. 모델(6.15)은 출생과 사망을 포함한 모델이다. 아무도 질병에 걸리지 않은 상태인 점인 평형점은 $I = 0$로 설정한다. $R = 0$이고 $\frac{dS}{dt} = \pi - aSI - \mu S = 0$ 이므로 $S = \frac{\pi}{\mu}$이다.

모델의 야코비안 행렬은

$$J = \begin{pmatrix} \frac{\partial S'}{\partial S} & \frac{\partial S'}{\partial I} & \frac{\partial S'}{\partial R} \\ \frac{\partial I'}{\partial S} & \frac{\partial I'}{\partial I} & \frac{\partial I'}{\partial R} \\ \frac{\partial R'}{\partial S} & \frac{\partial R'}{\partial I} & \frac{\partial R'}{\partial R} \end{pmatrix} = \begin{pmatrix} -\alpha I - \mu & -\alpha S & 0 \\ \alpha I & \alpha S - \beta - \mu & 0 \\ 0 & \beta & -\mu \end{pmatrix}.$$

질병이 없는 평형점 $(S, I, R) = (\frac{\pi}{\mu}, 0, 0)$에서,

$$J|_{(\frac{\pi}{\mu},0,0)} = \begin{bmatrix} -\mu & -\frac{\alpha\pi}{\mu} & 0 \\ 0 & -\frac{\alpha\pi}{\mu} - \beta - \mu & 0 \\ 0 & \beta & -\mu \end{bmatrix}$$

$(S, I, R) = (\frac{\pi}{\mu}, 0, 0)$에서 고유치를 계산하면

$$\begin{aligned}
&\det(J - \lambda I)\\
&= \det\left(\begin{bmatrix} -\mu & -\frac{\alpha\pi}{\mu} & 0 \\ 0 & \frac{\alpha\pi}{\mu} - \beta - \mu & 0 \\ 0 & \beta & -\mu \end{bmatrix} - \lambda \begin{bmatrix} 1 & 0 & 0 \\ 0 & 1 & 0 \\ 0 & 0 & 1 \end{bmatrix}\right)\\
&= \det\begin{bmatrix} -\mu - \lambda & -\frac{\alpha\pi}{\mu} & 0 \\ 0 & \frac{\alpha\pi}{\mu} - \beta - \mu - \lambda & 0 \\ 0 & \beta & -\mu - \lambda \end{bmatrix}\\
&= (\mu + \lambda)^2 (\frac{\alpha\pi}{\mu} - \beta - \mu - \lambda) = 0.
\end{aligned}$$

고유치는 $\lambda = -\mu, -\mu, \frac{a\pi}{\mu} - \beta - \mu$이다. 사망률 $\mu > 0$에 대해, 처음 두 고유치는 상수로 음수이므로 안정성을 정하지 못한다. 안정성은 세번째 고유치로 결정된다.

임계값은

$$\mathcal{R}_0^{SIR} = \frac{a\pi}{\mu(\beta + \mu)} = N \cdot (\frac{1}{\beta + \mu}).$$

전체 감염시간은 $\frac{1}{\beta+\mu}$, 회복률은 β이고 사망율 μ이다. 즉, $\mathcal{R}_0^{SIR}$는 이 경우 전체 $(N = \frac{\pi}{\mu})$에 전이율 a와 감염시간 $(\frac{1}{\beta+\mu})$과의 곱이다. 환자가 회복율 β이고 사망율 μ로 하면 전염성이 중단되기 때문에, 감염으로 보낸 총 시간은 $\frac{1}{\beta+\mu}$ 이다. 즉, $\mathcal{R}_0^{SIR}$은 다시 한번 상호작용의 전체수, (이 경우에 $N = \frac{\pi}{\mu}$), 전이확률 a와 감염으로 보낸 시간 $(\frac{1}{\beta+\mu})$과의 곱이다.

제 6.4 절 한 동네에서 토끼와 늑대는 같이 살 수 있을까?

생태계에는 다양한 종류의 동식물들이 있는데 약한 동물은 야수적인 동물들에 먹힌다. 그런데 그렇게 먹히는 동식물이 사라지지 않고 생존하고 있음을 이러한 현상을 수학으로 설명이 가능할까? 동물의 세계에서는 한 종이 다른 종의 주요 식량 공급원의 하나가 되기도 하는 두 종(species)의 개체군 증가 모델을 살펴본다. 생태계에서는 먹고 먹히는 다양한 생명체가 공존하고 있다. 예를 들면 크릴새우는 커다란 고래의 주요 먹이 공급원이다. 크릴새우 어장이 고래로 인해 어장이 고갈된다면 바다새, 펭귄, 그리고 물고기와 같은 다른 종들이 주요 먹이 공급원으로 크릴새우에 의존하는 동물들에 어떤 영향을 미칠 수 있을 것이다.

6.4.1 문제를 정의(Problem Identification)한다.

케냐와 같은 아프리카의 너른 평원에 살고있는 다양한 종류의 동물들의 광경을 보면 평화로워 보인다. 하지만 그 동물들의 세계내에서는 생존문제는 먹고 먹히는 세계로 매우 치열한 세계라는것을 볼 수 있다. 어떤 사바나 세계는 너무 광할하여 동물들이 들어오거나 도망갈 필요가 없는 숲이 있다고 한다. 그러한 닫힌 숲에서는 늑대와 토끼가 살고 있다고 한다. 숲에서 토끼는 좋은 풀들이 많이 있어 잘 지낼수 있다. 그러나 그 숲에는 늑대도 살고 있다고 한다. 토끼는 초식동물로 늑대의 주요 먹이중 한 종류라고 한다. 그렇다면 이런 초원에서 늑대와 토끼의 생존에는 어떠한 현상이 생길까?

6.4.2 가정을 한다

늑대는 육식동물로 토끼를 먹이로 삼고 토끼는 초식동물로 풀을 먹고 산다고 가정한다. 따라서 늑대는 생존을 위해 토끼를 착취한다. 토끼가 늑대의 주요 먹이중 하나의 공급원으로 가정한다. 늑대의 토끼 착취는 늑대와 토끼 개체군 사이의 균형에 어떤 영향을 미치겠는가? 늑대가 토끼를 너무 많이 착취하면 토끼가 충분하지 않게 되어 늑대의 식량 공급이 크게 감소하면 늑대는 생존할 수 있겠는가?

여기서 초식동물인 토끼 개체군을 x라 하고, x의 포식자인 늑대 개체군을 y라 가정한다. 이 두 종(species)이 같은 지역에 살고 있다고 가정한다.

먼저 방정식에서는 포식자(predator)가 없을 때 먹이(prey) 개체수가 무한정으로 증가한다고 가정하면,

- 포식자가 없는 경우는 먹이 x는 기하급수적으로 증가하나, 포식자 y는 먹이가 없으면 기하급수적으로 감소한다고 가정한다.

- 늑대가 없는 경우 x의 변화는 현재의 토끼수에 비례하여 증가한다. 이 모델은

$$\frac{dx}{dt} = ax(t), \quad a > 0$$

  이다.

- 토끼가 없는 경우 늑대는 먹이 x가 없으므로 개체수는 감소한다. 이는

$$\frac{dy}{dt} = -cy(t), \quad c > 0$$

이다. 이 방정식의 해는 $y(t) = C_0 e^{-ct}, C_0 > 0$ 이므로 오랜 시간이 흐르면 $\lim_{t\to\infty} C_0 e^{-ct} = 0$이 되어 멸종된다.

- 토끼의 수는 늑대와 만나는 횟수에 따라 감소한다.
- 늑대의 수는 토끼와 만나는 수에 비례하여 증가한다.
- 두 방정식 모두 토끼의 경우 자연 출산율을 나타내는 선형인 항과 늑대의 경우 자연 사망률을 나타낸다.
- 포식자가 없을 때 먹이 x는 기하급수적으로 증가하고, 포식자 y는 먹이가 없으면 기하급수적으로 감소한다고 가정한다.

6.4.3 수학화(Mathematizing)와 수학적인 풀이를 한다.

토끼와 늑대가 같은 지역에 살고 있다면, 토끼와 늑대가 만날 가능성이 있기 때문에 토끼와 늑대가 만나는 횟수는 토끼수와 늑대의 수의 곱 $x \cdot y$으로 상호작용 하고 토끼 개체수와 늑대의 개체수의 곱에 비례한다고 할 수 있다. 이를 토끼의 증가율은 토끼와 늑대 두 개체군 간의 상호 작용을 나타낸다. 사이의 상호작용 횟수에 비례하는 방식으로 감소된다. 토끼와 늑대 사이의 상호작용 횟수 혹은 상호작용하는 항은 xy로 나타낸다.

• 토끼와 늑대가 같은 지역에 사는 경우 늑대 수의 증가는 토끼수와 늑대의 수의 곱에 비례하며, 토끼수는 감소하나 늑대수는 증가한다.
이는

$$\begin{aligned} \frac{dx}{dt} &= -bxy \\ \frac{dy}{dt} &= dxy, \quad b > 0, d > 0 \end{aligned} \tag{6.16}$$

이다.
토끼의 증가율은 토끼와 늑대 사이의 상호작용 횟수에 비례하는 방식으로 감소된다. 토끼와 늑대의 상호작용 가정은 다음과 같은 미분방정식으로 유도된다.

$$\begin{aligned} \frac{dx}{dt} &= ax - bxy = (a - by)x \\ \frac{dy}{dt} &= -cy + dxy = (-c + dx)y \end{aligned} \tag{6.17}$$

이다. 여기서, b, d는 상수이고, 위의 방정식을 **로트카 볼테라 모델(Lotka-Volterra Model)**이라 한다. 상수 b 단위 시간내에 늑대에 의해 잡아 먹히는 토끼들의 개체수를 의미한다. 상수 d는 시간 단위당 토끼 한 마리의 먹이로 인한 늑대 개체군의 부가적인 출산 비율을 나타낸다(실제 데이터가 없는 경우 임의의 숫자 선택).

늑대의 개체수가 증가함에 따라 방정식 (6.17)에서 토끼의 고유성장률 $k_1 = a - by$는 감소한다는 점에 유의한다. 상수 a는 각각 토끼 개체수의 증가, 토끼의 자기조절 정도를 의미하고, b는 늑대의 포식성을 나타낸다고 할 수 있다. 늑대의 고유성장률 $k_2 = -c + dx$는 토끼 개체수가 증가함에 따라 증가한다.

방정식 (6.17)을 만족하는 하나의 해는 $x = 0, y = 0$이고, 이는 두 개체들는 존재하지 않는다는 것이다. 또다른 해는 $a - by = 0$으로 $y = \frac{a}{b}$ 이고, $-c + dx = 0$으로 $x = \frac{c}{d}$이다. 해(solution) $(x, y) = (\frac{c}{d}, \frac{a}{b})$ 보다 직관적인 소프트웨어를 사용하여 근사해를 구해 해석과 검증을 한다.

6.4.4 모델을 해석하고 검증한다.

$a = 0.5, b = 0.02, c = 0.3, d = 0.01$인 경우 고유치는 포식자가 없는 경우, 미분방정식

$$\frac{dx}{dt} = 0.5x - 0.02xy$$
$$\frac{dy}{dt} = -0.3y + 0.01xy$$

이다. 토끼와 늑대의 초기치 개체수가 $x(0) = 40, y(0) = 9$이면, 그래프 6.7은 시간의 흐름에 따라 토끼와 늑대의 개체수는 어떻게 되는지를 그래프 6.7를 통해서 직관적으로 알 수 있다. 그

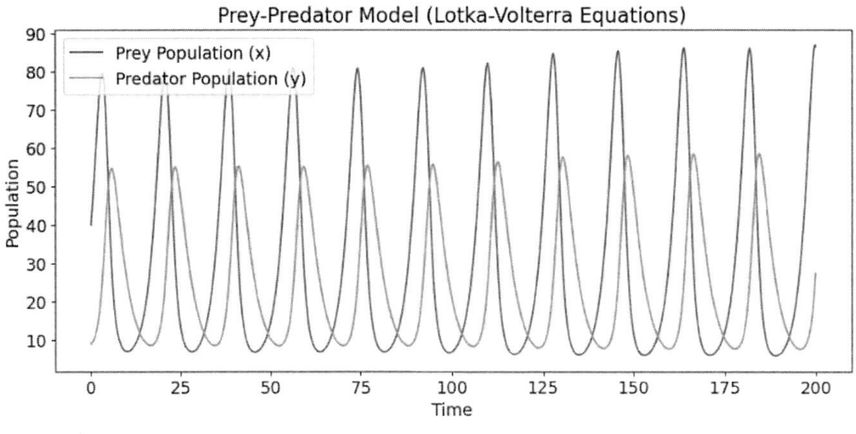

그림 6.7: 시간에 따른 토끼와 늑대의 개체수

림 6.7를 보면, 늑대와 토끼의 개체수는 약 20일마다 개체수가 반복된다. 토끼의 개체수의 변동은 같은 기간 동안 근사적으로 7마리에서 약 88마리 사이 이고, 늑대의 개체수의 변동은 같은 기간 동안 근사적으로 5마리에서 약 58마리 사이다.

만일 늑대의 개체수가 무한정 많아지면 식량이 부족할것으로 이는 비현실적이고 개체수 증가가 감소로 변하고 다시 개체수가 최소가 되면 먹이에서 경쟁을 덜하게되어 개체수가 다시 증가되는 것이 반복된다. 토끼가 먹을 수 있는 풀의 양이 한정적이라는 것이다. 무한히 넓게 펼쳐진 초원이라 할지라도 포식자 늑대에 의해 성장에 한계가 있을 수 밖에 없고, 포식자가 적어지면 토끼 개체수가 증가하고 포식자가 많아지면 토끼 개체수가 감소한 그래프로 시간 간격을 두고 늑대와 토끼의 개체수가 오르락 내리락을 함을 알려준다.

매개변수와 초기조건을 변경하여 $a = 0.5, b = 0.1, c = 0.5, d = 0.1$인 경우 $x(0) = 10, y(0) = 2$인경우도 살펴보았다. 이 경우 모델을 해석하면, 그림 6.8의 좌측 그래프에서 볼 수 있는것처럼

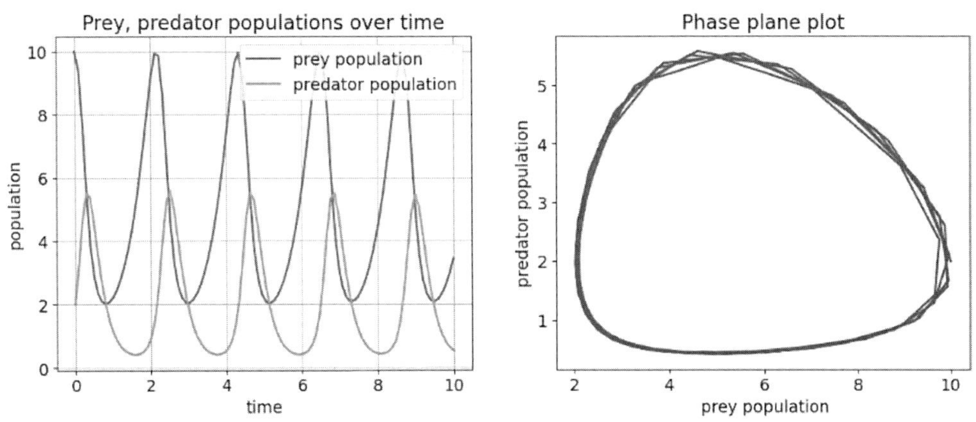

그림 6.8: 시간에 따른 토끼와 늑대의 개체수.

비록 초기에 늑대가 2 마리 일지라도 늑대의 개체수가 모두 죽지는 않고 생존하는데 2마리 아래로 떨어지기도 하지만 5마리까지 증가하기도 한다. 하지만 토끼는 최소 2마리까지 떨어지기도 하지만 거의 10마리 가까이 증가하기도 한다. 그림 6.8의 우측 그래프는 토끼의 개체수와 늑대의 개체수의 증가 감고 영역을 나타낸다.

그림 6.8의 우측 그래프를 보면 $6 < x, 0 < y$ 영역에서는, 미분방정식은 $dx/dt > 0, dy/dt > 0$이으로 두 개체군이 모두 증가한다. $5 > x, 2 < y$ 영역에서는, 미분방정식은 $dx/dt < 0$인 반면 $dy/dt > 0$이 되고 이에 대한 해석은 이제 늑대가 너무 많아서 토끼 개체군이 감소하고 있다. $4 > x, 1 < y$ 영역에서는 늑대에게 충분한 먹이가 없으므로 토끼와 마찬가지로 늑대도 감소한다(

$dx/dt < 0, dy/dt < 0$).

늑대가 너무 적어 토끼가 다시 수를 늘리기 시작할 수 있고 $(x, y) \approx (4, 1)$ 지점으로 돌아간다. (토끼, 늑대)= (x, y)의 y 의 최대값과 최소값은 $(x, y) \approx (0.5, 6)$ 이고 x의 최대값과 최소값은 $(x, y) \approx (10, 2)$이다.

• 따라서 토끼와 늑대가 같은 동네에서 사는것은 매우 어렵다.

또한, 먹이에 대한 "제한"이 있는 모델을 생각할 수 있다. 이는 연습문제로 남긴다

제 6.5 절 6장 연습문제

1. 감염병 포털 kdca.go.kr에서 "코로나바이러스감염증-19 확진환자 발생현황"의 데이터를 다운받아, 그 데이터를 활용해서 SIR 모델의 광역시와 서울시의 임계점을 구해보자.

2. 6.3절의 SIR모델에서 γ 와 β, γ를 변경하였을 경우 S,I,R값의 변화에 대해서 알아보자.

3. “토끼와 늑대의 동네"에서 먹이에 대한 " 성장 제한"이 있는 모델을 생각해보자.

제 6.6 절 6장 참고 문헌

1. D.S.Jones, M.J. Plank, and B.D.Sleeman *Differential Equations and mathematical Biology*, 2nd ed. crc press.

2. Daniiel. Kaplan and Leon Glass,(1991), *Understanding Nonlinear Dynamics.* Springer.

3. P. van den Driessche and James Watmough, *Reproduction numbers and sub-threshold endemic equilibria for compartmental models of disease transmission*, Mathematical Biosciences **180** (2002) pp.29–48.

4. James Holland Jones, *Notes On* $\mathcal{R}_0$, May 1, 2007

5. O. Diekmann aNd J. A. P. Heesterbeek. *Mathematical Epidemiology of Infectious Diseases: Model Building, analysis, and Interpretation*. Chicester: John Wiley and Sons,2000.

6. https://dportal.kdca.go.kr/pot/cv/trend/dmstc/selectMntrgSttus.do, Accessed on 05 Oct 2024

제 7 장

통계와 확률(Statistics and Probability)

통계와 확률은 우리 생활 곳곳에서 중요하고 편리한 역할을 하고 있다. 어떤 현상을 통계를 사용하여 단순하지만 쉽고 직관적으로 이해를 할 수 있다. 통계는 데이터에 기반한 의사결정을 가능하게 하고, 통계적 방법을 사용하여 데이터에서 유의미한 패턴을 찾을수 있다.확률은 불확실성을 수량화하고 모델링하는 데 사용되고 있다.

제 7.1 절　육상경기의 여성의 기록이 남성과 같아 질 수 있을까?

역사적으로 육상경기는 매우 오래되었으며 육상기록은 남여 모두 꾸준히 향상되어 왔다 ([15] 참고). 표 7.1기록을 보면 2000년대에 기록을 제외하고는 여성의 200m 기록은 거의 1990년까지 상당히 시간을 단축하였다는 것을 알 수 있다. 남성의 경우 1970년대에 이후 일부변동은 있었으나 장 기간으로 보면 시간을 단축되었다는 것을 알 수 있다.

7.1.1　문제를 정의(Problem Identification)한다.

스포츠 경기는 많은 사람들에게 즐거움만 줄 뿐 아니라, 일부 스포츠는 "인간의 한계는 어느까지 일까?"하는 생각을 하게한다. 또한 인간을 시험한다는 생각이 들기도 한다. 세계스포츠 축제가 열릴 때면 사람들은 스포츠 종목들 중 누가 어떠한 종목에서 새로운 기록을 기록하게 되었는지 관심이 있다.

• 문제: 사람들은 올림픽이 열리거나 육상경기에서 누가 최고의 기록은 기록했는지, 사람들이 얼마나 빨리 달릴수 있는지 관심을 가진다. 특히 육상의 기록에 관심을 갖는데 항상 여성보다 남성의 기록이 지금까지는 항상 앞서있는 것은 사실이다. 하나님은 남성 인체는 항상 여성인체보다 강하게 만들어 졌을까 생각 하면서, 양궁같은 종목은 여성이나 남성에서 차이가 크게 나는것 같지 않다고 생각했다. 그렇다면 여성의 육상 기록은 남성기록보다 좋아지거나 같아질 수는 없는것인가?

7.1.2 가정(Assumptions)을 한다

- 주어진 남녀의 기록을 스프레이 시트에 적어본다.
- x는 년도를 나타내고 y는 경기기록인 초를 의미한다. 이 기록들의 추세를 알 수는 있으나 가능한 이 데이터를 설명할 수 있는 방법으로 선형관계식의 추세선 $y = ax + b$을 따른다고 가정한다.
- 여성과 남성 모두 이 기록을 바탕으로 앞으로도 시간이 단축될 것이라 가정한다.

과거 기록데이터를 사용하게 그래프를 살펴본다. 주어진 데이터에 정확하게 설명할수 있는 함수를 구하기는 어렵다. 특히 선형으로 표현한 함수가 정확히 데이터를 설명할 수는 없으나, 여기서는 선형관계식으로만 표현한다고 가정한다.

이 자료는 https://worldathletics.org/athletes나 https://olympics.com/에서 얻을 수 있다. 표 7.1 자료에서 여성의 평균 기록은 22.42789초 이고 남성의 평균 기록은 20.01053초다

7.1.3 수학화(Mathematizing)을 한다

• 최소자승법(최소제곱법)을 사용하면 이 데이터 설명이 가능한 관계식을 구한다.
독립변수를 1948, 1952, 1956, $\cdots$를 x_i로 놓고, 여성의 경우만 구하는데 여성의 기록을 종속변수를 y로 가정했으므로 선형관계식의 추세선 $y = ax + b$를 구한다. 선형관계식 $y = ax + b$에서 a, b를 구하면 된다. 함수 값과 데이터 값 사이의 제곱 차이인 잔차의 모든 데이터 포인트의 합을 가능한 최소화하는 직선을 구하는 방법인 최소자승법(제곱법)이다. **최소자승법(Least-squares**

표 7.1: 역대 올림픽 200m의 여성과 남성의 육상경기기록 (단위 초)

년도	1948	1952	1956	1960	1964	1968	1972	1976	1980	1984
여성	24.4	23.7	23.4	24	23	22.5	22.4	22.37	22.03	21.81
남성	21.1	20.7	20.6	20.5	20.3	19.8	20	20.23	20.19	19.8
년도	1988	1992	1996	2000	2004	2008	2012	2016	2020	2024
여성	21.34	21.81	22.12	22.27	22.05	21.74	21.88	21.78	21.53	
남성	19.75	20.01	19.32	20.09	19.79	19.3	19.32	19.78	19.62	

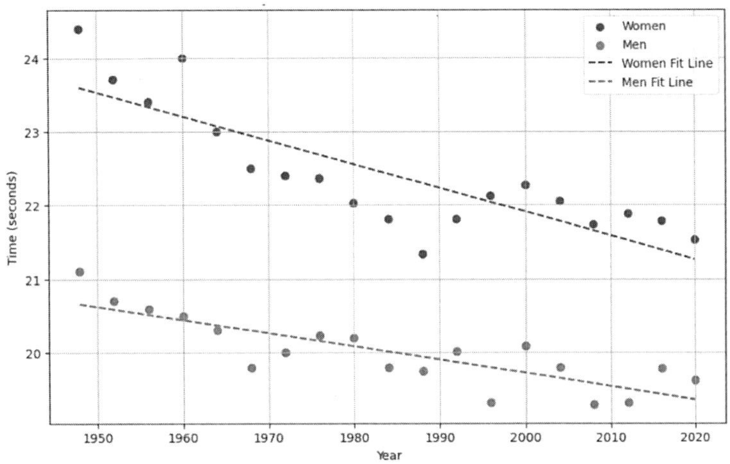

그림 7.1: 역대 남여의 200m 경기 기록과 추세선

method)은 각각의 x 와 y 의 상관도를 기준으로 y를 예측하기 위한 가장 최적합선(line of best fit)을 만들게 되는데, 이것이 최소제곱법에 의한 방법이라 한다. 이에 대한 최소자승법인 방법은 이 장의 마지막에 제공한다.

7.1.4 수학적인 풀이를 한다

독립변수는 $(x_i)|_{\{i=1,2,3,4,\cdots\}}$이고 종속변수로 y을, 주어진 데이터의 그 기간동안(1948-2020년)의 여성의 평균 기록은 22.42789 초다. 표 7.1의 데이터를 설명하는 관계식을 구한다. 주어진 데이터는 엑셀에서 최소자승법의 방정식 (7.5) 을 사용하여 계산을 한다. 데이터 개수는

$x_{(i=1,2,\cdots,19)} = 19$다. 여성의 경우, 회귀직선인 선형관계식 추세선을 구한다.

$$\sum_{i=1}^{n} x_i = (1+2+3+\cdots+19) = 190,$$
$$\sum_{i=1}^{n} x_i^2 = (1+2^2+3^2+\cdots+19^2) = 2470,$$
$$\sum_{i=1}^{n} y_i = (24.4+23.7+23.4+\cdots+21.53) = 426.13$$

그리고

$$\sum_{i=1}^{n}(x_i y_i) = (1\times 24.4 + 2\times 23.7 + \cdots + 19\times 21.53) = 4187.59$$

이다.

$$a = \frac{(19\times 4187.59) - 190\times 426.13}{19\times 2470 - 36100} = \frac{-1400.49}{10830} = -0.1293,$$
$$b = \frac{426.13\times 2470 - 190\times 4187.59}{19\times 2470 - 36100} = \frac{1052541}{10830} = 97.1875$$

이다. 따라서, 여성의 선형관계식은 $y = -0.1293x + 97.1875$이다.

- 그래프 7.1은 남녀 모두 단순하게 엑셀에서 추세선을 그린 그래프다.

- 위 여성의 경우를 구한것처럼 남성의 경우를 구할 수 있다. 엑셀을 사용하면 남성데이터의 추세선은 $y = -0.018x + 55.8$인 그래프이다. 두 그래프의 기울기가 같지 않고, 여성 데이터의 그래프가 기울기의 절대값이 남성의 그래프보다 크다. 2020년 이후 언젠가 두 그래프는 만난다. 두 직선의 교점을 구하면 $x = 371.88$ 이다. 따라서 $x = 372$인데 $x = 1$는 이 1948년이고 $x = 2$회는 1952으로 4 년 마다 기록이 있다. 오랜 시간 후 $x = 372$ 회 이후 3432년에는 여성이 남성보다 경기에서 더 좋은 기록을 낼 수도 있다는 의미인데 아주 먼 시간 후다. 이는 가능성이 매우 낮다는 의미 같다.

7.1.5 현실에 모델을 검증한다

- 이 문제의 경우 검증을 할 수는 없지만 문제를 해결하고 구한 해 이 모델링 문제에 적절한지 고려해야 한다. 교사와 학생은 해결책이 합리적이고 적절한지 확인한다.

수학적 모델링 문제를 해결하는 방법은 모델링 순환을 따라서 문제를 해결하는 것이 일반적이라 할수 있지만, 그 절차의 일부를 적용할 수 있다.

제 7.2 절 일어 설 수 없는 환자들의 키는 어떻게 알 수 있을까?

아직도 옷을 맞추어 입는분들이 있으나, 불과 몇 오십여년전 만해도 옷을 기성품을 사서 입는경우도 있으나 맞추어 입는 사람들이 많았다. 그런데 요즘은 대체적으로 옷이나 신발등 기성품을 사서 이용하더라도, 각 개인들에게 매우 잘 맞고 충분히 멋을 내는데 부족함이 없다. 이는 국민들의 신체사이즈등을 잘 알게되어 의류업체들은 국민들의 신체사이즈를 표준화하여 의류를 생산하기 때문이다. 또한 국민들의 인체에 대해서는 sizekorear[12]에서 신장이나 그 밖의 다양한 척도를 조사도 하고 있다.

우리나라는 질병관리청에서 매년 전국민들로부터 만여명을 지정하여 국민건강관리를 위한 다양한 항목을 조사하고 있다. 또한 knhanes[11]에서는 전국의 초·중·고등학생들을 대상으로 '학교건강검사 표본조사'를 한다.

국민들의 건강을 관리하고는 있지만 특히 연세가 드시면 어르신들은 질병에 노출이 되어 치료를 위한 병원에 입원을 할 수 있다. 어르신이 아닐지라도 다양한 원인으로 병원에 입원하는 사람들이 있다. 건강한 사람들은 주변의 대부분의 사람들이 건강하여 병원에서 만날것 같진 않다. 그런데 병원에 가면 우리나라의 병원은 매우 많은분들이 붐비기도 한다. 더구나 요즘은 수명이 매우 길어지고 과학의 발달은 생명이 연장되고 있다.

다음 과제는 연구결과만을 적용하여 모델링 모델링 문제를 해결하는 과제다.

7.2.1 문제를 정의(Problem Identification)한다.

- 문제: 의료가 좋아지면서 장수를 하시는 분들이 많아지면서 요양병원의 수도 많아지게 되었다. 요양병원에는 걷기도 어려운 분들도 많고, 편찮으신분들이 많다. 그런데 간호사인 용희는 일어서거나 걷을 수 없는 환자들의 키를 측정 하여 기록을 해야하는 경우가 있다. 환자들 중에 일부는 일어설 수 없는 없는 사람들의 키를 알아야 했다. 과학의 덕분에 연세가 많으신분들도 오랜기간 생존하시기도 하지만, 한편으로 질병이나 기타 이유로 인해 입원을 하여 실제 일어서거나 걷을수 없는 사람들의 경우를 용희는 어떤 방법을 사용해야 하려고 한다. 그렇다면, 용희는 그러한 사람들의 키를 어떻게 추론할 수 있을까?

7.2.2 가정(Assumptions)을 한다.

과거에는 옷을 맞춤의 시대가 있었으나 현재는 일반적으로 잘 만들어진 기성품의 의류등을 잘 사용하고 있는데 특별히 불편함이 없다. 이러한 옷이나 신발등은 어떠한 표준화된 상품들이다.

- 어떻게 옷을 사거나 신발을 사서 잘 사용하는데 불편함이 없게 되었을까?
- 신장은 어떠한 표준화가 있을까?
- 인체의 어느부분이 비례관계가 있을까?
- 연구들에 따르면([2], [3]), 성인들의 팔 길이와 서 있는 키 사이의 관계를 추정하는 것은 인체 측정에 있어서 중요한 도구였으며, 특히 키를 직접 측정할 수 없는 경우에 사용할 수 있다. 팔 길이를 x 로, 키의 길이는 y 라, 그리고 척골 길이를 z라 가정한다.
- 성인들 대부분의 사람들의 팔 길이와 키와 거의 비례한다고 가정한다([2], [3]). 즉, 팔 길이는 키 대신에 남성과 여성 모두의 키를 측정하는 가장 신뢰할 수 있다고 가정한다. 팔 길이와 척골 길이 측정은 그림 7.2 와 같다.

7.2.3 수학화(Mathematizing)와 수학적인 풀이를 한다.

팔 길이와 척골 길이는 표 7.2와 같다고 한다. 나이는 11 ~ 17세와 18 ~ 64세 별로 나누어져 있다. 표 7.2를 참고하면 팔 길이와 키의 비율이 $1.00 \pm 0.02 \sim 1.01 \pm 0.03$이다. 이는 팔 길이와 키의 비율이 거의

$$\frac{\text{키}(y)}{\text{팔 길이}(x)} \approx 1$$

이므로 키는 각 사람들의 팔길이와 유사하다는것을 의미한다. 즉, $y = x$라 할 수 있다. 따라서 팔 길이를 알 수 있다면 키를 알 수 있다. 또다른 방법은 척골길이를 활용 할 수 있는데, 키와 척골 길이의 비율은 $6.11 \pm 0.23 \sim 6.17 \pm 0.33$이다. 따라서

$$\frac{\text{키}(y)}{\text{척골 길이}(z)} \approx 6.17$$

이므로

$$y = 6.17z$$

이다.

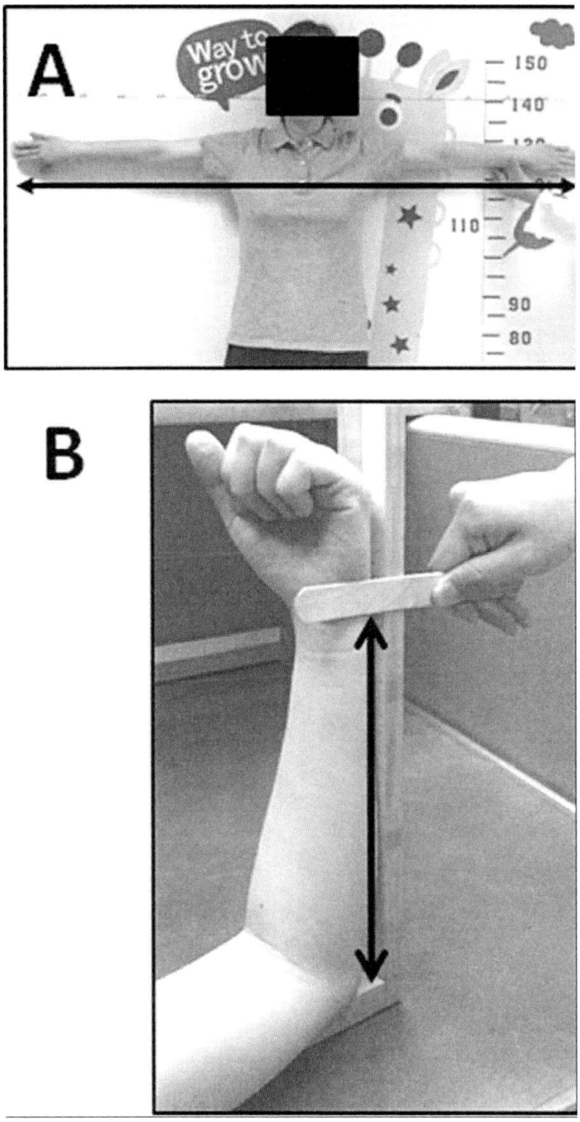

그림 7.2: 팔길이(A)와 팔뚝의 척골 길이(B) 측정모습, (출처:[2])

7.2.4 현실에 모델 검증 적용한다

학생들 각각의 팔 길이와 서 있는 키 사이에 연관성과 여기의 모델이 적절한지 검증한다.

표 7.2: 나이, 체중 및 인체 측정치. (출처:[2])

	나이	몸무게	팔길이	척골길이	키/팔길이	키/척골길이
11 – 17 세						
남성	14.2 ± 1.5	55 ± 16	158 ± 16	26 ± 3	1.01 ± 0.03	6.17 ± 0.32
여성	13.9 ± 1.6	49 ± 14	150 ± 9	25 ± 2	1.01 ± 0.03	6.17 ± 0.33
18 – 64 세						
남성	32.6 ± 9.9	74 ± 12	175 ± 7	29 ± 2	1.00 ± 0.02	6.11 ± 0.23
여성	35.8 ± 9.2	56 ± 11	157 ± 7	25 ± 2	1.01 ± 0.03	6.17 ± 0.32

제 7.3 절 은행의 대기시스템은 어떻게 작동되는가?

병원이나 은행에서 일을 처리하기 위해 대기하는 사람들이 많으면 기다리는 시간도 많이 걸린다. 마찬가지로, 명절이나 연말등은 교통량이 매우 많이 급증하여 도로나 터미널, 항구, 공항등이 매우 붐빈다. 이와 같이 사람들이 많이 모이게 되어 사람들의 일들을 처리하기 위해 기다리는 상황을 대기한다고 한다.

7.3.1 문제를 정의(Problem Identification)한다.

은행은 일반적으로 일을 처리하는 시간이 다른 일에 비해 길지 않기 때문에, 은행에서 일을 해결하기 위해 사람이 은행에 도착하는데 다른 사람들도 연속적으로 도착할 수 있다. 은행에 도착하는 사람들의 시간은 다양하다. 사람에 따라 일을 처리하는데 필요한 시간도 일의 종류 다양할 것이다.

• 문제 : 요즘은 은행 일을 해결하는데 인터넷이나 앱을 통해 일을 끝내기도 한다. 하지만 바쁜 일정이 있음에도 불구하고 은행에 오는 고객들이 기다리지 않도록 어떤 한 은행의 지점장인 김용봉씨는 어떻게 정해진 직원들이 고객들이 기다리는 시간을 줄일 수 있기를 희망한다. 그래서 지점장은 담당하고 있는 지점에 방문하는 고객들이 은행에도착하여 얼마나 기다리는지 관찰을 하곤하였다. 따라서 지점장은 고객들이기다리는 시간을 줄일수 있을까?

7.3.2 가정(Assumptions)을 한다.

지점장은 다음과 같은 사항들을 고려 한다.

- 한사람 당 은행에 도착해서 일을 처리를 하는데 평균시간 및 최대시간은 얼마나 걸릴까 ?
- 한사람 당 평균 대기시간 및 최대 대기시간은 얼마나 될까?
- 은행직원이 일을 하지 않고 고객을 기다린 상태인 시간은 몇 퍼센트나 될까?
- 고객의 가장 긴 대기의 시간은 얼마나 될까?

고객이 은행 서비스를 받기위해 기다리는 것을 대기한다고 하듯 이처럼 대기하는 문제를 대기문제라 할 수 있다. 연속적으로 고객들이 은행에 도착하는 시간 사이를 각 고객들의 일을 처리하는 시간은 유사하다고 가정한다. 은행업무가 시간되는 시간을 $t = 0(min)$이라 가정한다.

은행에 고객이 도착하는 것은 고객은 포아송 비율 λ로 대기열에 도착한다. 이는 단위시간 당 도착하는 평균 고객수다. 서비스 시간은 지수적으로 분포하며 평균 비율은 μ이며, 이는 단위 시간당 서비스를 제공받은 평균 고객수다.

대기열 규칙은 일반적으로 선착순이라 가정한다. 이 시스템은 잠재적인 고객이 무한하며 무제한으로 대기하는 사람들이 있고 있다고 가정한다. 이 시스템은 안정된 상태이며, 즉 도착 및 서비스 비율은 시간이 지나도 변하지 않는다고 한다.

7.3.3 수학화(Mathematizing)와 수학적인 풀이를 한다.

고객이 단위 시간당 은행에 도착하는 고객들(비율)은 λ, 은행에서 단위 시간당 일을 처리하는 은행이 고객들에게 서비스를 하는 비율(서비스율)을 μ라 하면 은행에서의 고객의 밀도는

$$\rho = \lambda/\mu$$

이다. 시스템에서 고객이 평균 대기 시간은

$$W = \frac{1}{\mu - \lambda}$$

이다.

7.3.4 해를 해석 및 검증한다

은행 지점장은 고객들의 입출입을 관찰하였더니 다음과 같았다고 한다: 고객들 간의 도착 시간은 15분과 145분 사이의 정수로 표시하며, 해당구간 내의 모든 정수는 같을 것이라 가정한다. 5명의 고객이 표 7.3와 같이 은행에 도착하여 은행서비스를 받는다고 가상의 상황을 생각해 보자. $t = 0(min)$에 시작한 후 1번 고객이 20분에 도착하기 때문에, 은행 직원은 20분 동안 쉬는 상

표 7.3: 은행에 도착하는 손님들, (시간: 분)

	1번 고객	2번 고객	3번 고객	4번 고객	5번 고객	···
도착하는 고객들간의 시간	20	30	15	120	25	···
고객들이 서비스를 받는 시간	55	45	60	75	80	···

태였고, 1번 고객이 도착 즉시 직원은 일을 시작한다. 1번 고객에 대한 업무 처리 시간은 55분 소요되었다. 한편, 2번 고객는 은행업무 시간이 시작 되고 은행에는 $t = 20 + 30 = 50$ 에 도착한다. 2번 고객은 1번 고객의 $t = 20 + 55 = 75$분까지 일을 완료 완료할 때까지 은행업무를 시작할 수 없다.

1번 고객은 $t = 20 + 55 = 75$분에 은행업무가 완료된다. 이는 2번 고객의 업무를 시작하기 전에 75-50 = 25 분 기다려야 함을 의미한다. 이제 2번 고객의 일을 시작하기 전에 3번 고객이 $t = 50 + 15 = 65$ 분에 은행에 도착한다. 2번 고객은 $t = 75$ 분에 은행일을 시작하여 소요 시간이 45분이 든다. 2번 고객의 일이 완료될 때 $t = 75 + 45 = 120$ 분이 될 때까지 은행 직원은 3 번 고객일을 도울 수 없다. 따라서 3번 고객은 120 - 65 = 55 분을 기다린다.

4번 고객은 $t = 65 + 120 = 185$ 분 까지 은행에 도착하지 않았다. 3번 고객은 이미 $t = 120 + 60 = 180$ 분에 은행일을 끝냈으므로, 은행직원은 185 − 180 = 5분 동안 쉬는 상태다. 따라서 4번 고객이 은행에 도착 하자마자 은행 직원은 즉시 4 번 고객의 일을 처리했다.

마지막으로, 5번 고객은 4번 고객의 일이 $t = 185 + 75 = 260$ 분에 끝나기 전 $t = 185 + 25 = 210$ 분에 은행에 도착했다. 은행직원은 5번 고객의 일을 시작하기 전 260 − 210 = 50 분을 대기해야 하였다. 5번 고객은 260 + 80 = 340분에 전체 업무가 완료되어 일의 과정이 완료된다.

은행직원이 업무를 하기 전 총 대기 시간은 얼마나 될것인가? 일을 시작하기 전 5명의 고객은 130분을 대기하게 되므로, 고객들이 은행이용에 불만의 원인이 될 수 있다. 은행직원이 고객

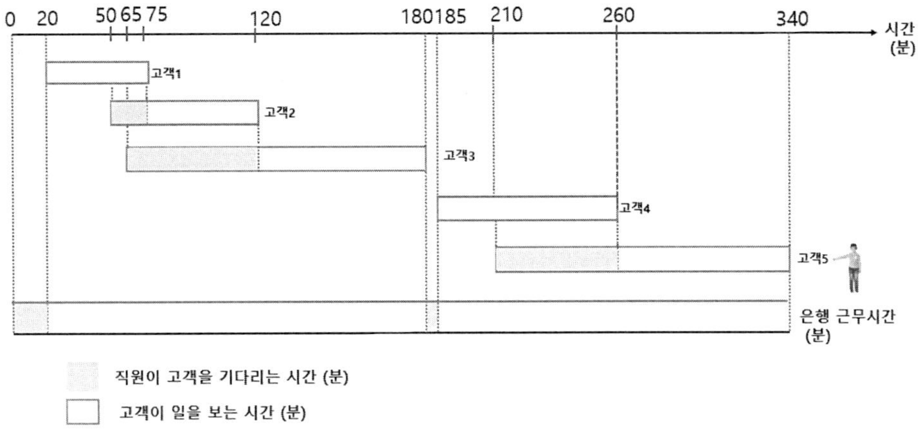

그림 7.3: 고객이 은행에 도착하는 시간과 직원을 기다리는 시간

을 기다리는 시간은 총 25분 이었다. 전체 일의 과정에서 시간이 340분 중 315분을 은행직원이 쉼없이 업무을 수행한 것으로 대략 93% 이다.

일반적으로, 고객은 기다리는 시간에 매우 민감하다. 이 예에서는 기다리는 데 걸리는 최대 시간의 경우 55분이다. 기다리는 평균 시간은 26분이다. 대기시간이 너무 길면 고객은 다른 곳으로 바꿀 수 있다.

가정에서 내용을 살펴보면, $\lambda = 5$이고 $\mu = 0.93$이라 할 수 있다. $\rho = 5/0.93 = 5.4$이다.

$$W = \frac{1}{\mu - \lambda} = \frac{1}{5 - 0.93} = 0.25$$

이다. 고객이 평균 대기시간은 25분이다.

따라서 점장은 고객은 기다리는 시간 25분 아래로 줄이려면 직원을 더 채용해야한다고 결정을 할 수도 있을것이다.

제 7.4 절 자가키트결과로 코로나19 감염여부 판정이 가능할까?

코로나19 전염병기간 동안 자가검사 키트는 보건소 선별진료소 방문시 무료로 제공받을 수 있었으며, 온라인 쇼핑몰과 약국에서도 구매 가능했다. 그래서 지금도 각 가정에 자가검사 키트가 남아 있는 경우가 있고, 병원에서 간단한 키트 검사를 하는 병원들이 있다.

7.4.1 문제를 정의(Problem Identification)한다.

• 문제 : 코로나19 전염병이 유행하는 기간 용희는 몸이 별로 좋지 않았음에도 불구하고 오랜만에 방문한 친구인 희성이 용희가 사는 지역에 왔기 때문에 몇명의 친구과 만나 저녁식사를 하기로 하였다. 용희는 2명의 친구를 불러 4명이 함께 저녁식사를 하였다. 두 친구는 이미 코로나19에 걸려 치료가 되었다. 다음날 용희는 감기증세가 느껴져 병원에 갔는데 코로나19에 걸린것이라고 한다. 그런데 코로나에 한번도 걸리지 않았던 친구인 희성이에게 전화를 하여 코로나에 걸린것인지 확인해보라고 전화를 했다. 희성이는 자가검사 키트를 했더니 양성이 나왔지만 바쁜일과 특별한 증세가 없기 때문에 병원에는 가지 못했다고 한다. 그렇다면 희성이는 코로나19에 걸렸을까? 걸리지 않았을까?

7.4.2 가정(Assumptions)을 한다.

희성이는 감기에 걸린것 같지만 너무 바쁘고 또한 코로나19에 걸린게 맞다면 집에서 나갈수 없기 때문에 몸상태가 좋지 않은것 같은 느낌이지만, 일을 지속적으로 해야했다. 또한 희성이는 자가 키트검사 결과가 100% 맞다고 생각하지 않았다.

사람들이 자가키드검사 검사결과 음성이면서 병원 검사결과 음성인 경우가 있고, 키드검사 음성이면서 병원 검사결과 양성이 나온 경우도 있었다. 또한 키드검사가 양성이면서 병원 검사 결과 음성인 경우와 키드검사 양성이면서 병원 검사결과 양성인 4 가지 범주의 결과가 있다고 한다. 용봉이를 포함한 자기 검사키트를 사용한 사람들 10,000명의 경우를 네가지 범주형 결과를 표 7.4로 나타난다고 가정한다. 코로나19에 걸렸다는것은 병원의 진단이 양성임을 의미한다.

표 7.4: 자가키트 검사결과와 병원 검사 결과

	키드검사 양성 (X)	키드검사 음성 (Y)	합계
병원 검사 결과 양성 (A)	7155	349	7504
병원 검사 결과 음성(B)	48	2448	2496
합계	7203	2797	10000

자가진단 키트의 정확도가 90% 이상임에도, 자가키트 진단으로 양성 진단을 받은 사람 중 76.1%만 진짜 양성으로 나타나 실제로는 정확도가 76.1%에 불과하다는 언론보도가 나온 바 있다. 식약처는 자가검사 키트를 민감도 90% 이상, 특이도 99% 이상을 충족해야 한다고 한다 [20]. 또한 [21]에 의하면, 코로나 19 진단 체계를 앞서 시행한 네 개 지역 선별진료소에서 자가검사키트로 양성 진단을 받은 사람 가운데 76.1%만 진짜 양성으로 나타났다. 공식 누적 확진자 수는 현재까지 29.3%정도 확진받았다 [22].

7.4.3 수학화(Mathematizing)을 한다

병원에서 검사결과가 양성이라고 한다면 표 7.4에서 첫번째 행인 "병원 검사 결과 양성"열에 해당 된다. 키드검사 음성이라고 한다면 표 7.4에서 두번째 열에 해당된다.

베이지안 확률에서 두 사건 X와 Y에 대하여 조건부 확률에 대한 공식은 다음과 같다:

$$P(Y) = P(Y \cap X) + P(Y \cap X^c)$$
$$P(X|Y) = \frac{P(X \cap Y)}{P(Y)}.$$

표 7.4의 데이터에서 A는 병원검사 결과 양성결과를 의미하고 이는 용봉이는 코로나19에 걸렸음을 의미한다. 이를 코로나19에 적용하면

$$P(\text{키드검사에서 양성인데 병원 검사 결과에서 양성})$$
$$= P(\text{병원 검사 결과에서 양성}|\text{키드검사에서 양성}) = P(A|X)$$
$$P(\text{키드검사에서 음성인데 병원 검사 결과 음성})$$
$$= P(\text{병원 검사 결과에서 양성}|\text{키드검사에서 음성}) = P(A|Y)$$
$$P(\text{키드검사에서 양성인데 병원 검사 결과에서 음성})$$
$$= P(\text{병원 검사 결과에서 음성}|\text{키드검사에서 양성}) = P(B|X)$$
$$P(\text{키드검사에서 양성인데 병원 검사 결과에서 음성})$$
$$= P(\text{병원 검사 결과에서 음성}|\text{키드검사에서 음성}) = P(B|Y)$$

이다.

7.4.4 해를 해석 및 검증한다.

(a) 용봉이는 코로나19에 걸렸을 확률을 살펴보자.

- 표 7.4의 키드검사에서 음성인데 병원 검사 결과 양성이면 위 행과 열이 교차되는 부분이다. 주

어진 데이터로부터 아래와 같이 4개의 유형이 존재하게 되며, 각 유형별로 확률을 계산해볼 수 있다.

$$P(A|X) = \frac{P(\text{병원 검사 결과에서 양성}|\text{키드검사에서 양성})}{\text{키드검사에서 양성인 전체}} = \frac{7155}{7203} \approx 0.9933$$
$$P(A|Y) = \frac{P(\text{병원 검사 결과에서 양성}|\text{키드검사에서 음성})}{\text{키드검사에서 음성인 전체}} = \frac{349}{2797} \approx 0.1249$$

희성이가 자가검진에서 양성이 나오고 병원에 가서 양성으로 확진을 받을 확률은 로 99%가 확진이 될수 있음을 의미한다. 따라서 희성이는 코로나 19에 감염이 되었다고 볼 수 있었고, 그당시 감염자들은 집에서 머물러야 했었다. 하지만 만일 희성이가 자가검진에서 음성이 나왔다면, 병원에 가서 양성으로 확진을 받을 확률은 12% 정도로 조금은 감염가능성이 낮다. 희성이는 자가키트 진단으로 양성 진단을 받은 사람 중 76.1%만 진짜 양성으로 나타났다는 기사의 76.1% 내에 포함된 경우다.

(b) 용봉이는 코로나19에 걸리지 않았을 확률을 살펴보자.

코로나19에 걸리지 않았을 확률을 알기 위해서는 이는 병원의 진단이 음성임을 의미한다.

$$P(B|X) = \frac{P(\text{병원 검사 결과에서 음성}|\text{키드검사에서 양성})}{\text{키드검사에서 양성인 전체}} = \frac{48}{7203} \approx 0.0067$$
$$P(B|Y) = \frac{P(\text{병원 검사 결과에서 음성}|\text{키드검사에서 음성})}{\text{키드검사에서 음성인 전체}} = \frac{2448}{2797} \approx 0.8751$$

이다. 용봉이가 자가검진에서 양성이 나오고 병원 검가 결과 코로나19에 걸리지 않았을 확률은 0.67%이고, 키드검사에서 음성인데 병원 검사 결과 음성으로 진단을 받을 확률은 약 88%이다.

7.4.5 해를 해석 및 검증한다.

실제 데이터가 있다면 검증을 할 수 있다

민감도는 질병이 있는 환자 중 검사결과가 양성으로 나타날 확률이며, **특이도**는 질병이 없는 환자 중 검사결과가 음성으로 나타날 확률을 뜻한다. 즉 민감도는 임상시험에서 진짜 감염자를 대상으로 검사했을 때 자가검사 키트로 양성이 진단되는 비율을 말하며, 특이도는 진짜 비감염자를 대상으로 검사해 자가검사키트로 음성이 진단된 비율인 것이다 [20].

제 7.5 절 지구의 온도는 어느정도로 상승하게 될까?

어렸을 때의 겨울은 눈이 많이 내려, 시골의 눈덮인 모습은 정말 아름다운 한폭의 그림이었다고 생각한다. 시간이 지나면서 겨울에도 눈이 적어지고 온도도 낮지 않게 되면서 겨울의 혹독한 추위기간이 점점 적어지고 있으며, 과거에는 우리나라 겨울은 삼한 사온이 있었는데 요즘의 겨울은 그것도 없어지고 있는것 같다.

더구나 여름은 이제 과거에 생각하지 못했던 심각하게 날씨가 뜨거워져 가고 있다는 느낌이 든다. 전문가들은 기온의 상승은 극지방의 얼음과 빙하가 녹아 해수면 상승, 극심한 기상 변화, 인간 건강에 미치는 영향과 생물 다양성의 감소로 인해 생태계가 크게 영향을 받는다고 한다. 우리가 생존해 있는 동안 이러한 일이 일어날까하는 염려도 있다.

7.5.1 문제를 정의한다

- 문제: 겨울을 좋아하는 원영이는 매년 겨울마다 눈 덮인 유럽의 알프스에서 스키를 타는 꿈을 꾸었다. 그러나 원영이는 시간이 지나면서 겨울이 점점 따뜻해지고, 눈이 더 빨리 녹고, 스키 시즌이 짧아지는 것을 발견했다. 이제 리조트는 인공 눈에 의존하고 있지만 그것조차도 상승하는 기온을 항상 따라잡을 수는 없다고 한다. 연구에 따르면 조만간 유럽의 많은 고도가 낮은 스키 슬로프가 스키 시즌을 완전히 잃을 수 있는 것으로 나타났다. 눈 덮인 산이 줄어들고 겨울이 줄어들면서 원영이는 유럽에서 스키를 타려는 꿈이 곧 사라질 수도 있다는 것을 깨달았다. 영감을 받은 원영이는 미래 세대도 같은 겨울의 마법을 경험할 수 있기를 바라며 환경을 보호하겠다고 다짐했다. (현재와 같은 상태가 지속된다면) 그렇다면 원영이는 언제까지 스키를 탈 수 있을까?

7.5.2 가정을 한다

위의 전문적인 내용은 우리의 수준을 벗어나는 내용으로 인간의 활동으로 인한 온도 상승을 유도하는 내용만을 고려해 보기로 한다. 인간이 배출하는 이산화탄소 와 기타 온실 가스는 지구 온도 상승의 주요 원인이다 [7]. 인간의 활동 특히 산업활동 등으로 인해 온실가스 농도가 증가시킨다고 한다. 이산화탄소 및 메탄과 같은 온실 가스 배출이 기후 시스템의 균형에 영향을 미친다 [8].

온실가스는 대기를 구성하는 여러 가지 기체 가운데 온실효과를 일으키는 가스들은 이산화탄소(CO2), 메탄(CH4), 아산화질소(N2O), 불화가스 (HFCs, PFCs, SF6, NF3) 등을 온실가스라고 한다. 여기서는 온실가스로 이산화탄소(CO2)가 88.6%, 메탄(CH4) 가 4.8% 라고 하고, 다음은 아산화질소(N2O)로 이러한 종류의 가스만을 고려하는 것으로 가정한다. 이러한 가스는 지구라는 커다란 구내에 있기 때문에 특정한 나라에서 배출하는 것만이 문제가 아닌 전세계 어디에서 배출이 된다 하더라도 우리에게도 영향이 미친다는 점이다.

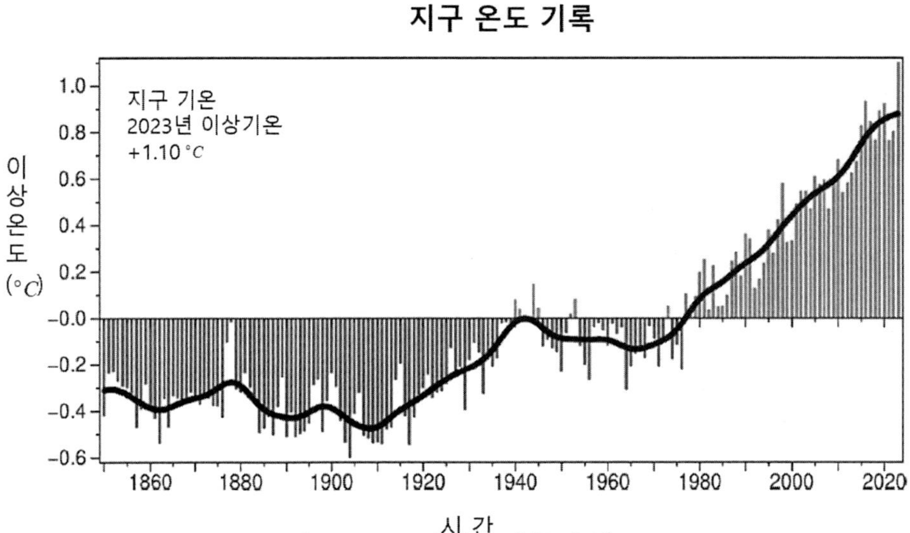

그림 7.4: 글로벌 온도기록(출처:[18])

그래프 7.4으로 볼때 2023년은 역대 가장 따뜻했던 해로, 각 이전 연간 값을 훨씬 뛰어넘어 가장 따뜻했던 이전 기록보다 훨씬 더 따뜻했다. 그리고 그래프 7.4의 시계열은 1970 년대 지구 표면의 온도는 상승과 하강을 하다가 1977 년부터는 상승의 정도에는 차이가 있으나 장시간으로 볼때는 꾸준히 조금씩 상승하였다고 볼 수 있다.

이상온도(anomaly) 차이 1850년부터 2023년까지 전 세계 육지 및 해양 표면 온도를 합친 기록을 보여준다(부록: 기후변화). 또한 **산업화 시대**를 기준으로 온도 상승에 관심을 갖는다. 산업화 이전 시대(1850 ~ 1900년 평균으로 표시)보다 1.0°C 이상 상승한 해를 10년 연속으로 기록한 해이기도 하다. 국내 6대 온실가스별 비중은 이산화탄소(CO2)가 91.4%로 가장 높으며, 메탄(CH4) 4.1%, 아산화질소(N2O) 2.1%, 수소불화탄소(HFCs) 1%, 육불화황(영어명: sulfur hexafluoride)(SF6) 0.8%, 과불화탄소(PFCs) 0.5% 등의 순으로 나타났다 [9].

위에 언급한 가스이외의 다른 요인들도 온도상승에 기여하겠으나 모든 가스를 이용하는것이 어렵기 때문에 이산화탄소(CO2), 메탄(CH4)와 아산화질소(N2O)의 량이 많은 가스를 차지하기 때문에, 여기서는 위의 3종류의 가스에 대해서만 고려하기로 가정한다. 이 기체의 증가량과 온도 변화와 관계가 있다고 가정한다.

7.5.3 수학화(Mathematizing)와 수학적인 풀이를 한다.

Our World in Data에서 nitrous-oxide-emissions-by-sector(N2O), methane-emissions-by-sector(CH4), co-emissions-by-sector(CO2)의 데이터를 다운받아 년도별로 합한다. 표 7.5와 을 보면 년도별 온실가스를 보면 2001년부터 이전보다 온실가스 양이 조금씩 증가하였으며 (7.5 참고), 지구의 평균온도도 다소간 글로벌 평균 온도가 오르락 내리락 했지만 증가해왔다(7.6 참고).

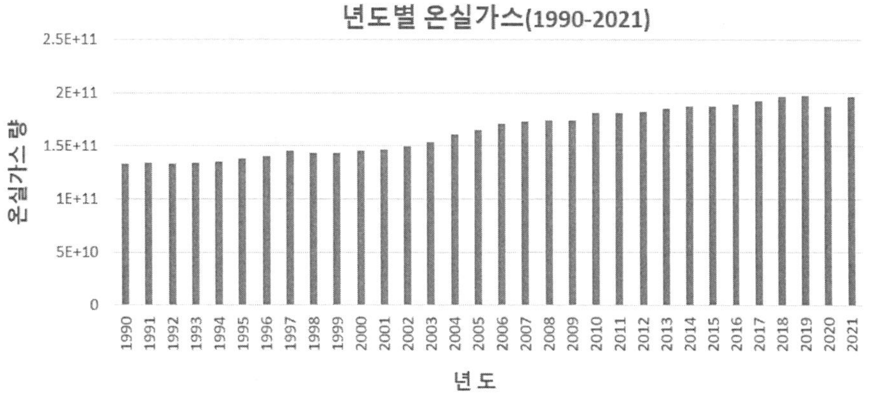

그림 7.5: 년도에 따른 온실가스양의 그래프

또한 표 7.5와 그림 7.7을 보면 온실가스 양이 증가하면 글로벌 평균 온도도 올라가는데 일차함수로 추정할수 있다.

최소자승법으로 일차함수를 구할 수 있겠으나, 학교수학에서는 엑셀에서 추세선을 따를 수 있다. 따라서, 온실가스 양(x)에 대한 글로벌 평균온도(y)에 대한 추세선은 $R^2 \approx 78\%$로

$$y = 8E - 12x - 0.8391 = 8 \times 10^{-12}x - 0.8391 = 0.000000000008x - 0.8391$$

이다. 평균온도 $y = 2$이면 온실가스 양은 $x \approx 1.049125 \times 10^{15}$이다. 즉, 지구에서 온실가스양은 $x \approx 1.049125 \times 10^{15}$가 배출된다면 글로벌 평균온도는 $2°C$에 이를 수 있다는 의미다.

표 7.5: CO2, CH4, N2O, 전체 온실가스,글로벌 평균온도

Year	CO2	CH4	N2O	Total Emissions	Average Temperature
1995	99544370386	28473239967	10182310025	1.382e+11	0.37686613
1996	1.01046e+11	28556450219	10203579839	1.39806e+11	0.27668938
1997	1.05406e+11	29486059822	10152849917	1.45044e+11	0.4223085
1998	1.03788e+11	28985599910	10249899882	1.43023e+11	0.5773417
1999	1.04005e+11	28748299755	10187830070	1.42941e+11	0.32448497
2000	1.06794e+11	28837519753	10156579990	1.45788e+11	0.33108476
2001	1.07124e+11	28676970239	10299630150	1.46101e+11	0.48928034
2002	1.10032e+11	29228470007	10517979928	1.49779e+11	0.5434665
2003	1.13559e+11	29493030098	10678990063	1.53731e+11	0.54417014
2004	1.19494e+11	30472690284	11014289977	1.60981e+11	0.46737072
2005	1.22846e+11	30696009838	11066980037	1.64609e+11	0.6068625
2006	1.27811e+11	31368759865	11168430005	1.70348e+11	0.5725527
2007	1.30545e+11	31267589703	11459839958	1.73273e+11	0.5917013
2008	1.31359e+11	31399079640	11299800031	1.74058e+11	0.46564984
2009	1.30724e+11	31517089955	11286720010	1.73528e+11	0.5967816
2010	1.37091e+11	31888790131	11638219895	1.80618e+11	0.6803714
2011	1.36404e+11	32473880027	11888650117	1.80766e+11	0.53769773
2012	1.37855e+11	32728290333	11975030036	1.82558e+11	0.57760704
2013	1.40379e+11	32625009833	11871780168	1.84876e+11	0.6235753
2014	1.41802e+11	33253710073	12065469969	1.87121e+11	0.67287165
2015	1.41233e+11	33417100443	12181980181	1.86832e+11	0.8251144
2016	1.44389e+11	32995059908	12275220035	1.89659e+11	0.9329271
2017	1.46443e+11	33327040081	12533729713	1.92304e+11	0.84517425
2018	1.50387e+11	33846809959	12451720057	1.96686e+11	0.76265407
2019	1.51008e+11	34370409718	12489749968	1.97868e+11	0.8910726
2020	1.41472e+11	33464349979	12618880215	1.87556e+11	0.9229205
2021	1.49201e+11	34030029823	12688790089	1.9592e+11	0.76190555

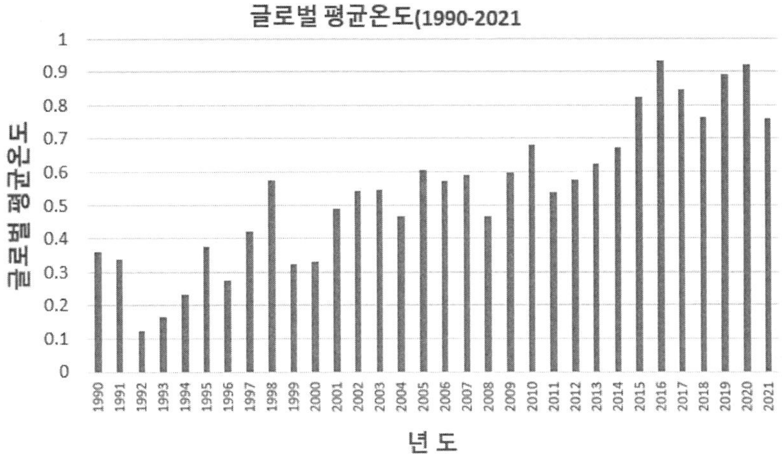

그림 7.6: 년도에 따른 글로벌 평균온도

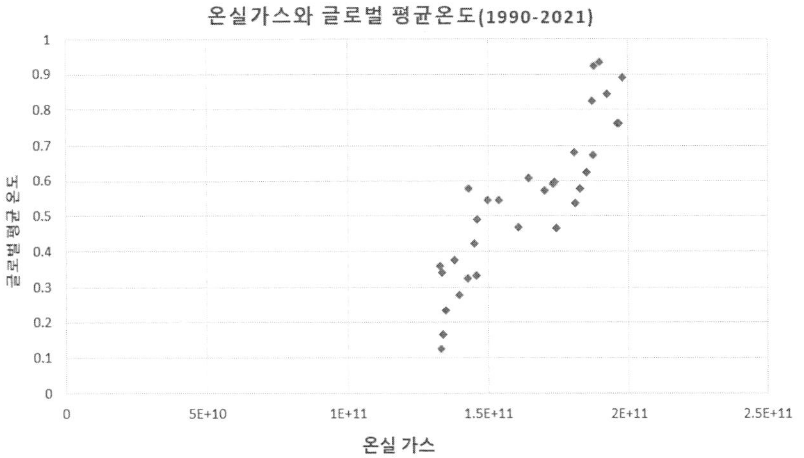

그림 7.7: 온실가스와 글로벌 평균온도와의 관계

7.5.4 모델을 검증한다.

따라서 온실가스를 줄이지 않고 현재와 같은 양으로 온실가스가 증가한다면 온실가스양이 $x \approx 1.049125 \times 10^{15}$ 에 이를 수 있다. 년도(z)에 대한 온실가스양(x)과 관계식을 $R^2 \approx 97\%$ 로

$$x = 2e + 09z - 5e + 12 = 2 \times 10^9 z - 5 \times 10^{12}$$

이다. $1.049125 \times 10^{15} = 2 \times 10^9 z - 5 \times 10^{12}$ 이면 $z \approx 527000$ 이다. 아직은 먼 년도이다.

♠ 온도 이상치(anomaly)는 특정 기간 동안 관측된 평균 온도와 장기간에 걸친 평균 온도(기준 온도) 사이의 차이를 나타냅니다. 예를 들어, 특정 월의 평균 온도가 과거 30년 동안의 해당 월 평균 온도보다 높거나 낮은 경우, 이 차이를 anomaly라고 합니다.

♠ 온도 편차 (deviation)는 특정 시점이나 기간의 온도가 일시적인 평균 온도나 특정한 기대치에서 얼마나 벗어나는지를 나타내는 값을 의미한다. 편차는 특정 상황이나 짧은 기간 동안의 온도 변화를 나타내기 위해 사용된다. 예를 들어, 하루 중 최고 기온이 그 날의 평균 최고 기온과 비교했을 때의 차이를 편차로 볼 수 있다.

제 7.6 절 스쿠터나 자동차 렌탈사업을 할 때 스쿠터나 자동차를 어떻게 배치해야 할까?

마르코프 체인이란 한 상태(state)에서 다른 상태로 이전을 할 때 특정한 확률적인 특성을 따르는 것을 의미하는데, 마르코프 체인을 대표하는 가장 중요한 성질은 현재상태(state)에서 다음상태(state)로 넘어갈때 현재 시점보다 이전의 과거 상태에는 의존을 하지 않는다는 것이다.

Markov 과정에서 시스템은 각 시간 단계에 대해 한 상태에서 다른 상태로 이동할 수 있으며 가능한 각 결과에 대해 전이와 관련된 확률이 있다. 현재 상태에서 다음 상태로 전이(transition) 할 확률의 합은 각 시간 단계에서 각 상태에서의 확률의 합은 $p + (1 - p) = 1$이다. 그림 7.8은 상태(state) A는 A에서 나가서 A로 들어오는 확률은 p 이고 A에서 상태(state) B 로의 전이확률(transition probability)은 $1-p$ 를 나타내는 그림으로 상태 A 에서의 확률의 합은 $p+(1-p) = 1$ 이다.

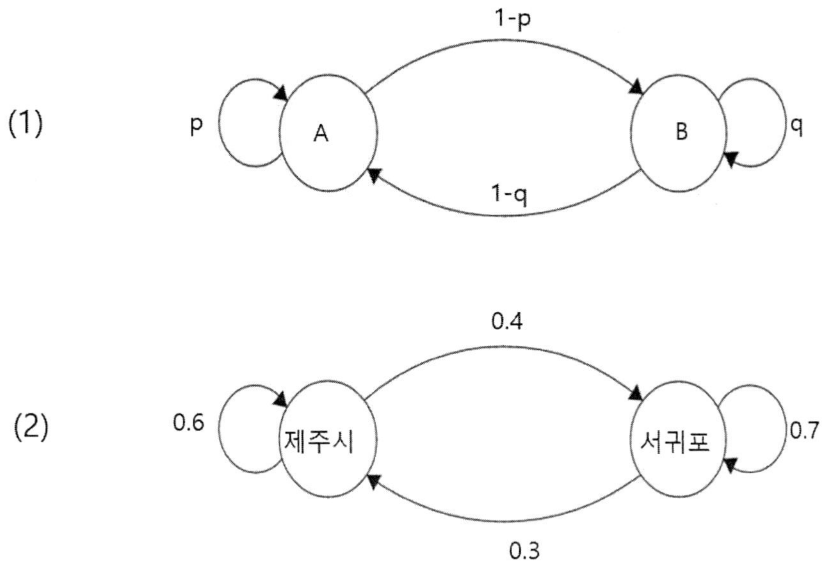

그림 7.8: 마코브 과정

7.6.1 문제를 정의(Problem Identification)한다.

민혜는 제주도나 다른 지역을 여행 할때에 차를 빌리는 경우가 종종있다. 도착하는 지역과 여행지에서 출발하는 장소가 다를 경우 한 지역에서 빌리고 반납을 해야만 한다면 빌리는 문제가 불편할 것이다. 그래서 렌트카 회사는 회사A를 출발하는 장소 지역과 여행객이 도착하는 장소에 회사차를 배치하곤 한다. 어떤 회사가 제주시A와 서귀포B에 지점을 가지고 있는 렌터카 회사를 생각해 보자. 각각은 제주 관광객에게 자동차를 렌트한다. 그런데 항상 A 지점에 빌릴수 있는 차들이 많이 있었다. 그렇다면 렌터카 회사는 차를 많이 보유하고 있을까 궁금했다. 민혜는 이 회사는 제주시와 서귀포에서 관광하는 여행자를 대상으로 한다면 업체의 대표는 차를 미리 어떻게 배치를 하겠는가?

7.6.2 가정(Assumptions)을 한다

여행자는 한 지역에서 자동차를 렌트하고 두 도시의 어느 지점에서나 차를 반납이 가능하다고 한다. 여행자는 두 도시중 어느 도시에서든 여행을 시작할 수 있고, 차량은 어느 도시에나 반납할 수 있다고 한다. 이는 두 지역에 렌트가 가능한 차량의 불균형을 초래할 수 있다. 어떤 지역에서 렌트와 반납된 자동차 비율에 대한 과거 데이터가 지난 몇 년간 수집되었다고 한다.

이것은 두 가지 상태인 제주시와 서귀포가 있는 마코프 프로세스를 나타낸다. 가능한 모든 결과가 고려되기 때문에 현재 상태에서 다음 상태로 전이 확률의 합(각 행의 확률의 합)은 1과 같다. 과정은 그림 7.8에 있다.

n은 영업일 수를 나타낸다고 가정한고, P_n과 Q_n을 다음과 같이 가정한다.

P_n = 기간 n일 이 끝날 때 제주시 사무소에서 렌트 할 수 있는 자동차 비율.

Q_n = 기간 n일 이 끝날 때 서귀포 사무소에서 렌트 할 수 있는 자동차의 비율.

7.6.3 수학화(추상화)를 한다

주어진 상황에 대한 확률 모델을 수립한다.

$$P_{n+1} = a_{11}P_n + a_{12}Q_n$$

$$Q_{n+1} = a_{21}P_n + a_{22}Q_n$$

으로 **전이 행렬(transition matrix)**로 표현하면,

$$\begin{pmatrix} P_{n+1} \\ Q_{n+1} \end{pmatrix} = \begin{pmatrix} a_{11} & a_{12} \\ a_{21} & a_{22} \end{pmatrix} = \begin{pmatrix} P_n \\ Q_n \end{pmatrix}$$

이다. 여기서 계수들은

a_{11} = A상태에서 A상태로 이동하는 비율

a_{12} = B상태에서 A상태로 이동하는 비율

a_{21} = A상태에서 B상태로 이동하는 비율

a_{22} = B상태에서 B상태로 이동하는 비율

를 의미하고 $a_{11} + a_{21} = a_{12} + a_{22} = 1$이다.

7.6.4 현실에 모델을 검증한다

자동차 렌트회사의 과거기록을 분석한 결과 제주시에서 렌트한 자동차의 60%가 제주시에 반환되는 반면 40%는 서귀포에서 반환되는 것으로 확인되었다. 서귀포 사무실에서 렌트한 자동차

표 7.6: 자동차 렌트와 반납할 장소에 대한 각각의 비율.

	제주시	서귀포
제주시	0.6	0.4
서귀포	0.3	0.7

중 70% 는 서귀포로 반환되는 반면 30% 는 제주시에 반환된다고 한다.
이 내용을 표로 정리하면 과 같다. 표 7.6과 같은 주어진 정보로부터

$$\begin{aligned} P_{n+1} &= 0.6P_n + 0.3Q_n \\ Q_{n+1} &= 0.4Q_n + 0.7Q_n \end{aligned} \tag{7.1}$$

로 쓸 수 있다. 시스템의 고정값은 P_n과 Q_n이고, 시스템에 변화가 없고 고정값이 있으면 각각 P과 Q 라고 한다. 고정값은 동시에 $P = P_{n+1} = P_n$ 이고 $Q = Q_{n+1} = Q_n$ 으로 고정값을 구한다.

$$P = 0.6P + 0.3Q$$

$$Q = 0.4P + 0.7Q$$

이 시스템은 $P = \frac{3}{4}Q$를 만족한다. 따라서 비율은 $(P, Q) = (3, 4)$ 이다.

이 시스템은 각지역의 차의 대수가 $(P_0, Q_0) = (3000, 4000)$에서 시작한다고 하면, 모델은

$$P_1 = 0.6(3000) + 0.3(4000)$$

$$Q_1 = 0.4(3000) + 0.7(4000)$$

이다. 이를 행렬로 쓰면

$$\begin{pmatrix} P_1 \\ Q_1 \end{pmatrix} = \begin{pmatrix} 0.6 & 0.3 \\ 0.4 & 0.7 \end{pmatrix} \begin{pmatrix} 3000 \\ 4000 \end{pmatrix}$$

으로, P_1과 Q_1을 구할 수 있다.

이 시스템에서 일반해를 구하기 위해 정리한다.

$$X(t+1) = \begin{pmatrix} P_{n+1} \\ Q_{n+1} \end{pmatrix} = \begin{pmatrix} 0.6 & 0.3 \\ 0.4 & 0.7 \end{pmatrix} \begin{pmatrix} P_n \\ Q_n \end{pmatrix} = AX(t) \tag{7.2}$$

이다. 고유치를 구하기 위해 A의 특성방정식

$$det(A - \lambda I) = det \begin{pmatrix} 0.6 - \lambda & 0.3 \\ 0.4 & 0.7 - \lambda \end{pmatrix} = \lambda^2 - 1.3\lambda + 0.3 = 0$$

표 7.7: 각 지점에 렌터카의 비율

일(day)수	제주시	서귀포	횟수	제주시	서귀포
0	1	0	1	0.6	0.4
2	0.48	0.52	3	0.444	0.556
4	0.4332	0.5668	5	0.42996	0.57004
6	0.428988	0.571012	7	0.428696	0.571304
8	0.428609	0.571391	9	0.428583	0.571417
10	428575	571425	11	0.428572	0.571428
12	428572	0.571428	13	0.428572	0.571428
14	0.428571	0.571429	15	0.428571	0.571429

이다. 따라서, A의 두개의 고유치는 $\lambda_{1,2} = 1, 0.3$이다. 고유벡터 V는 $(A - \lambda I)V = \mathbf{0}$ 의 해이다. 고유치 $\lambda_1 = 1$에 대해 $V = (v_1, v_2)^T$에 대한 고유벡터 V는

$$-0.4v_1 + 0.3v_2 = 0,$$
$$0.4v_1 - 0.3v_2 = 0$$

을 풀면, 고유벡터 V는 $V_1 = (3, 4)^T$의 형태를 가진다.

고유치 $\lambda_2 = 0.3$에 대응하는 고유벡터 $V_2 = (v_1, v_2)^T$를 구하기 위하여 다음 시스템을 푼다:

$$0.3v_1 + 0.3v_2 = 0,$$
$$0.4v_1 + 0.4v_2 = 0.$$

그러므로, $v_1 = -v_2$이고 $\lambda_1 = 0.3$에 대응하는 고유벡터 V는 $V_2 = (1, -1)^T$의 형태를 가진다. 시스템 (7.1)의 일반해는

$$X(t) = c_1(1)^t \begin{pmatrix} 0.3 \\ 0.4 \end{pmatrix} + c_2(0.3)^t \begin{pmatrix} 1 \\ -1 \end{pmatrix} = \begin{pmatrix} c_1 0.3(1)^t + c_2(0.3)^t \\ c_1 0.4(1)^t - c_2(0.3)^t. \end{pmatrix}$$

다음으로 고정값이 아닌 값에서 시작하면 어떤 일이 발생하는지 살펴보자. 다음 네 가지 초기 조건에 대해 시스템을 반복하는것은 연습문제로 남겨 놓는다.

표 7.7는 시스템 7.2을 반복적으로 적용한 횟수에 대한 각 지점의 비율을 나타낸다. 네 가지 경우 각각에서 시스템은 두 지역 중 하나에 자동차가 없는 경우에도 표 7.8처럼 8일 이내

표 7.8: 두 지역에 초기 렌터카 배치하지 않은 경우와 배치한 경우

횟수	제주시	서귀포	제주시	서귀포	제주시	서귀포
0	5000	0	0	5000	200	200
1	3000	2000	1500	3500	180	220
2	2400	2600	1950	3050	174	226
3	2220	2780	2085	2915	172	228
4	2166	2834	2126	2875	172	229
5	2150	2800	2138	2862	171	229
6	2145	2855	2141	2859	171	229
7	2143	2857	2142	2858	171	229
8	2143	2857	2143	2857	171	229
9	2143	2857	2143	2857	171	229
10	2143	2857	2143	2857	171	229

에 평형값 $(2143, 2857)$ 에 매우 근접하게 도달한다. 모든 자동차가 원래 제주시에 있다고 가정(표 7.8)하면 시스템 (7.1)에 대한 수치적 해는 각 위치에서 사용할 수 있는 자동차 비율을 나타낸다 (7.7 참고).

이는 오랜 기간의 백분율 또는 확률의 합계도 1과 같다. 표 7.7은 결과를 보여준다. 즉,

$$\begin{aligned} p_k &\to 3/7 = 0.428571 \\ q_k &\to 4/7 = 0.571429 \end{aligned} \tag{7.3}$$

이다. 두 지점이 연중 총 k 대의 자동차로 시작하면 14일 후에 자동차의 약 57%가 서귀포에 있을 것이고, 43%는 제주시에 있을 것이다. 양 지역에 각각 200 대의 차량으로 시작하여 약 229 대의 차량이 제주시를 기반으로 하고 171 대의 차량이 정상 상태의 서귀포를 기반으로 운영될 것이다 (일정한 차량이 도달하는 데 약 5일 밖에 걸리지 않음).

♣♣ 이 문제는 마르코프 체인을 사용한 확률로 사용되기도 하지만 차분방정식과 선형대수의 내용를 적용하여 해결을 할 수 있다.♣♣

다음은 선형대수학의 대각화 방법을 활용할 수도 있음을 보여준다.

7.6.5 선형대수: 대각화

n번째 날에 교육융합관에 있는 전동자동차의 개수를 A_n이라 하고, n번째 날에 박물관에 있는 전동자동차의 개수를 B_n 이라 하면

$$\begin{pmatrix} A_{n+1} \\ B_{n+1} \end{pmatrix} = \begin{pmatrix} 0.6 & 0.3 \\ 0.4 & 0.7 \end{pmatrix} \begin{pmatrix} A_n \\ B_n \end{pmatrix} \tag{7.4}$$

와 같은 관계식이 된다.

행렬 $A = \begin{pmatrix} 0.6 & 0.3 \\ 0.4 & 0.7 \end{pmatrix}$에 대해 $|A - \lambda I| = 0$에서 고유치는 $\lambda = -0.3$과 $\lambda = 1$이다.

고유치 $\lambda = 0.3$에 대한 고유벡터 V_1는 $(A - \lambda I)V_1 = 0$에서 $V_1 = \begin{pmatrix} 1 \\ -1 \end{pmatrix}$를 구할 수 있다. 또한 고유치 $\lambda = 1$에 대한 고유벡터 V_2는 $(A - \lambda I)V_2 = 0$에서 $V_2 = \begin{pmatrix} 3 \\ 4 \end{pmatrix}$를 구할 수 있다.

고유벡터 $\{V_1, V_2\}$는 일차독립이므로 행렬 A는 대각화가 가능하고 $A = PDP^{-1}$ 이다. 따라서 $A = PDP^{-1}$ 일 때 $A^n = PD^nP^{-1}$이다.

$$P = \{V_1, V_2\} = \begin{pmatrix} 1 & 3 \\ -1 & 4 \end{pmatrix}$$

이다.

$$D = \begin{pmatrix} \lambda_1 & 0 \\ 0 & \lambda_2 \end{pmatrix} = \begin{pmatrix} 0.3 & 0 \\ 0 & 1 \end{pmatrix}, \quad P^{-1} = \frac{1}{7}\begin{pmatrix} 4 & -3 \\ 1 & 1 \end{pmatrix}$$

이므로

$$A = \frac{1}{7}\begin{pmatrix} 1 & 3 \\ -1 & 4 \end{pmatrix}\begin{pmatrix} 0.3 & 0 \\ 0 & 1 \end{pmatrix}\begin{pmatrix} 4 & -3 \\ 1 & 1 \end{pmatrix}$$

이다. 주어진 관계식에서 전동차는 배차를 한지 14일 후 각 지점에 있는 전동차의 개수

$$A^5 = \frac{1}{7^5}\begin{pmatrix} 1 & 3 \\ -1 & 4 \end{pmatrix}\begin{pmatrix} 0.3^5 & 1 \\ 0 & 1 \end{pmatrix}\begin{pmatrix} 4 & -3 \\ 1 & 1 \end{pmatrix}, \cdots, A^{10}, \cdots$$

을 계산한다.

제 7.7 절 7장 연습문제

1. 메일함을 열면 스팸으로 오는 메일을 처리하는것이 불편했다. 그런데 기다리는 메일이 오지 않았는데 나중에 알고 보니 용봉이는 친구가 메일을 보냈다고 했는데 메일함에서 보이지 않았다. 그래서 스팸메일을 찾아보니 스팸메일 박스에 있는것을 확인했다. 용봉이의 친구는 메일의 제목을 무엇이라고 해서 스팸 메일에 들어갔을까? 오는 메일이 어떻게 분류를 할까 궁금해졌다. 스팸메일 필터는 주로 베이즈 추정을 사용한다. 여기서 메일을 분류는 스팸메일 필터는 베이즈 추정을 사용한다고 가정한다. 메일의 제목에따라 스팸메일함으로 분류하거나 일반메일함으로 분류되기 때문이다. 스팸 메일 필터는 특정 단어 포함 여부를 기준으로 스팸 여부를 판단한다. 용봉이에게 오는 메일 중 10%가 스팸메일이고 90%가 정상메일이라고 가정한다. 또 스팸메일 내용엔 "여행"이란 특정 단어가 포함될 확률이 20%고 일반 메일은 80% 다. 이 때 " 여행"이라는 단어가 보일 때 이 메일이 스팸메일일 확률은 얼마인가?

2. 자동차 렌트 문제에서 전이 확률을 가정하여 표 7.9의 값이 초기 값 일때 n일 후 각 지역에 렌터카가 얼마나 있겠는가?

표 7.9: 초기에 각지점에 배치된 렌터카 대수.

	제주시	서귀포		제주시	서귀포
case 1	5000	0	case 2	200	200
case 3	0	5000	case 4	2000	3000

제 7.8 절 7장 참고 문헌

1. 남궁평, 박종선, 허문열 공저, *통계적 사고*(주)박영사, 2009년.

2. Wei-Yu Chen, et. al., *Reference equations for predicting standing height of children by using arm span or forearm length as an index.* Journal of the Chinese Medical Association. Volume 81, Issue 7, July 2018, Pages 649-656.

3. Amitav Sarma, Bhupen Barman, Gautam C. Das, Hiranya Saikia, and Ambath D. Momin, *Correlation between the arm-span and the standing height among males and females of the*

Khasi tribal population of Meghalaya state of North-Eastern India, J Family Med Prim Care. 2020 Dec; 9(12): 6125–6129.

4. Raina S. Robeva James R. Kirkwood etc, *An Invitation to Biomathematics*, Academic press, 2008.

5. Ronald W. Shonkwiler, James Herod: *Mathematical Biology An Introduction with Maple and Matlab*

6. Raina S. Robeva James R. Kirkwood etc,*An Invitation to Biomathematics*, Academic press, 2008.

7. *2021: Climate Change 2021: The Physical Science Basis. Contribution of Working Group I to the Sixth Assessment Report of the Intergovernmental Panel on Climate Chang*, Cambridge University Press, Cambridge, United Kingdom and New York, NY, USA, In press, doi:10.1017/9781009157896.

8. 기후 변화에 관한 정부 간 패널[IPCC] (2018 년 10월). 1.5°C의 지구 온난화. https://www.ipcc.ch/sr15/

9. 탄소중립위원회, https://www.2050cnc.go.kr/base/board/read?boardManagementNo =43&boardNo=1046.

10. https://worldathletics.org/athletes, https://olympics.com/ https://olympics.com/ko

11. https://knhanes.kdca.go.kr/knhanes/main.do.

12. https://sizekorea.kr.

13. https://kosis.kr/search/search.do?query=출생아수

14. https://www.logibridge.kr/daily

15. https://worldathletics.org/athletes

16. https://olympics.com/

17. https://data.worldbank.org/indicator/NY.GDP.PCAP.CD?locations=KR.

18. https://www.uea.ac.uk/groups-and-centres/climatic-research-unit

19. http://www.cru.uea.ac.uk/cru/data/temperature/

20. https://www.newsis.com/view/NISX20220207-0001748672.

21. https://news.kbs.co.kr/news/pc/view/view.do?ncd=5399288.

22. https://namu.wiki.

23. https://youtu.be/LF78rK91qGg?si=yfMylNCzAYC1qpVS.

24. Our World in Data, https://ourworldindata.org/emissions-by-sector
Data sources: Jones et al. (2024) ? with major processing by Our World In Data.

25. http://www.climate.go.kr/home/10wiki/index.php.

제 7.9 절 7장 부 록

A. 최소자승법(최소제곱법)

만일 실험이나 관찰, 설문조사 등을 통해 얻을 수 있는 n개의 서로 확률적으로 독립인 측정값들 x_i, y_i 들이 얻어졌다. 주어진 데이터 (x_i, y_i) 에서 관측된 데이터를 y_i라 하고 잔차를 최소화하는 직선을 $ax_i + b$ 라 하면, 이 직선에는 잔차를 최소화하는 기울기 a 와 절편 b가 있다. 잔차의 관계식은

$$E(a, b) = \sum_{i=1}^{n}[y_i - (ax_i + b)]^2$$

이다. a와 b를 구하려면 x와 y를 상수로 취급하고

$$\frac{\partial E}{\partial a} = 0, \quad \frac{\partial E}{\partial b} = 0$$

이다. 이 관계식은

$$\frac{\partial E}{\partial a} = -2\sum_{i=1}^{n}\{x_i(y_i - b - ax_i)\} = 0,$$
$$\frac{\partial E}{\partial b} = -2\sum_{i=1}^{n}(y_i - b - ax_i) = 0$$

이다.

위 식을 정리하면

$$a(\sum_{i=1}^{n} x_i^2) + b(\sum_{i=1}^{n} x_i) = \sum_{i=1}^{n} x_i y_i,$$
$$a(\sum_{i=1}^{n} x_i) + \quad nb = \sum_{i=1}^{n} y_i$$

이 관계식을 **정규 방정식(normal equation)**이라 하고, 정규 방정식에서 a 와 b를 구할 수 있고 결과적으로 직선 $y = ax + b$ 를 구한다.

위식을 행렬로 바꾸면,

$$\begin{pmatrix} \sum_{i=1}^{n} x_i^2 & \sum_{i=1}^{n} x_i \\ \sum_{i=1}^{n} x_i & n \end{pmatrix} \begin{pmatrix} a \\ b \end{pmatrix} = \begin{pmatrix} \sum_{i=1}^{n}(x_i y_i) \\ \sum_{i=1}^{n} y_i \end{pmatrix} \tag{7.5}$$

이고 a, b을 구하면 된다.

다시 쓰면 두 식 (7.5)의 a, b는 다음과 같다:

$$a = \frac{n(\sum_{i=1}^{n} x_i y_i) - (\sum_{i=1}^{n} x_i)(\sum_{i=1}^{n} y_i)}{n(\sum_{i=1}^{n} x_i^2) - (\sum_{i=1}^{n} x_i)^2},$$
$$b = \frac{(\sum_{i=1}^{n} x_i^2)(\sum_{i=1}^{n} y_i) - \sum_{i=1}^{n}(x_i y_i)(\sum_{i=1}^{n} x_i)}{n(\sum_{i=1}^{n} x_i^2) - (\sum_{i=1}^{n} x_i)^2}.$$

데이터의 평균 $(\bar{y})$과의 차이를 제곱한 것의 합(이하 Sum of Squared Total, SST), 추정한 값 $(\tilde{y})$ 이고, 잔차(residual)의 제곱합($\tilde{y}$-이하 Sum of Squared Residual, SSR)이면, $R^2 = \frac{SSR}{SST}$ 이라 한다.

하지만 어떤 직선이 '가장 적합'한지 결정하는 방법은 결정계수값(= R^2로 표시)이 1에 가까우면 데이터를 잘 설명할 수 있다고 할 수 있다. 데이터를 직선으로 표현되고 그 직선이 데이터를 얼마나 잘 설명할 수 있는가를 숫자로 나타낸 것이 결정계수다. 결정계수를 데이터에 대한 ' 설명력'이라 할 수 있다.

B. 지구의 온난화(Global Warming/climate change)

지난 세기 동안 지구의 평균 표면 온도는 0.8 ~ 1.0C° 상승한 것으로 추정된다. 시간이 지남에 따라 이러한 상승(그림 7.9에서 장기 평균과의 편차로 표시)은 지난 20년간 지구 온난화를 가속화한 원인에 대한 열띤 논쟁을 불러일으키고 있다.

전문가들은 산업시대를 기준으로 지구의 평균온도가 2도씨가 넘으면, '극지방의 얼음과 빙

하가 녹아 해수면 상승, 극심한 기상 변화, 인간 건강에 미치는 영향과 생물 다양성의 감소로 인해 생태계가 크게 영향을 받는다'고 한다.

지구 온도에 영향을 미치는 여러 요인은 크게 외부 요인과 지구 요인으로 분류할 수 있다. 외부 요인에는 태양 출력, 지구와 태양의 기하학적 구조, 별 먼지 등이 있다. 지구 요인에는 화산 활동, 2 해양 열 교환, 이산화탄소, 메탄, 아산화질소 등의 대기 중 온실가스가 포함된다. 태양 에너지가 지구 표면을 가열하면 지구는 다시 우주로 에너지를 방출한다. 온실가스는 이 에너지의 일부를 가두어 두는데, 이러한 자연적인 온실 효과가 없다면 지구의 온도는 훨씬 낮아지고 우리가 알고 있는 생명체는 존재할 수 없을 것이라고 한다. 그러나 온실가스 농도가 증가하면 평균 기온이 더 높아져 치명적인 결과를 초래할 수 있다고 한다.

기후변화의 정의로 (1) 일반적인 정의는 인간의 활동에 의한 온실 효과 등의 인위적인 요인과 화산폭발, 성층권 에어로졸의 증가 등의 자연적 요인에 의한 효과를 포함하는 전체 자연의 평균 기후변동이라 하고,

(2) IPCC 정의는 장기간에 걸친 기간(대체로 수 십년 또는 그 이상) 동안 지속되면서, 기후의 평균 상태나 그 변동 속에서 통계적으로 의미있는 변동을 일컫는 말로, "인간 행위로 인한 것" 이든 "자연적인 변동(Variability)"이든 시간의 경과에 따른 기후의 변화를 포괄한다.

미국 환경 보호국에 따르면 지난 수십 년 동안 대기 중 이산화탄소 농도는 거의 30%, 메탄 농도는 두 배 이상, 아산화질소 농도는 약 15% 증가했다(미국 환경 보호국 [2000]). 많은 과학자들은 이러한 변화를 산업 활동으로 인한 오염 증가로 돌리지만, 또한 일부 다른 과학자들은 이러한 증거가 설득력이 없다고 생각하며 온실가스와 평균 지구 표면 온도의 증가가 자연 순환의 일부라고 가정하기도 한다.

Taubes(2001)는 다음을 제공한다. 첫째, 지구의 평균 기온 변화는 대기 중으로 들어오고 나가는 복사의 양이 들어오고 나가는 양에 따라 달라진다고 추측하는 것이 합리적이다. 이 기본 가정을 사용하면 지구의 평균 표면 온도는 어떻게 변할 수 있으며, 평형 온도는 어떻게 될까? 시간 t에서 $T(t)$는 지구 평균 표면 온도를 나타내고, 온도 변화는 열의 흐름으로 인해 발생한다. 지금 고려하는 모델에서는 열의 흐름이 태양 복사를 통해 지구로 유입되는 열과 방사선을 통해 빠져나가는 열이라는 두 가지 요인에 의해 발생한다고 가정한다.

지구로 들어오는 열 에너지의 양이 나가는 열 에너지의 양과 같다면 지구의 평균 기온에는 변화가 없을 것이다. 그러나 지구로 들어오는 열이 나가는 열보다 더 많으면 온도가 상승할 것으로 예상할 수 있다. 이를 방정식으로 표현하면 다음과 같다:

$$\frac{dT}{dt} = S - E, \tag{7.6}$$

전 세계 평균은 북반구와 남반구의 이상치를 평균하여 계산된다 [24]. 온실 가스란 지구의 온도를 적정온도 이상으로 상승시켜서 지구온난화를 일으키고 각종 기후변화를 일으키는 주범이 바로 ' 온실가스'라고 한다. 이러한 가스들은 지구의 온실효과를 증가시키고, 이로 인해 지구 온난화 현상이 발생한다.

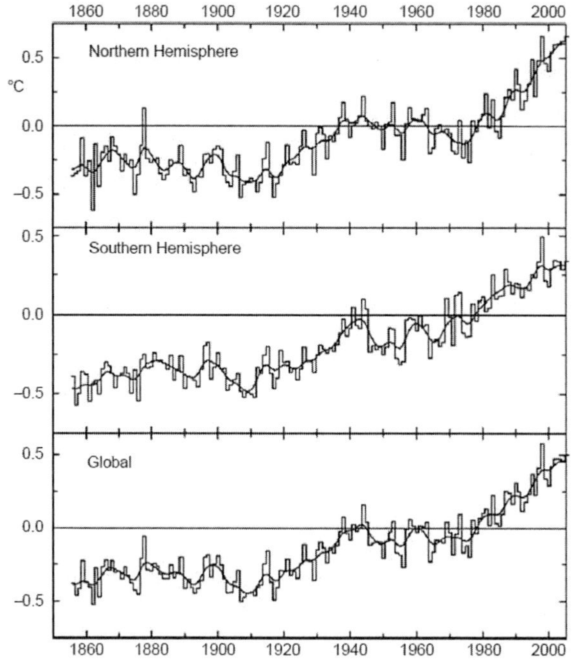

그림 7.9: 장기 평균으로부터의 지구 온도 편차. 북반구와 남반구의 값. (출처:Biomathe에서 재인용[19])

여기서 S는 지구가 흡수하는 태양 에너지이고 E는 우주로 다시 방출되는 열 에너지다. 평형 온도를 구하고 안정성을 분류하려면 S 와 E가 지구의 평균 온도 T에 어떻게 의존하는지 정확히 알아야 한다. 지구의 온도가 상승하면 지구는 더 많은 열을 방출한다(즉, T가 상승하면 E가 증가한다). 놀랍게도 태양으로부터 흡수되는 열인 S 도 T가 증가함에 따라 증가한다. 이는 부분적으로는 지구 온도가 높을수록 더 작은 얼음 덮개로 인해 태양 에너지의 반사가 감소하기 때문이다.

태양 에너지 흡수 $S(T)$의 값은 지구가 태양으로부터 받는 에너지를 의미하며, 일반적으로 지구의 온도에 비례하지 않는다. 지구 복사 에너지 $E(T)$는 지구가 우주로 복사하는 에너지는 지구의 표면 온도에 따라 변화한다고 한다 [6].

C: Python Code

```
# 필요한 라이브러리 재로드 및 파일 다시 로드
import pandas as pd

# 파일 경로 설정
co2_file_path = 'co-emissions-by-sector.csv'
methane_file_path = 'methane-emissions-by-sector.csv'
nitrous_oxide_file_path = 'nitrous-oxide-emissions-by-sector.csv'

# 데이터 로드
co2_data = pd.read_csv(co2_file_path)
methane_data = pd.read_csv(methane_file_path)
nitrous_oxide_data = pd.read_csv(nitrous_oxide_file_path)

# CO2 데이터에서 모든 관련 열 합산
co2_data['Total CO2'] = co2_data.iloc[:, 3:].sum(axis=1)

# 메탄 데이터에서 모든 관련 열 합산
methane_data['Total Methane'] = methane_data.iloc[:, 3:].sum(axis=1)

# 아산화질소 데이터에서 모든 관련 열 합산
nitrous_oxide_data['Total Nitrous Oxide'] = nitrous_oxide_data.iloc[:, 3:].sum(axis=1)

# 년도별 합계 계산
co2_yearly = co2_data.groupby('Year')['Total CO2'].sum()
methane_yearly = methane_data.groupby('Year')['Total Methane'].sum()
nitrous_oxide_yearly = nitrous_oxide_data.groupby('Year')['Total Nitrous Oxide'].sum()

# 세 데이터 프레임을 하나로 결합
total_emissions = pd.DataFrame({
    'CO2': co2_yearly,
    'Methane': methane_yearly,
    'Nitrous Oxide': nitrous_oxide_yearly
})

# 년도별 모든 배출량 합계
total_emissions['Total Emissions'] = total_emissions.sum(axis=1)

# 결과 출력
total_emissions

# 결과를 Excel 파일로 저장
output_file_path = 'total_emissions.xlsx'
total_emissions.to_excel(output_file_path)

output_file_path
```

그림 7.10: CO2, CH4, N2O 데이터 합을 위한 Python code

찾아보기

산업수학시대 교사를 위한

수학적 모델링

초판발행 2025년 2월 20일

지은이 오춘영
펴낸이 오판근
펴낸곳 (주) 교우
주　소 서울시 동대문구 약령시로 8 교우빌딩 2층 (주)교우
전　화 02-925-2861 / **팩　스** 02-925-2860, **편집부** 02-925-2825
홈페이지&북스토어 www.kyowoo.co.kr / 이메일 kyowoo@kyowoo.co.kr

등　록 1994년 3월 24일 제1994-000013호
ISBN 979-11-251-0409-4 (93410)

(주) 교우는 보다 혁신적이고 참신한 도서를 다양하게 기획하고 있습니다.
책으로 펴내고자 하는 아이디어나 원고는 메일로 보내주세요.
(주) 교우는 전과정을 책임지고 최선을 다하겠습니다.

값 20,000원

교우미디어는 (주) 교우의 Imprint 사입니다.
수학정원·과학정원은 (주) 교우의 새로운 브랜드명입니다.

잘못된 책은 구입하신 서점에서 교환해 드립니다.